トランジスタ技術 SPECIAL

No.122

オームの法則からアンプ/フィルタの作り方まで

やりなおしのための実用アナログ回路設計

CQ出版社

CONTENTS
トランジスタ技術 SPECIAL
執筆 川田 章弘

特 集　やりなおしのための実用アナログ回路設計

Introduction　基本に立ち返ってもう一度…
オームの法則から始めよう ……………………………………………………… 4

第1部　はじめてのアナログ回路の考え方

第0章　五つの知識を思い出す
教科書は役立たない？ …………………………………………………………… 6
■ 教科書の基礎知識と技術の間を埋める　■ 使い道が分かれば基礎知識は眠くない！　■ 基礎知識を実験で確認する　■ 第1部の実験と実務で行う実験

第1章　直流電気回路の基礎知識だけで設計できる
低雑音な電源を作る ……………………………………………………………… 9
■ 分圧回路から考える　コラム 電子の流れが電流になる　■ トランジスタを含めて考える　コラム 電圧源と電流源の交流信号に対する性質　■ 実際のトランジスタで考える　コラム カスコード接続で熱分散　コラム 電圧源を等価的に電流源に置き換えるノートンの定理

第2章　オームの法則とキルヒホッフの法則の実践活用
電流を制限する回路を考える …………………………………………………… 19
■ LEDの特性から点灯方法を考える　■ LEDの電流-電圧特性を考えやすいモデルに置き換える　コラム LEDのよくある間違った使い方　■ 電流制限回路の実現方法を考える　コラム LEDを複数個使う場合は同一ロット品を使用する　■ 電流制限用の抵抗値の決め方

Appendix A　OPアンプの入出力電圧範囲を拡大するための基本回路を知る
レール・ツー・レールOPアンプって何？ …………………………………… 32

第3章　交流理論，微分積分，複素数が役に立つ
入力信号の振幅を小さくする …………………………………………………… 34
■ 分圧回路とバッファ回路の役割　■ コンデンサの性質…過渡現象論の復習　■ 正弦波信号を入力したときのRC回路のゲイン特性…交流理論の復習　■ −3dBしゃ断周波数では抵抗とコンデンサの両端に加わる電圧が等しい（Q=0.5）　コラム 極座標を使った頭の体操

第4章　テブナンの定理の実践活用
出力信号の振幅を小さくする …………………………………………………… 46
■ 出力部に追加する分圧回路を設計する　コラム ACカップリングの弊害「サグ」とカップリング・コンデンサの値の求め方

第5章　重ねの理と古典制御工学が役立つ
OPアンプ増幅回路入門 ………………………………………………………… 50
■ 理想的なOPアンプの動作　■ 重ねの理を思い出す　■ ゲイン1倍のバッファ回路を作る　コラム バーチャル・ショートはリアル・ショートではない　コラム OPアンプ回路の抵抗値

Appendix B　増幅器を発振器にしないための基礎的なテクニック
増幅回路のゲインの周波数特性と安定性を確認する ………………………… 58
コラム カンブリア紀の進化大爆発と学校での勉強

第6章　現実の部品は考えなくてはいけないことがいっぱい！
入出力バッファ回路を作る ……………………………………………………… 62
■ OPアンプICを使う前に知っておきたいこと　■ 定数を決める　■ バッファ回路を製作する前に決めておくこと　■ 高入力インピーダンス・バッファ回路の調整と特性評価　■ 出力減衰回路付きバッファ回路の特性評価

Supplement　ツールに頼らず手も動かそう
第2部，第3部の読み方 ………………………………………………………… 73

CONTENTS

表紙・扉デザイン　シバタ ユキオ（アイドマ・スタジオ）
本文イラスト　神崎真理子，浅井亮八

No.122

第2部　速習！ アナログ・フィルタ設計入門

Introduction II
シグナル・チェーンが理解できる技術者をめざす
もっとアナログ回路を設計できるようになろう …………… 74
■ アナログ回路とはどんな回路か　■ フィルタリングでできること　■ シグナル・チェーンが理解できる技術者が求められている　**コラム** アナログの不得意なところはディジタルを使う

第7章
高域で減衰するフィルタ回路を作るために　【ステップ1】
チャレンジ！ ロー・パス・フィルタの設計 …………… 79
■ ロー・パス・フィルタが設計できればフィルタの8割は問題ない　■ フィルタの種類　■ フィルタ回路を設計するための基礎知識　■ フィルタ設計の第1歩　■ 数表を使ったロー・パス・フィルタ設計の基礎　■ 次数の決め方　■ 使用するOPアンプを選ぶ　■ シミュレーションで特性を確認する　■ 多重帰還型も同じように設計できる　■ フィルタ設計ツールの活用　■ 第2部の参考・引用*文献

第8章
通過帯域の位相変動が小さいフィルタ回路を作るために　【ステップ2】
ベッセル型ロー・パス・フィルタの設計 …………… 96
■ 群遅延特性とは？　■ ベッセル5次LPFの設計例　■ 実験結果

第9章
遮断特性の急峻なフィルタ回路を作るために　【ステップ3】
チェビシェフ型ロー・パス・フィルタの設計 …………… 104
■ チェビシェフ5次LPFの設計例　**コラム** プロの技術者が必ず確認する「高調波ひずみ特性とノイズ特性」　**コラム** 電流帰還型OPアンプで多重帰還型LPFを作る　■ 実験結果

第10章
低域で減衰するフィルタ回路を作るために　【ステップ4】
バターワース型ハイ・パス・フィルタの設計 …………… 111
■ バターワース5次HPFの設計例　■ 実験結果　**コラム** 設計はトップ・ダウンとボトム・アップの両方向から行う

Appendix C
FilterProのユーザ・インターフェースが新旧交代
FilterPro Version 3.xと旧バージョンとの比較 …………… 120
■ Version 3.xの特徴　■ 新旧ツールの計算結果の比較　■ 設計ツールの使い方について考える

Appendix D
任意のリプル特性を持つチェビシェフLPFを設計するために
Excelでチェビシェフ LPF の正規化表を作る …………… 124

第3部　アナログ・フィルタICの研究と活用

Introduction III
実験・評価に使うICの紹介とスイッチト・キャパシタ技術
いろいろなアナログ・フィルタIC …………… 125
■ IC化されたアナログ・フィルタ

第11章
フィルタICの実験回路を組み立てよう
アナログ・フィルタICの使いかた …………… 128
■ アナログ・フィルタICの評価回路　■ メーカ製の専用ツールを使って設計してみよう　**コラム** 動作しなかったレベル・シフト回路

第12章
いろいろな周波数特性をネットワーク・アナライザを使って確認
アナログ・フィルタICを評価する …………… 134
■ 測定方法　■ 実験結果

索引 …………… 142
執筆者紹介 …………… 144

▶ 本書は，トランジスタ技術2009年2月号特集「はじめてのアナログ回路の考え方」および，2008年7月号特集「アナログ・フィルタ設計入門」を中心に加筆・修正を行い，同誌の過去の関連記事から好評だったものを選び，また書き下ろし記事を追加して再構成したものです．流用元は各記事の稿末に記載してあります．

Introduction アナログ回路の基本に立ち返ってもう一度…
オームの法則から始めよう

1 脇役としてのアナログ回路の大切さ

現在の電子機器内部の主役はディジタル回路です．アナログ回路は，計測器などの限られた分野以外では脇役です．

現在の電子機器開発の現場では，ファームウェア技術者がマイコン周辺回路の設計ミスを最初に発見することが多々あります．ファームウェア技術者が「アナログ回路はさっぱり……」というのは，もったいない話です．動作がおかしいとき，アナログ回路技術者に回路の問題点を指摘できればデバッグ効率もあがります．

本書は，アナログ回路を勉強し直したい学生，若手技術者と，アナログ回路技術者に軽くツッコミを入れてみたいファームウェア技術者に向けたものです．アナログ回路の基本を理解して，彼らにツッコミを入れてみましょう．

2 本書の構成と内容

本書の第0章～第4章では，アナログ回路を学ぶ上で基本となる法則を解説します．第5章と第6章では，コンパクトな内容でOPアンプの基礎を解説します．第5章，第6章はとても簡単にまとめたものですが，OPアンプを使った基本的な増幅回路を設計する最低限の力がつくよう構成しています．第5章，第6章が十分に理解できるなら，OPアンプ回路に関する他の専門書籍も十分に読みこなせるでしょう．

第7章以降は，OPアンプ回路の本格的な応用例として，フィルタ回路を取り上げています．これは，OPアンプを使った応用回路の中で，フィルタ回路の設計が必要になることがあるからです．

本書の30%を理解しただけでも，簡単なアナログ回路設計ができるようになります．基本的な回路設計の具体例を紹介します．

3 プルアップ抵抗/プルダウン抵抗の定数を決めてみよう

ここでは手始めにオームの法則を使って，マイコンやFPGAのI/Oに接続されているプルアップ抵抗やプルダウン抵抗の値の決め方について考えます．

● プルアップ抵抗の設計式

プルアップ抵抗の値を決定する式を図1に示します．このような式は，本書で基礎を学べば自分で導出できます．

● プルアップ抵抗の最小値を決める

表1と表2にルネサス エレクトロニクスのマイコン：R8C/26，R8C/27シリーズの電気的仕様の一部を示します．表1から，"L"レベル時にポートに流し込める電流値は，駆動能力の小さなポートでは最大5 mAです．"L"レベルの出力電圧値V_{OL}は，表2に示すように最大0.5 Vです．

I_{OL}の値は，マイコンが壊れないように決めれば良いので，最大値5 mAから余裕をみて1 mAにします．I_{IL}は，接続先のロジックICの仕様で決まります．表3に示す高速CMOSロジックICのEIA/JEDEC規格相当と考えるとI_{IL}は最大1 μAです．

以上から，プルアップ抵抗の最小値は，

$$R_{pu} > \frac{3.3 - 0.5}{1 \times 10^{-3} - 1 \times 10^{-6}} = 2.8 \text{ k}\Omega$$

です．

● プルアップ抵抗の最大値を決める

プルアップ抵抗は，$I_{OH} = 0$ [A]の場合でも外部のロジックICに適切な"H"レベルを伝えるためのものです．$I_{OH} = 0$ [A]のとき，R_{pu}による電圧降下は外部のロジックICの入力電流I_{IH}によって決まります．I_{IH}による電圧降下が接続されているロジックICの"H"レ

表1 R8CマイコンのI/Oポートの電気的仕様
ルネサス エレクトロニクスハードウェアマニュアルRev.2.10より抜粋．

記号	項目	規格値			単位
		min	typ	max	
V_{IH}	"H"入力電圧	$0.8\,V_{CC}$	–	V_{CC}	V
V_{IL}	"L"入力電圧	0	–	$0.2\,V_{CC}$	V
$I_{OH(avg)}$	"H"平均総出力電流	$P_{1\_0} \sim P_{1\_7}$以外	–	-5	mA
$I_{OL(avg)}$	"L"平均総出力電流	$P_{1\_0} \sim P_{1\_7}$以外	–	5	mA

表2 R8CマイコンのI/Oポートの電気的仕様[1]
ルネサス エレクトロニクスハードウェアマニュアルRev.2.10より抜粋．

記号	項目	規格値			単位
		min	typ	max	
V_{OH}	"H"出力電圧	$V_{CC} - 0.5$	–	V_{CC}	V
V_{OL}	"L"出力電圧	–	–	0.5	V

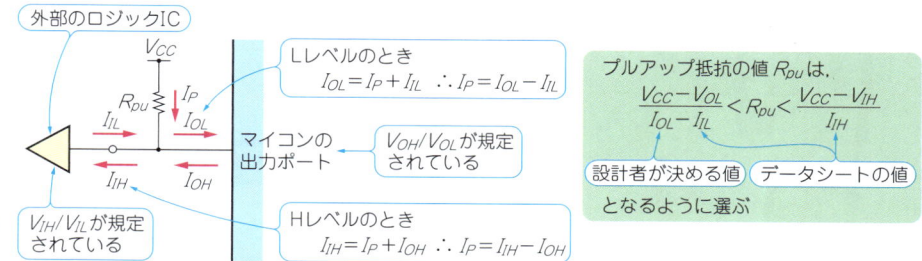

図1 プルアップ抵抗の定数を求める方法

表3[(2)] 高速CMOSロジック EIA/JEDEC仕様

項目		記号	V_{CC} [V]	測定条件	規格値				単位
					+25℃		−40〜+85℃		
					min	max	min	max	
入力電流	HCシリーズ	I_I	6.0	$V_{in} = V_{CC}$ or GND	−	±0.1	−	±1.0	μA
	HCTシリーズ		5.5		−	±0.1	−	±1.0	

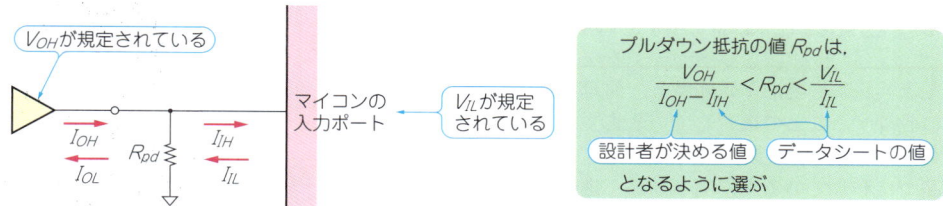

図2 プルダウン抵抗の定数を求める方法

ベル入力電圧閾値よりも高くなるように決めます．
V_{IH}をデータシートから読み取り，$V_{CC} = 3.3$ V，$V_{IH} = 3.3 \times 0.8 ≒ 2.6$ V，$I_{IL} = 1$ μAとすると，

$$R_{pu} < \frac{3.3 - 2.6}{1 \times 10^{-6}} = 700 \text{ k}\Omega$$

です．
　プルアップ抵抗は，2.8 kΩ以上，700 kΩ以下の範囲で決めます注．実際の回路でもこの範囲内で値が選ばれているはずです．

● プルダウン抵抗の設計式
　プルダウン抵抗の考え方も難しくありません．設計式を図2に示します．

● プルダウン抵抗の最小値を決める
　外部のロジックICが"H"レベルのとき，その電圧V_{OH}はR_{pd}にかかります．プルダウン抵抗R_{pd}に流れる電流は，キルヒホッフの電流則からマイコンの入力電流I_{IH}との差分になります．
　設計者が決めればよいI_{OH}は，1 mAにします．I_{IH}の値はプルアップ抵抗のときと同様に1 μAとします．V_{OH}は，R8Cマイコンの最大値から3.3 Vとすると，

$$R_{pd} > \frac{3.3}{1 \times 10^{-3} - 1 \times 10^{-6}} ≒ 3.3 \text{ k}\Omega$$

です．

● プルダウン抵抗の最大値を決める
　プルダウン抵抗は，$I_{OL} = 0$ [A]のときにマイコンの入力ポートを"L"レベルにする抵抗です．入力ポートから流れ出た電流I_{IL}がプルダウン抵抗R_{pd}に流れ込み生じた電圧がV_{IL}以下となるように設計します．
　R8CマイコンのV_{IL}は，$0.2 \times V_{CC} ≒ 0.7$ Vです．I_{IL}を1 μAとすると，

$$R_{pd} < \frac{0.7}{1 \times 10^{-6}} ≒ 700 \text{ k}\Omega$$

です．
　プルダウン抵抗の値は，3.3 kΩ以上，700 kΩ以下で選べば直流レベルとしてはOKです．

◆参考・引用文献◆
(1) *R8C/26グループ，R8C/27グループ，ハードウェアマニュアル，Rev.2.10，ルネサス・テクノロジ
(2) *高速CMOSロジック HD74HCシリーズ，データシート，ルネサス・テクノロジ
(3) *MC10ELT24, Datasheet, Rev.10, On Semiconductor
(4) 川田章弘；マイコン周辺回路で考えるアナログ超入門(後編)，トランジスタ技術，2009年11月号，pp.171-178，CQ出版(株)

注：この値は，ロジック信号の直流レベルを適正にするための素子定数です．ロジック信号が高速になると（パルス波形になると），この抵抗値とICの入出力端子・配線の容量成分によって波形が鈍るようになります．この「波形が鈍る」という話については，第3章で解説しています．

（初出：「トランジスタ技術」2009年10月号）．

第1部 はじめてのアナログ回路の考え方

第0章 五つの知識を思い出す

教科書は役立たない？

アナログ回路は難しく，数式だらけで設計や試作に手間がかかってめんどくさい！ と思っていませんか？ アナログ回路が専門の人たちは，教科書に載っている五つの法則をベースに設計しているだけです．この基本的な事柄を復習しておくだけで，難解に思えていたアナログ回路の動作が見えてきます．

教科書の基礎知識と技術の間を埋める

アナログ電子回路に必要な基礎知識を，簡単な応用回路を実際に設計することで復習していきます．応用回路は，図1のようなマイコン周辺回路です．
実際の製品で使われている実用的な回路を選びました．
復習する基礎知識は主に，次の五つです(図2)．
(1) オームの法則
(2) キルヒホッフの法則
(3) テブナンの定理
(4) 交流理論
(5) 重ねの理
この五つを覚えているだけで基本的な電子回路の考え方がある程度分かるようになり，設計ができるようになることに驚くと思います．教科書のあの話は実際はこんなところに使うのか，とお楽しみください．

図2 復習する主な五つの基礎知識

基礎は変わりません．学校で学んだ基礎は，思いのほか役に立ちます．社会人になっても，教科書を捨てたり，誰かに譲ったりしないでください．
説明が不足している箇所もたくさんあります．物足りない(分からない)と思ったときは，関連する分野の

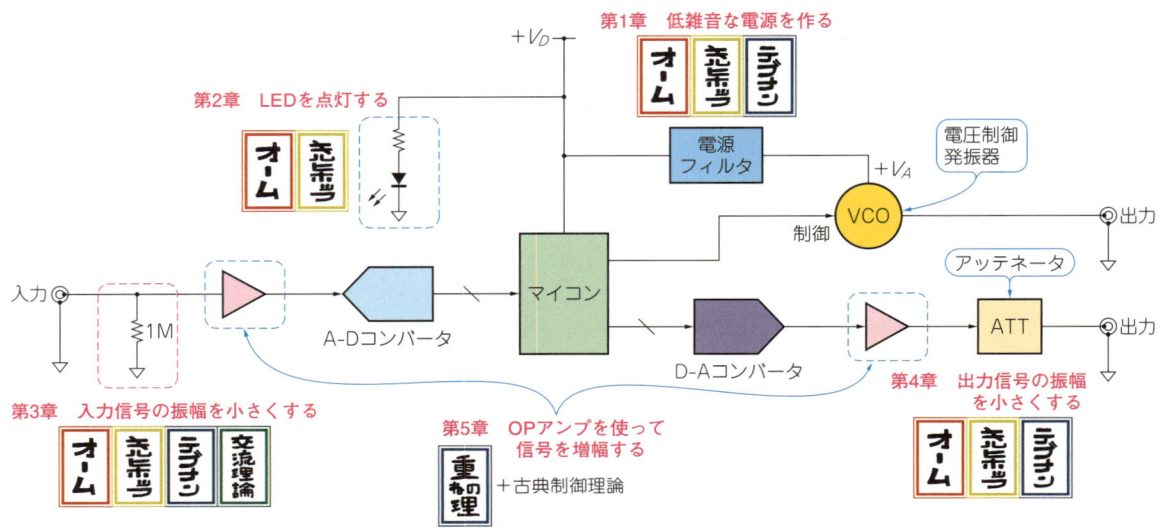

図1 第1部で取り扱うアナログ電子回路の基礎知識はマイコン周辺回路への応用を想定している

専門書を読んでみてください．第6章の最後に学習に役立ちそうな文献を挙げておきます．

使い道が分かれば基礎知識は眠くない！

アナログ電子回路は，電気回路の基本を理解しておけば動作が見えてきます．ところが，学校の授業では何に使うのか分からない基礎（電気回路）から勉強していきますので，つまらなくて図3のように授業中に寝てしまった人もいるのではないでしょうか？

アナログ電子回路を学び始めると，電気回路，過渡現象論，回路（網）理論，半導体工学，自動制御（古典制御工学），あげくは微分積分学，複素関数論というように，多くの基礎知識を理解しておく必要があることに気づきます．

そこで慌てて復習することになるのですが，授業で基礎を勉強する理由を最初に教えてくれていたら，いくらなんでも寝たりなんてしなかったかもしれません．

例えば，数学の授業でベクトル解析を学び始める前に，「これから説明することは，電磁気学のマクスウェル方程式を理解するために必要な知識です」と言ってくれるような場合です．似たような例としては，半導体工学の基礎には量子力学があって，その基礎となるシュレーディンガー波動方程式を解くには微分積分（基本的な変数分離形を理解していれば何とかなる？）の知識が必要です，と最初に言ってくれるような場合です．

つまらなく見える基礎知識を何に使うのか知っていれば，楽しんで基礎を学ぶことができるようです．

基礎知識を実験で確認する

周波数が低い信号を扱うアナログ回路の場合，動作検証レベルの実験は生基板（銅張り積層板）を使って**写真1**のようにバラック試作するだけで十分です．表面実装タイプのOPアンプも**写真2**のようにポリイミ

(a) 何に使うか分からないと興味が持てない

(b) 電子回路を考えるときには電気回路の授業で習った知識が必要

(c) 何に使うのかが分かっていれば理解しやすい

図3 基礎知識は使い道を知りながら習得すれば眠くならない

写真1 銅張り積層板を使ったバラック試作で実験して動作を確認する

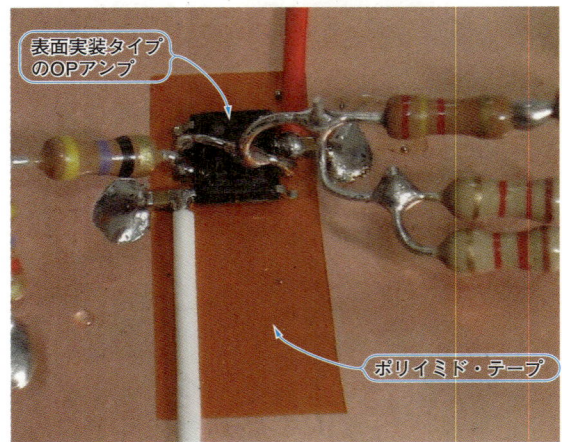

写真2 表面実装タイプのOPアンプもポリイミド・テープを貼って実装すれば実験できる

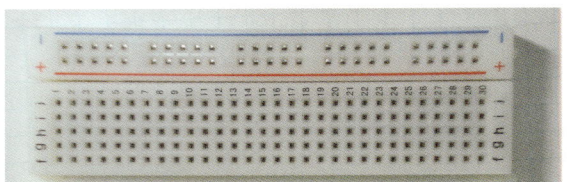

写真3 はんだ付けを行わずに回路を実験できるブレッドボード

ド・テープを使えば生基板上に実装できます.

第1章の実験は,すべて**写真3**に示すようなブレッドボードで行うことができます.第1章で使用する測定器はディジタル・マルチメータ2台(電圧計と電流計として使用)と電源だけですから,追実験してみても良いでしょう.

300 MHz以上(UHF帯以上)の高周波アナログ回路では実装方法によって動作や電気的特性が変わってきますから,**写真1**のようなバラック試作は再現性がないため無意味です.プリント基板化したときに試作で得られた性能がまったく得られない場合があるからです.UHF帯以上の高周波アナログ回路は,きちんとプリント基板を設計して動作検証を行います.アナログ電子回路の実験は,その電子回路が扱っている信号の周波数(パルス信号の場合は立ち上がり/立ち下がり時間)に応じて適切にアレンジする必要があります.

第1部の実験と実務で行う実験

第1部で行うような実験を会社では要素実験と呼ぶことがあります.製品を試作する前のアイデア検証実験のような意味だと思ってください.会社やプロジェクトによって異なりますが,現場での製品開発は,おおよそ次のような手順で行われます.

1. 市場調査(営業/マーケティング部門)
2. 要求仕様の決定(マーケティング/開発部門)
3. 実現性検討・要素実験(部分試作)
   (開発部門または基礎研究部門)
4. 1次試作(開発・設計部門)
5. 動作・特性検証/不具合修正(開発部門)
6. 2次試作(開発・設計部門)
7. 信頼性,EMC試験など,各種試験の実施
   (品質保証/開発部門)
8. 量産(生産部門)
9. 不具合対応(品質保証/生産/開発部門)

開発技術者の最初の仕事は,回路の定数設計をしてその動作を自分の手で実験,動作検証するところから始まります.本書を通して,そんな要素実験の雰囲気も味わうことができるはずです.

(初出:「トランジスタ技術」2009年2月号特集イントロダクション)

第1章 直流電気回路の基礎知識だけで設計できる

オーム キルヒホッフ テブナン 重ね合わせの理

低雑音な電源を作る

電気回路の教科書で最初に出てくる基本的な法則は，実際の回路設計でも大活躍します．教科書で最初に学ぶオームの法則，キルヒホッフの法則，テブナンの定理を使ってバイポーラ接合トランジスタ(BJT)を使ったアクティブ・リプル・フィルタを設計します．このリプル・フィルタは製品内部の電源ノイズの除去などに使われます．

　図1(a)は＋5Vから＋2〜＋3Vの電圧を取り出す回路です．この回路の抵抗値を決めながら，基礎知識を復習します．
　簡単な回路ですが，図1(b)のようにレギュレータIC^{用語}と組み合わせて，計測器内部の低雑音電源回路の一部など，実際の製品に使われています．3端子レギュレータ^{用語}などと比較して出力雑音が小さいためです．リプル^{用語}・フィルタと呼ばれることもあります．
　電圧制御発振器(VCO)^{用語}の電源などには低雑音性能が要求されます．ただし，この回路の出力電圧は安定化されていませんから，負荷電流の変動が激しい箇所には使えません．

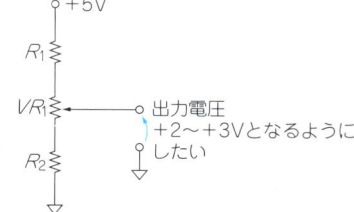

図2 図1の回路の抵抗値を算出するため抵抗分圧回路を抜き出した

分圧回路から考える

■ 定数に当たりをつける

　トランジスタの動作はひとまず忘れて，この回路に含まれる分圧回路の定数を決めることにします．
　図1の回路から，抵抗分圧回路を抜き出したのが図

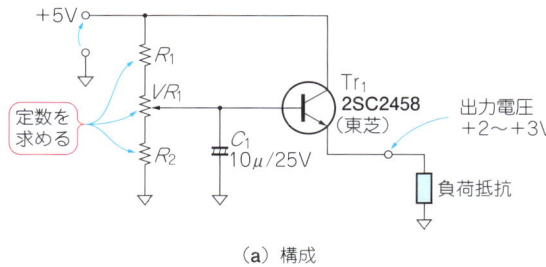

(a) 構成 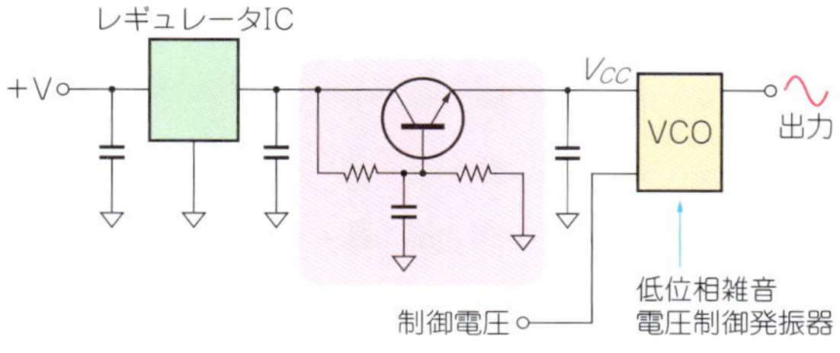　　　(b) 実際に使われている例

図1 ＋5Vから＋2〜＋3Vを作る回路で使っている抵抗の定数を求めたい

用語

▶**レギュレータIC**
　一定の電圧を出力する電源回路(定電圧電源回路)に使われるICの総称．出力電圧を調整する方法としては，トランジスタのコレクタ-エミッタ間に電圧をためておいて，負荷変動に合わせて出力電圧をアナログ的に制御するリニア方式や，トランジスタをスイッチング素子として使い，ON/OFFを繰り返して出力の平均電圧を監視，制御するスイッチング方式がある．

▶**3端子レギュレータ**
　アナログ制御の定電圧電源回路であるリニア・レギュレータ回路を1チップで実現することのできるICのこと．ICの端子数が入力，出力，グラウンドの3本であったことから3端子レギュレータと呼ばれる．最近のICでは，出力電圧に含まれる雑音を減らすためのコンデンサを付ける端子や，出力電圧のON/OFFを行う端子が付いていたりして実質5端子の製品もある．このようなICでも，簡単にアナログ電源回路を作ることのできるICという意味で3端子レギュレータと呼ぶ人もいる．

2です．図2には，半固定抵抗VR_1，固定抵抗R_1，R_2が含まれています．これらの抵抗値を決めます．

● オームの法則を実際の回路に当てはめる

学校の授業では回路定数が与えられていて「出力電圧を求めよ」とか，記号だけが振られていて「分圧比を示せ」となっているかもしれません．しかし，現場の設計で要求されるのは，回路定数のないところから値を決めることです．設計経験がない人が最初に戸惑うのは，回路定数を何から決めたらよいのかわからない点にあると思います．

この分圧回路の定数を決めるのに最初に使うのは，なんと中学校で学んだ「オームの法則」です．オームの法則を知っていれば，最初の一歩を踏み出せるのです．

オームの法則は，電圧をV，電流をI，抵抗をRとすると，

$$V = I \times R$$

という式で示されます．

この式は変形することによって，

$$I = \frac{V}{R}$$

$$R = \frac{V}{I}$$

というように表すこともできます．

それでは，図2の抵抗値を決めることにしましょう．オームの法則から，抵抗値Rを決めるには，電圧を電流で割れば良いことがわかります．ここで，R_1，VR_1，R_2を一つの抵抗R_Sとみなして考えます．

$$R_1 + VR_1 + R_2 = R_S$$

これも中学校で学んだ「抵抗の直列接続」の考え方を使っています．すると，

$$R_S = \frac{5}{I}$$

を計算すれば良いだけです．

ところが電流Iが決まっていません．ここが**回路解析**と**回路合成**用語の違うところです．電流Iは設計者が自由に決める値です．何A流せば良いのでしょう？

ここで使うのは，またまた中学校で学んだ電力の式です．電力Pは電圧Vと電流Iで表すことができました．式では次のように示せます．

$$P = V \times I$$

ここで，抵抗R_Sに1A流れていると，電圧Vは+5Vですから，5Wです．

5Wの電力がどのくらいの温度変化を生み出すのか考えてみます．1J（ジュール）=1Wsですから，1Wの電力が1秒間作用すると1Jの仕事量になります．

電子の流れが電流になる　　Column

オームの法則にも使われている電流ですが，電流とは電気の流れのことです．電気を持った代表的な粒子は電子です．電子は原子の周りを雲のように取り囲んでぐるぐると回っています．大学で学ぶ電子材料物性とか化学では，そのぐるぐる回る電子の軌道についても考えるのですが，とりあえずそこまでは踏み込まないことにします．

この電子1個は，

$$q = 1.602 \times 10^{-19} \text{[C（クーロン）]}$$

の負の電荷qを持っています．そして，電流とは，この電荷が1秒間にどのくらい変化するかを表しています．電流をI[A]，電荷の変化量をΔQ[C]，時間変化をΔt[s]とすると，

$$I = \frac{\Delta Q}{\Delta t}$$

です．微分記号を使って表すと，

$$I = \frac{dQ}{dt}$$

となります．電流の単位はこの式からはC（クーロン）/s（秒）になるはずですが，このクーロン/秒をアンペアAと定義しています．

1Aの電流とは，1秒間に6242×10^{15}個の電子（1C）が流れるということです．

▶用語

▶リプル

特性カーブに乗っているさざ波状の細かな変動のこと．ゲイン-周波数特性の細かな変動もリプルと呼ぶ．ただし，本文で言っているリプルとは直流電圧に重畳している細かな変動成分のことを指している．

電源回路のリプルの原因は，商用電源（周波数50Hz/60Hz，電圧100V_{RMS}の家庭のコンセントから取り出せる交流電源）成分の重畳であったり，スイッチング電源のノイズだったりする．

▶電圧制御発振器

制御端子に入力した直流電圧の大きさによって周波数を変化させることのできる発振器のこと．Voltage Controled Oscillatorを略してVCOと呼ばれることもある．電圧制御発振器は単体で使われることは少なく，位相同期ループ（PLL；Phase Locked Loop）回路と組み合わせて使用されることが一般的である．電圧制御発振器の大切な性能指標の一つにキャリア対雑音比（C/N）と呼ばれる値がある．電圧制御発振器のC/N性能を最大限に引き出すためには電源の低雑音化が必要である．

ここで，温度変化は以下の式で示すことができます．

$$\text{温度変化}[℃] = \frac{\text{電力}[W] \times \text{時間}[s]}{\text{比熱}[J/(g \cdot K)] \times \text{物質の質量}[g]}$$

例えば，5Wの消費電力による熱が1円玉1枚(1g)に10秒間加わったとしましょう．1円玉はアルミニウムでできていて，その比熱は0.905 [J/(g・K)] とします．すると，

$$\frac{5 \times 10}{0.905 \times 1} ≒ 55℃$$

になります．5Wとは，1円玉を10秒間で55℃も温度上昇させてしまうような電力なのです．

● 現実の抵抗は何ワットまで耐えられるか？

電子部品店で売っている抵抗やVR_1に使う半固定抵抗を写真1に示します．

抵抗の耐電力を物理的な大きさで判断することはできません．写真1(a)の真ん中に示した炭素皮膜抵抗は長さが7 mm程度です．一方，写真1(b)の右側の抵抗の長さは3.5 mm程度です．大きさは違うのですが，この二つの抵抗の耐電力は同じ0.25 Wです．

また，抵抗には写真1(b)の左側に示したチップ抵抗と呼ばれる小型の表面実装部品もあります．この抵抗の耐電力は63 mWです．現在の小型電子機器の内部では，このようなチップ型の部品が多用されています．

回路設計を行うときは，部品の耐電力ぎりぎりまで使わないようにします．これを**ディレーティング**と呼びます．抵抗はできるだけ耐電力の半分(50%)程度以下で使うようにします．

今回は，写真1(a)の真ん中の大きさの抵抗を使うことにします．0.25 Wの半分の0.125 W以下の電力となる電流は，

$$I = \frac{P}{V} = \frac{0.125}{5} = 25 \text{ mA}$$

となります．流す電流は25 mA以下にします．

● 流す電流は5 mAに仮決定

25 mA以下の電流なら問題ないとのことであれば，逆に1 pAでも1 nAでも1 μAでも良いのかと思いますね．小さすぎることにもいくつかの問題があります．ためしに，1 μAで抵抗値を計算してみましょう．

$$R_S = \frac{5}{1 \times 10^{-6}} = 5 \text{ MΩ}$$

のように抵抗値は5 MΩになりました．

5 MΩという値は現実的ではありません．なぜなら，実際に売られている抵抗には限りがあるからです．一般に販売されているのは10 Ω～1 MΩ程度です．

もちろん10 MΩや100 MΩとか，1 GΩなんて抵抗もあります．でも，このような高抵抗は取り扱いが難しいのです．なぜ難しいのか？というと，部品を載せるプリント基板や**ブレッドボード**用語とかの**絶縁抵抗**用語の問題があるからです．基板の表面や抵抗の表面が汚れていたり（ほこりがついていたり）湿度が高いと絶縁抵抗は下がってきます．数GΩという抵抗を使った場合，抵抗に流れる電流よりも，基板表面とか，抵抗以外の部分を流れる電流のほうが増えてしまうのです．

高抵抗を使うことの問題は，もう一つあります．そ

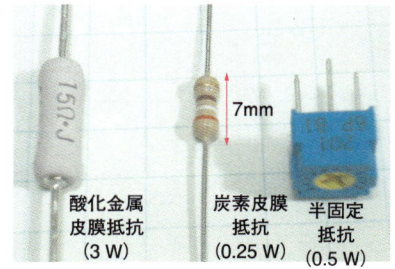

(a) 一部の抵抗の種類

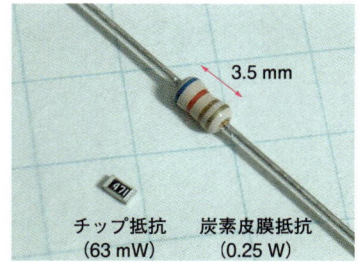

(b) 小型電子機器では表面実装用のチップ抵抗が多く使われている

写真1 電子部品店で売っている抵抗やVR_1に使う半固定抵抗の耐電力例

用語

▶回路解析と回路合成

すでにある回路の特性を解くことを回路解析という．一般に学校で教育しているのは回路解析である．一方，回路合成とは，任意のゲイン／位相-周波数特性といった要求される一般的な回路特性から実際の回路を作り出す(Synthesis)ことをいう．

音楽にたとえるなら，譜面を読めるのが回路解析であり，新しく音楽を作る(譜面を起こす)のが回路合成である．実際の設計現場では解析よりも合成のほうが重要であるが，日本語の回路合成の文献は絶滅して久しい．

▶ブレッドボード

パン生地をこねる「パンこね台」に由来する用語であるが，電子回路の世界では，はんだ付け不要で部品を挿し込むだけで回路を試作できる「ソルダレス・ブレッドボード」のことを指す．

金属の接触によって接続しているだけなので，数百mAの大電流を流す回路には使えない．10 MHzを越えるような高周波回路の製作にも向かない．AMラジオくらいまでの試作になら使える．

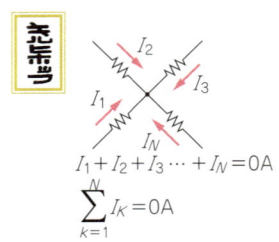
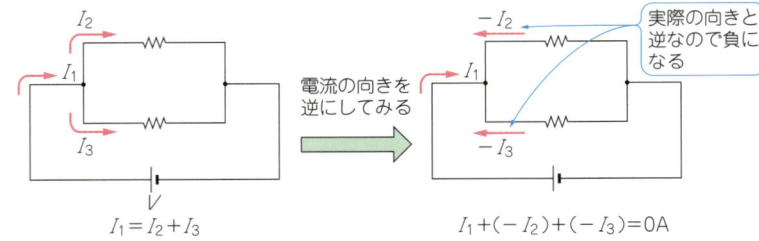

(a) ある接続点に流入する電流の総和は0A

(b) 実際の回路だと…電流の流入量と流出量が等しいと言っているだけ

図3 キルヒホッフの電流則と実際の回路での考え方

の理由は，あとで説明するキルヒホッフの法則の考え方を使うので，とりあえずここでは5mAにします．何で5mAなの？という疑問はあると思いますが，ここでは仮決定された値だと思っておいてください．

電流を5mAに決めると，

$$R_S = \frac{5}{0.005} = 1\,\text{k}\Omega$$

になります．

これで，$R_1 + VR_1 + R_2$ の合成抵抗値は1kΩに求まったので，今度はそれぞれの値を求めるだけです．

■ R_1，VR_1，R_2 の個々の抵抗値を求める

● キルヒホッフの法則を実際の回路に当てはめる

ここで必要になるのが，キルヒホッフの法則です．

キルヒホッフの法則には第1法則と言われている電圧則と第2法則と言われている電流則があります．

▶ キルヒホッフの電流則
　　　　　　　　　　　（KCL：Kirchhoff's Current Law）

図3(a)に示すように，任意の接続点に流入する電流の総和は0Aになるという法則のことです．流入する方向を正として流出する方向を負と考えると，

$$I_1 + I_2 + I_3 \cdots + I_N = 0$$

となり，数学記号を使って表現すると，

$$\sum_{k=1}^{N} I_k = 0$$

となります．

数式で書くとなにやら難しそうですが，簡単に言えば入ってきたものと出て行くものは等しいと言っているだけです．

図3(b)のような抵抗の並列接続を考えれば分かりやすいと思います．二つの並列抵抗に入ってきた元の電流は二つの抵抗に流れている電流の和に等しいはずです．キルヒホッフの電流則は単純に電流は勝手に消えて無くなったりしないと言っているだけです．

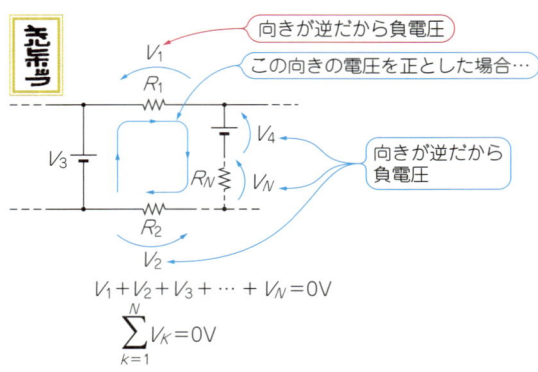
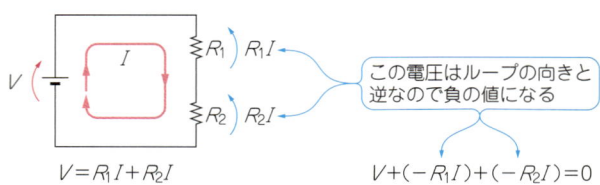

(a) 電圧の向きを一方向で考えると，ループを一巡したときの総和は0V

(b) 実際の回路だと…ループの中の電圧源の和（一定方向を正として測定する）と電圧降下が等しいと言っているだけ

図4 キルヒホッフの電圧則と実際の回路での考え方

用語

▶絶縁抵抗

電気を通さない物質のことを絶縁体と呼ぶ．この絶縁体の抵抗値のことを絶縁抵抗と呼ぶ．

プリント基板も材質に応じて絶縁抵抗が存在し，プリント基板を製造しているメーカ（パナソニックや日立化成など）の資料に記載されている．この絶縁抵抗は表面の汚染度によっても変化する．表面の汚染度によって変化する抵抗は，正確には表面抵抗だが，回路技術者はこの表面抵抗も含めて絶縁抵抗と呼ぶことがある．表面がきれいな状態であれば紙フェノール基板でも約1GΩ以上の絶縁抵抗だが，表面が汚染されると100MΩ以下となることもある．10Vの電位差があると100nAの電流が流れることになる．この電流値は，JFET入力のOPアンプのバイアス電流よりも大きい．

プリント基板表面の汚染による絶縁抵抗の現象を防ぐため，部品実装後にコーティング剤で覆ってしまうこともある．プロセス制御関連の機器ではほぼ例外なくコーティング剤を使い，化学薬品による汚染から電子回路を保護している．

▶ キルヒホッフの電圧則
　　　　　　（KVL；Kirchhoff's Voltage Law）

図4(a)に示すように，回路の任意のループを一巡するとき，電圧の向きを一方向に考えたら総和は0Vになるという法則のことです．数式で考えると，

$$V_1 + V_2 + V_3 \cdots + V_N = 0$$

となります．これも数学記号を使って表現すると，

$$\sum_{k=1}^{N} V_k = 0$$

となります．

これも，数式で書くと難しそうですが，図4(b)のように2本の抵抗の直列接続を考えれば分かりやすいと思います．

● キルヒホッフの法則でR_1，VR_1，R_2を求める

R_1とR_2を決めるには，図5のようにVR_1のスライダをR_1側，およびR_2側に移動させた状態を考えて計算します．スライダは半固定抵抗の摺動片のことで，半固定抵抗は，接点をスライドすることによって抵抗値が変わる構造になっています．キルヒホッフの電圧則から，抵抗全体にかかる電圧は+5V一定です．

図5(a)のようにR_1側にスライダを寄せたとき，R_1に2V，$(VR_1 + R_2)$に3Vかかるようにすれば良いので，

$$R_1 = \frac{2}{0.005} = 400\ \Omega$$

となります．

R_2も，図5(b)のようにスライダをR_2側によせた場合の抵抗にかかる電圧から，

$$R_2 = \frac{2}{0.005} = 400\ \Omega$$

と計算できます．

R_1とR_2が決まりました．ここで，

$$R_1 + VR_1 + R_2 = 1\ k\Omega$$

だったので，

$$VR_1 = 1\ k\Omega - 400\ \Omega - 400\ \Omega = 200\ \Omega$$

とします．

● 市販の抵抗はとびとびの値しか存在しない

これで抵抗値の計算は終わりです，と言いたいところですが，実は400Ωという抵抗はお店では売ってい

表1
E系列
E96系列もあるが通常はE24系列を覚えておけば十分．

E3	E6	E12	E24
1.0	1.0	1.0	1.0
			1.1
		1.2	1.2
			1.3
	1.5	1.5	1.5
			1.6
		1.8	1.8
			2.0
2.2	2.2	2.2	2.2
			2.4
		2.7	2.7
			3.0
	3.3	3.3	3.3
			3.6
		3.9	3.9
			4.3
4.7	4.7	4.7	4.7
			5.1
		5.6	5.6
			6.2
	6.8	6.8	6.8
			7.5
		8.2	8.2
			9.1
10	10	10	10

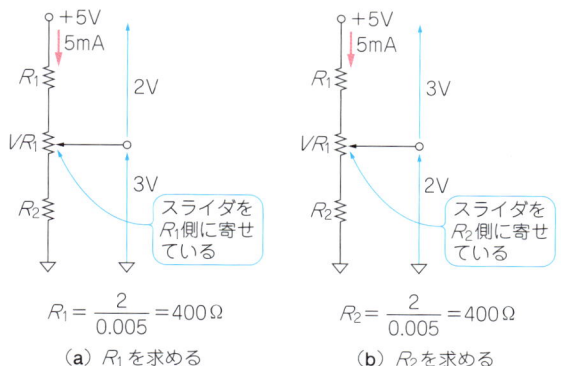

図5　抵抗分圧回路の定数を算出する

▶ カスコード接続

トランジスタのエミッタとコレクタを接続した回路．回路例を図Hに示す．増幅回路にカスコード接続を利用すると高周波特性が改善されたり，高利得が得やすいという利点がある．欠点としては，コレクタ-エミッタ電圧が小さくなることによって出力振幅が制限される．これらの利点を生かす以外に，トランジスタのコレクタ-エミッタ間の耐圧が不足する場合に使われることもある．

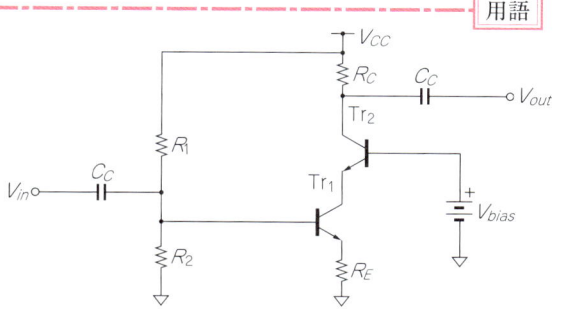

図H　カスコード接続の回路例

用語

ません．電子部品店で売られている抵抗は**表1**に示すE系列に沿って製造されているからです．

お店によってはE24系列の抵抗すべてはないこともあります．そんなときは，E12系列で設計します．

ここではE24系列から400Ωになるべく近い抵抗値ということで，390Ωを選びます．最終的な抵抗値と電圧の可変幅を**図6**に示します．

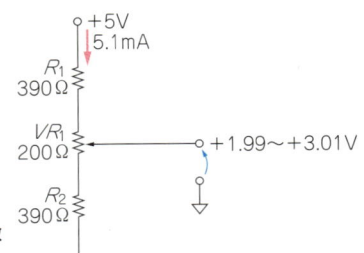

図6
抵抗分圧回路の定数の計算結果

トランジスタを含めて考える

● トランジスタと組み合わせると出力電圧が低くなる

分圧回路の部品定数が決まったので，一番最初に示した**図1**のようにトランジスタを組み合わせ，負荷電流20 mAを流して動作確認をしてみました．このようすを**写真2(a)**に示します．この実験ではベースに接続された10 μFのコンデンサは省略しています．使用したトランジスタ2SC2458は**写真2(b)**のような形状をしています．

出力電圧を測ったところ，+2～+3 Vではなく，+1.23～+2.28 Vと少し低い電圧しか出てきませんでした．これは，トランジスタが入っているからです．

● 理想的な特性をもつトランジスタで考える

図1に示したトランジスタはバイポーラ接合トランジスタと呼ばれる半導体素子です．理想トランジスタの動作は**図7**に示す，電子回路の教科書でときどき登場したナレータとノレータという仮想素子を使って表すことができます．

ナレータとは，電流がゼロ，両端の電圧もゼロの仮想素子です．イメージとしては，電流は流れないし，両端の電圧もゼロになる「電流ストッパ」だと思ってください．

ノレータとは，両端の電圧や電流が周辺の状態によって任意に決まる仮想素子です．これは，もう勝手気ままに両端の電流や電圧を決めてよい素子だと思ってください．

このナレータとノレータを使うと，理想トランジスタは**図8**のように表すことができます．**図8**はベース電流がゼロで任意のコレクタ電流が流れる素子を示しています．そしてベース-エミッタ間には約0.6 Vの電

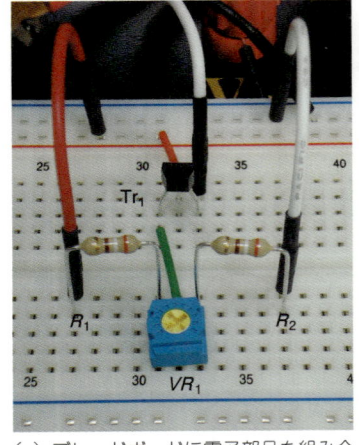

(a) ブレッドボードに電子部品を組み合わせたようす

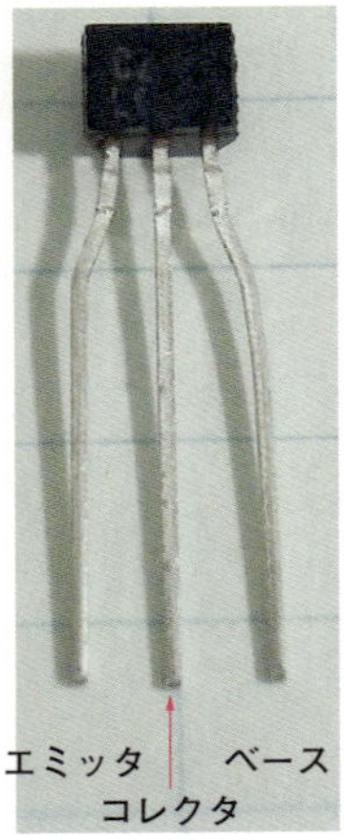

(b) 実験に使った2SC2458

写真2 負荷電流20 mAで図1の回路の動作を確認しているようす

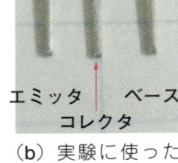

(a) ナレータ　　(b) ノレータ

図7 理想トランジスタを構成する仮想素子の特性

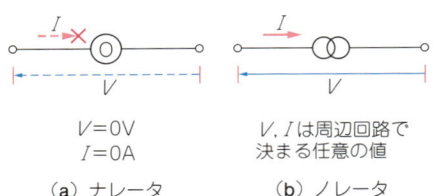

図8
仮想素子のナレータとノレータを使って表した理想トランジスタ

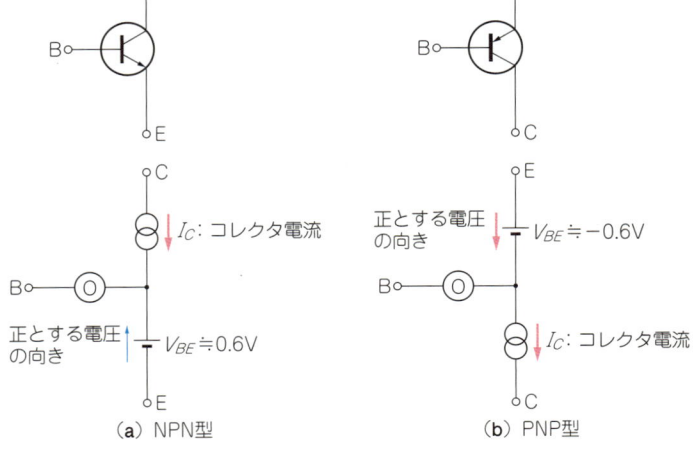

(a) NPN型　　(b) PNP型

圧源が入ります．この電圧源の意味はあとで説明します．

● **トランジスタを加味して定数を算出しなおす**

ナレータとノレータを使った理想トランジスタを使って図1を書き直すと，図9のようになります．つまり，約0.6V出力電圧が低下してしまう理由はトランジスタのベース-エミッタ間電圧にあったのです．そこで，ベース電圧を+2V～+3Vではなく，+2.6～+3.6Vで変化するように定数を決めればよいことが分かります．

それぞれを計算しなおしたところ，
$R_1 = 270\Omega$
$R_2 = 510\Omega$
にするとうまくいきそうです．

抵抗値を変更して実際の回路で測定してみたところ，

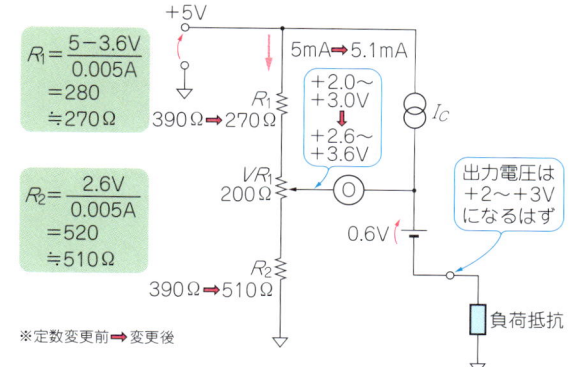

図9 図1の回路を理想トランジスタを使って考えると0.6Vの電圧源により出力電圧がずれていたことがわかる

電圧源と電流源の交流信号に対する性質 Column

● **電圧源**

理想電圧源は，**図A**に示すように内部抵抗が0Ωです．内部抵抗が0Ωというのは，どんな電流が電圧源に流れていてもその両端の電圧は変化しないということです．電流を流し込んでも取り出しても両端の電圧が変化しないというのは，交流信号源にとっては導線のようなものです．

理想直流電圧源は，交流的には**図B**のように短絡と考えて回路を見直すことができます．テブナンの定理を使って内部抵抗を求めるときも，この「電圧源は短絡」という概念を使います．

● **電流源**

理想電流源は，**図C**に示すように内部抵抗が無限大です．抵抗の逆数であるコンダクタンスで言えば，コンダクタンスが0S(ジーメンス)ということです．理想電流源は，両端の電圧がどのように変化しようと流れる電流値は変化しません．これは，**図D**のように交流的には開放と考えることができます．テブナンの定理で等価電圧源を求める場合，電流源は開放と考えて内部抵抗を算出します．

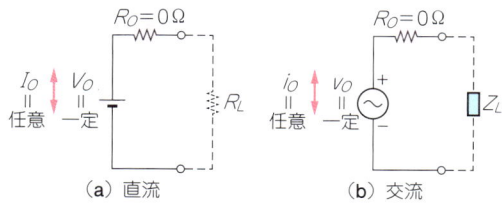

図A 理想電圧源(定電圧源)は内部抵抗が0Ω

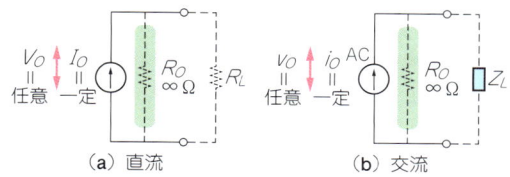

図C 理想電流源(定電流源)の内部抵抗は∞

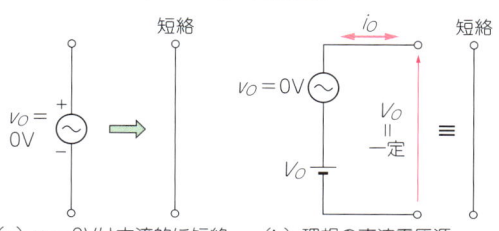

理想の直流電圧源はどんなに電流が流れても両端の電圧は変わらない→交流的には短絡と考えられる

図B 直流の理想電圧源は交流的には短絡に等しい
この概念はテブナンの定理にも使われている．

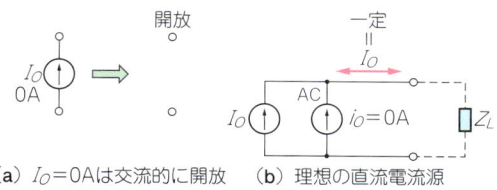

理想の直流電流源は両端の電圧がどのように加わっても流れる電流は変わらない→交流的には開放と考えられる

図D 直流の理想電流源は交流的には開放に等しい

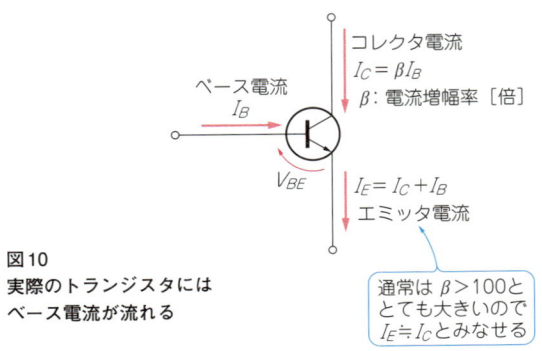

図10
実際のトランジスタには
ベース電流が流れる

通常は $\beta > 100$ ととても大きいので $I_E \fallingdotseq I_C$ とみなせる

出力電圧は $+1.83 \sim +2.90$ V となりました．

実際のトランジスタで考える

● **実際にはベース電流が流れていて無視できない**

これで完成，一安心といきたいところですが，実はまだ説明していないことがあります．それは次の2点です．

1. 分圧回路に流す電流を5 mAにした理由
2. トランジスタのベース-エミッタ間電圧を0.6 Vにした理由

実際のトランジスタでは，図10のようにベース電流が流れます．トランジスタは，このベース電流の電流増幅率 β 倍のコレクタ電流を流すように動作します．エミッタ電流には，キルヒホッフの電流則に従って，コレクタ電流とベース電流を加算した電流が流れます．

ここで，ベース電流とベース-エミッタ間電圧の関係をグラフに示すと，図11のようになるのです．このようにベース-エミッタ間電圧が0.6 V付近を境にベース電流が大きくなるような特性になります．この特性はPN接合ダイオードと同じです．なぜ，0.6 Vになるのか？については電子回路というよりも半導体工学の分野になりますのでここでは割愛します．

この0.6 V付近でベース電流が大きくなるというのを大胆に近似すると，0.6 Vの電圧源と理想ダイオードを直列につないだものと等価になります．これが，さっきの理想トランジスタに登場したベース-エミッタ間電圧0.6 Vの正体です．

ベース電流の影響は，図9の回路動作にどのように影響してくるのでしょうか？これを考えるために，分圧回路を等価電圧源に描き替えてみます．

● **テブナンの定理で考えやすい回路に置き換える**

この描き替えに必要なのが，図12に示すテブナンの定理です．テブナンの定理は等価電圧源の定理とも呼ばれています．ある回路の2端子間の開放電圧(高インピーダンス入力のディジタル・マルチメータで測定する)と，その2端子間のインピーダンス(抵抗)が分かれば，その二つから等価的な電圧源に変換できることを示しています．

図12(a)のような教科書の説明ではわかりにくい場合は，図12(b)のような具体例で考えると良いでしょう．1 Vの直流電圧源(理想電圧源)と二つの1 kΩ抵抗による分圧回路があります．この回路の開放電圧は0.5 Vです．

一方，開放端から回路を見ると電圧源は短絡と考えられるので(電圧源と電流源のコラム参照)，内部抵抗は1 kΩ2本の並列接続となり500 Ωになります．従って，図12(b)のように等価電圧源に変換できます．

テブナンの定理を使うことで，図9に示した分圧回路は等価電圧源に描き替えることができます．半固定抵抗のスライダの位置で内部抵抗が変化するので，+3 V出力と+2 V出力の2通りで計算した結果を図13に示します．

● **抵抗に流す電流を5 mAにした理由**

もし分圧回路の抵抗に流す電流が少ない場合，等価

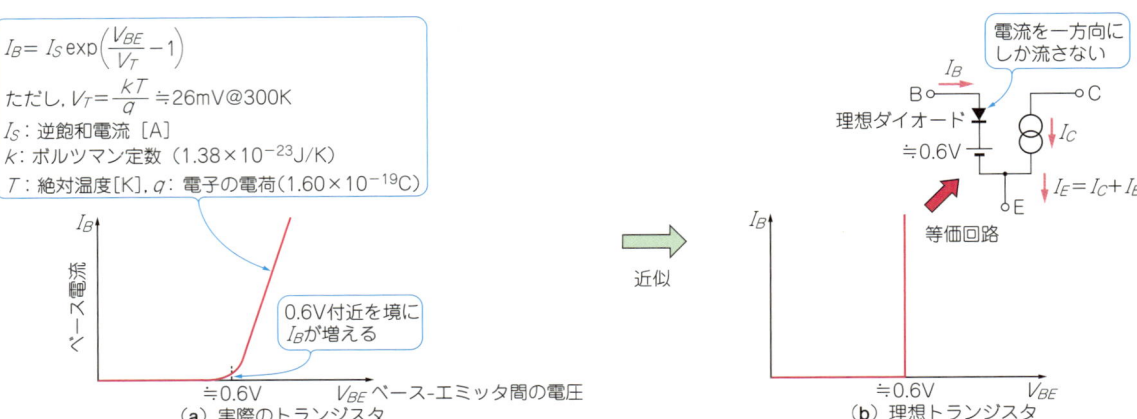

図11 ベース-エミッタ間の電圧-電流特性は約0.6 Vの直流電圧源と理想ダイオードに置き換えて考えることができる

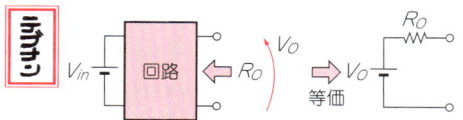
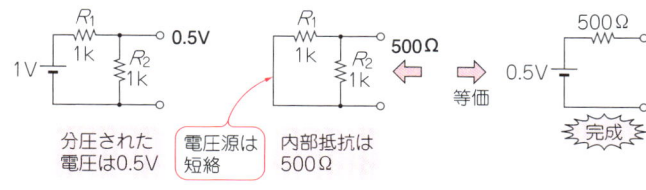

R_O：開放端から回路側を見たときの
　　　抵抗（インピーダンス）[Ω]
V_O：開放端電圧[V]

（a）2端子間の開放端電圧とインピーダンスが
　　分かれば等価的な電圧源に置き換えられる

（b）実例

図12　テブナンの定理（等価電圧源の定理）

電圧源の内部抵抗の値が大きくなります．これは，**図13**の内部抵抗も大きくなることを示しています．内部抵抗は，**図14**に示すとおりベース電流が流れることで電圧降下を引き起こします．電圧降下は結果として出力電圧を低下させることになります．

内部抵抗による電圧降下をなるべく小さくし，出力電圧を低下させないために分圧回路にはある程度の電流を流しておく必要があるのです．これが電流値を5 mAに決めた理由です．

どの程度の電圧降下を許容するかで流す電流値を決めます．分圧回路に電流を流しすぎると発熱が大きくなります．小さすぎると，基板や抵抗の絶縁抵抗の影響や，この内部抵抗による電圧降下の影響が現れてきます．これらを踏まえて妥協点を探すのです．

● ベースに接続したコンデンサの決め方

図1の回路では，トランジスタのベースとグラウンド間に10 μFのコンデンサを接続しています．このコンデンサはR_1とVR_1（スライダの位置で抵抗値が変わる）と組み合わさって時定数を持ちます．あまり大きな容量にしてしまうと，出力電圧が目的とする値に達するまでに時間が掛かってしまいますから大きくても

カスコード接続で熱分散　　Column

図Eの回路定数を決めてみましょう．この回路は，電源電圧が高い場合に使う，**カスコード接続**[用語]を使ったリプル・フィルタです．コレクタ損失が個々のトランジスタに分散されますので，使用するトランジスタのサイズを小さくできます．

このテクニックは，3端子レギュレータICに直接+15 Vを入力するとレギュレータICでの損失が大きく発熱も大きくなってしまう場合に，発熱をボード上で分散させるために使います．各トランジスタで少しずつ電圧を下げていくことによって3端子レギュレータICの入力電圧を小さくするのです．

図Eに回路定数の設計例を示しました．また，抵抗値をE系列で丸めたときは，必ず実際の電流や電圧値を再計算して確認しておきます．その結果を**図F**に示しました．抵抗に流れる電流は5.2 mAに増えてしまいましたが，出力電圧はあまり変化しなさそうです．

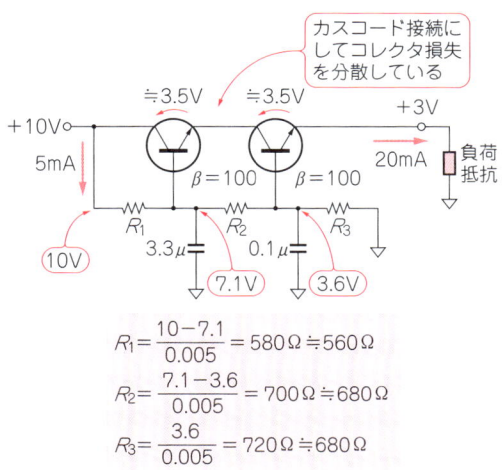

$$R_1 = \frac{10-7.1}{0.005} = 580\,\Omega ≒ 560\,\Omega$$

$$R_2 = \frac{7.1-3.6}{0.005} = 700\,\Omega ≒ 680\,\Omega$$

$$R_3 = \frac{3.6}{0.005} = 720\,\Omega ≒ 680\,\Omega$$

図E　入力電圧が高い場合にはカスコード接続によりコレクタ損失を分散すればよい

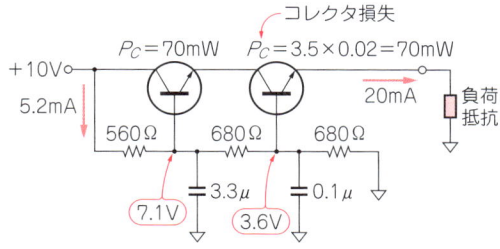

図F　抵抗値をE系列で丸めたときは実際の電圧値を再計算する

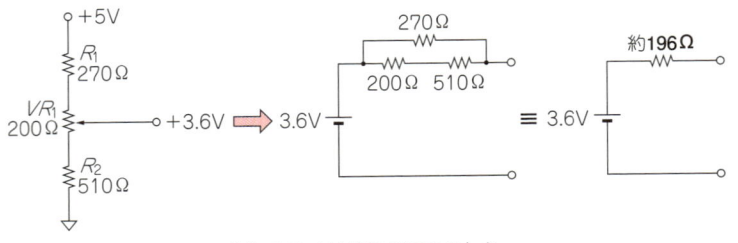

（a）スライダがR_1側にあるとき

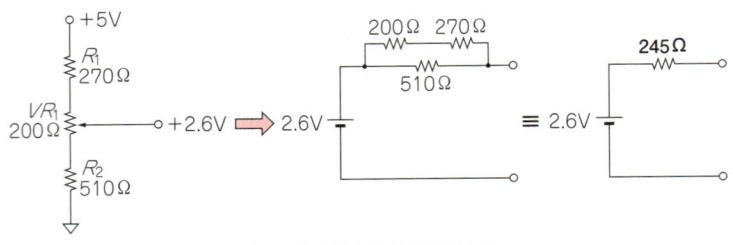

（b）スライダがR_2側にあるとき

図13　抵抗分圧回路を等価電圧源で表す
抵抗分圧回路に流す電流が少ないと等価電圧源の内部抵抗が大きくなる．

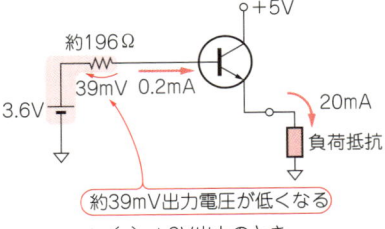

（a）+3V出力のとき

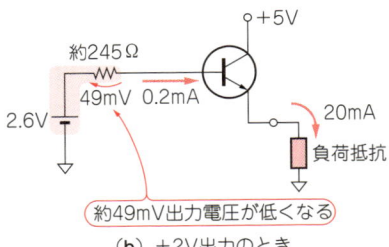

（b）+2V出力のとき

図14　抵抗分圧回路に流す電流が少ないと内部抵抗が大きくなり電圧降下により出力電圧が低くなる

100μF程度までにしておきます．

　経験的に，出力したくない雑音成分の周波数をfとすると，

$$C > \frac{1}{2\pi f R_1} \times 10$$

程度にしておけば良いでしょう．図1の回路では，

$f = 600\,\text{Hz}$として値を決めました．

（初出：「トランジスタ技術」2009年2月号　特集第1章）

Column　電圧源を等価的に電流源に置き換えるノートンの定理

　テブナンの定理の電流源バージョンはノートンの定理と呼ばれています．実際にはテブナンの定理で十分な場合が多く，使われることは少ないようですが，教科書には説明されているので念のため図G(a)に示しておきます．

　ノートンの定理は，簡単に言えば電圧源を電流源に変換して内部抵抗と組み合わせて表現する方法だと言えます．具体例を示したほうが分かりやすいと

思いますので，図G(b)を見てください．図12の説明と同じ回路なのですが，この回路をノートンの定理で等価電源に置き換えると，左端のような回路になります．

　この回路が開放のとき，二つの端子からは，
$1\,\text{mA} \times 500\,\Omega = 0.5\,\text{V}$
の電圧が出てくることからも，図G(b)の等価電圧源と，この等価電流源は等価であることがわかります．

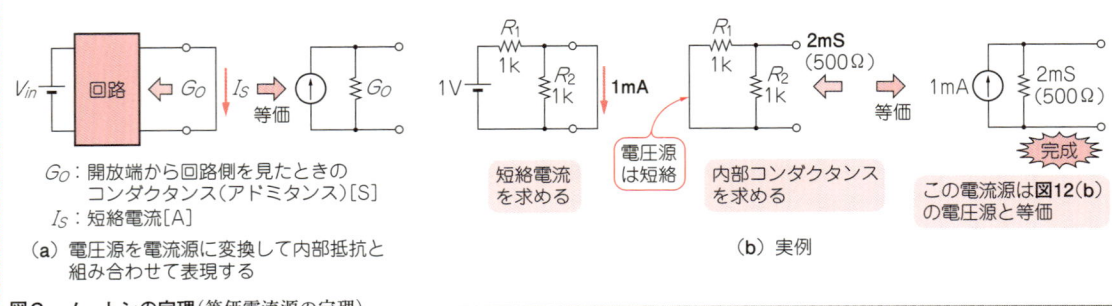

図G　ノートンの定理（等価電流源の定理）

第2章 オームの法則とキルヒホッフの法則の実践活用

オーム 志るっ

電流を制限する回路を考える

本章では，LEDの点灯方法について基礎から解説します．これから作る回路は，明るさが変化しないようにLEDを点灯する回路です．豆電球もLEDも流れる電流が変化してしまうと明るさが変わってしまいます．

電源がONしていることがわかりやすいように，発光ダイオード(LED)によるパイロット・ランプをつけて，装置に電源が供給されていることを表示することがあります．

LEDの特性から点灯方法を考える

LED^{用語}を点灯させるには，図1のようにLEDのアノードからカソードに向けて電流を流します．この電流を順方向電流と言います．この電流を流すために図1(b)に示したようなしくみが必要になります．このしくみの正体は，LEDに流れる電流を一定値に制限する「電流制限回路」です．

■ 豆電球の点灯にはいらなかった電流制限回路がLEDに必要な理由

小学校の理科の授業で豆電球を点灯させたことを覚えているでしょうか？

豆電球は図2のように電圧を加えることで点灯しました．この回路と図1の回路を比較すると，電源とLEDの間に入っているような「しくみ」がないことに気がつきます．

● 豆電球とLEDの電圧-電流特性の比較

小学校の理科の授業では，電池の数やつなぎ方を変えて豆電球に加える電圧と点灯の明るさの関係を確認するだけで，豆電球の特性までは考えなかったと思います．中学校の理科でも，なぜか豆電流の電圧-電流特性には触れません．

そこで，図3に示す方法で豆電球の電圧-電流特性を測定してみました．電圧-電流特性というのは，電圧を変化させたときの電流の変化を示した特性のことです．抵抗値は，オームの法則から電圧÷電流で求め

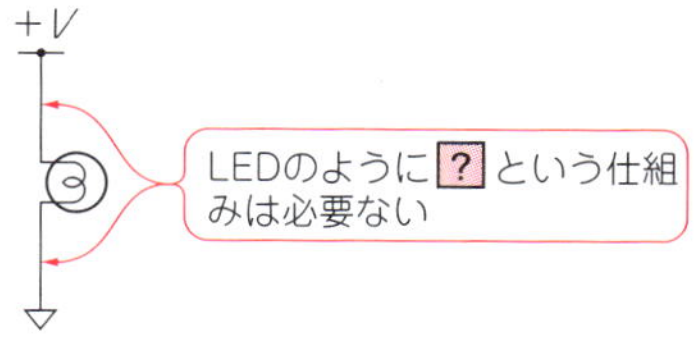

(a) LEDのアノードとカソード

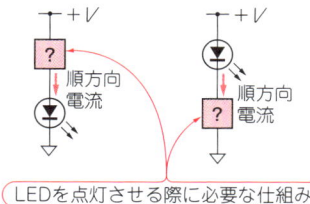

(b) LEDはアノードからカソードに電流を流すと光る

図1 LEDは順方向電流を流すと光る

図2 豆電球は電圧源に直接接続するだけで光る

用語

▶LED (Light Emitting Diode)
順方向に電圧を加えると発光するダイオードのこと．発光ダイオードとも呼ばれる．
AlGaAs，GaP，AlGaInPなどの化合物半導体によって作られており，発光波長はバンドギャップ・エネルギーによって決まる．発光は電子と正孔の再結合によって生じる．
LEDは，エネルギー・バンドの中にポテンシャル井戸構造を作ることで電子と正孔の再結合が生じやすくなるようにしている．

▶光度
光源からある一定方向に放射された単位立体角当たりの明るさを表わす心理的な量のこと．単位は[cd]（カンデラ）である．

▶絶対最大定格
デバイスを動作させることのできる最大条件のこと．電圧，電流，電力，発熱などデバイスを劣化させる恐れのあるパラメータについて絶対最大定格が規定されている．デバイスを動作させるときは，一瞬であってもこの定格を越えないように設計しなければならない．

LEDの特性から点灯方法を考える　19

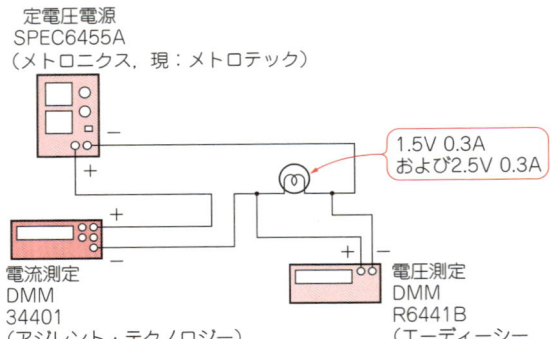

図3 豆電球の電圧-電流特性の測定するための接続

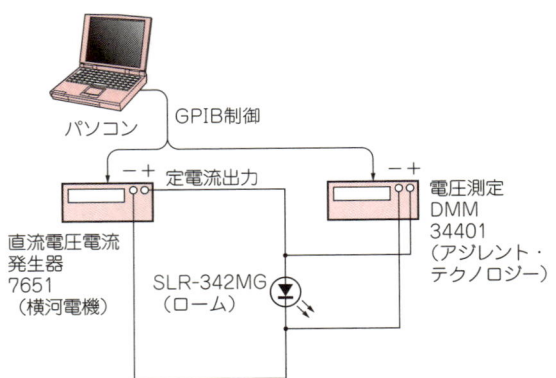

図4 LEDの電圧-電流特性を測定するための接続

ることができますから，この特性から抵抗値を求めることもできます．

せっかくですから，LEDの電圧-電流特性も，**図4**に示す方法で測定してみることにしました．

特性を測定した豆電球とLEDを**写真1**に示します．豆電球は秋葉原のマルツパーツ館で入手した1.5 V 0.3 A品と2.5 V 0.3 A品の二つについて測定してみました．LEDは砲弾型と呼ばれる形状をしたローム社のSLR-342MG（緑色）について測定しました．こちらも秋葉原の千石電商で入手することができます．

測定結果は**図5**のとおりです．豆電球は電圧の低いところでは3〜4Ωと低抵抗なのですが，途中から14〜15Ωに変化します．一方，LEDは電圧の低いところでは88Ωなのですが，途中から急激に抵抗が下がり14Ω程度に変化します．

豆電球は，高抵抗に変化し始めたところからほんのりと光り始め，LEDは低抵抗に変化し始める1.8 V付近から明るく光り始めます．

● 豆電球の点灯方法

最初に，豆電球の点灯方法について考えてみます．

豆電球は定格電圧（1.5 Vや2.5 V）付近ではちょっとくらい電圧が変化しても極端に電流が増加することはありません．

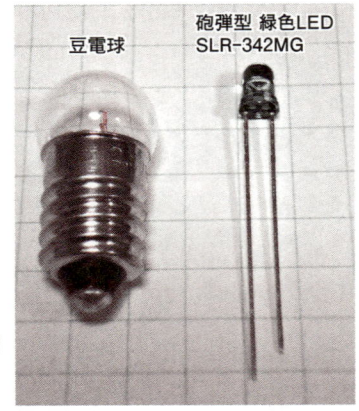

写真1 電圧-電流特性の測定に使った豆電球とLED

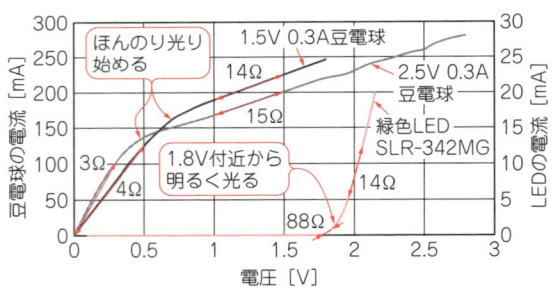

図5 豆電球は電圧が変化しても電流はあまり変わらないがLEDは電圧が少し変化しただけで電流が大きく変化する

▶ FPGA（Field Programmable Gate Array）

任意の論理（ロジック）機能をプログラミングによって実現できるLSI．

VHDLやVerilog-HDLといったハードウェア記述言語によってディジタル回路の動作を記述し，

動作検証（ビヘイビア・シミュレーション）→論理合成（シンセシス）→配置配線（インプリメント），タイミング検証（考え得るさまざまな入力信号のパターンすべてを走らせ検証する…ディジタル回路技術者が最も時間と手間をかける部分）

などの通常のディジタル回路設計の過程を経てメモリに書き込むデータを得る．

通常，これらのデータは不揮発メモリに保存され，回路に電源が投入されると同時にFPGAはメモリからデータを読み出し，FPGA内部にデータどおりのディジタル回路を展開（コンフィグレーション）して動作可能となる．

表1[(1)] 緑色LED SLR-342MGの電気的，光学的特性

樹脂色	順方向電圧 $V_{F\mathrm{typ}}$ [V] (I_F = 10mA)	逆方向電流 $I_{R\mathrm{max}}$ [μA] (V_R = 3V)	発光波長 λ_{typ} [nm] (I_F = 10mA)		光度 I_V [mcd] (I_F = 10mA)	
			ピーク	半値幅	min	typ
着色拡散	2.1	10	563	40	5.6	16

1.5 Vの豆電球を例にすると，加える電圧と電流の関係は**図5**から，次のとおりです．

　　1.4 Vのとき，217.0 mA
　　1.5 Vのとき，223.9 mA
　　1.6 Vのとき，231.4 mA

電圧が±0.1 V変動したときの電流変動量 ΔI は，次式から14.4 mAと求まります．

$$\Delta I = 231.4\,\mathrm{mA} - 217.0\,\mathrm{mA} = 14.4\,\mathrm{mA}$$

1.5 Vのときの電流223.9 mAを基準にすると，電流変動率：ΔI_{drift} [%] は，

$$\Delta I_{drift} = \frac{\Delta I}{I} \times 100 = \frac{14.4\,\mathrm{mA}}{223.9\,\mathrm{mA}} \times 100 ≒ 6.4\%$$

となります．電圧が少しくらい変動しても急激に電流が増加することはないので，豆電球は**図2**のように「電圧源」を直接接続して光らせれば良いのです．

● LEDの点灯方法

▶電圧が変化したときの電流の変動率が大きい

LEDの場合の加える電圧と電流の関係は，**図5**から，次のとおりです．

　　1.9 Vのとき，2.7 mA
　　2.0 Vのとき，8.0 mA
　　2.1 Vのとき，15.8 mA

電圧が±0.1 V変動したときの電流変動量 ΔI は，次式から13.1 mAと求まります．

$$\Delta I = 15.8\,\mathrm{mA} - 2.7\,\mathrm{mA} = 13.1\,\mathrm{mA}$$

絶対値は豆電球と変わらないのですが，2.0 Vのときに流れる電流8.0 mAを基準に考えると，電流変動率：ΔI_{drift} [%] は，

$$\Delta I_{drift} = \frac{\Delta I}{I} \times 100 = \frac{13.1\,\mathrm{mA}}{8.0\,\mathrm{mA}} \times 100 ≒ 164\%$$

と，とても大きくなります．
表1にこのLEDの電気的・光学的特性を示します．

このLEDの**光度**[用語]（明るさ）はLEDの順方向電流が10 mAのときに16 mcd（代表値）と規定されています．LEDは**図6**に示すように順方向電流と明るさはほぼ比例します．したがって，このLEDは順方向電流が2.7 mAから15.8 mAに変化すると，明るさが約6倍も変動してしまいます．明るさを変えないためには，一定の電流でLEDを光らせる必要があります．

別の見方をすると，LEDは，
　　1.9 Vのとき，2.7 mA
　　2.0 Vのとき，8.0 mA
　　2.1 Vのとき，15.8 mA
というように少し電圧が変化しただけでも流れる電流が大きく変化する素子だということです．

このLEDの最大順方向電流は**図7**に示すとおり，周囲温度40℃で25 mAです．電流制限をかけないで使うと，ちょっとした電圧変動で最大定格の25 mAを超えてしまう可能性があります．

▶温度によっても電流が変わる

それでは，ものすごく正確な2.0 V電源でLEDを動かしたらどうでしょう？　実は，これもうまく行きません．それは，この2.0 Vのとき8.0 mAというのは周囲温度が25℃程度の場合に限られるからです．

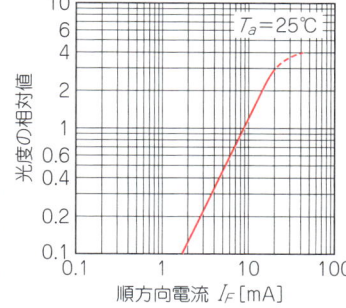

図6[(1)]
LEDが点灯する明るさは流れる電流に比例する
緑色LED SLR-342MG（ローム）の場合．

▶エレクトロマイグレーション(electromigration) [用語]

金属配線中に流れる電子の運動によって，金属原子が運動量を持ち，エネルギーを持った金属イオンが移動することによって配線に欠損を生じさせる現象のこと．電流密度が大きいほど発生しやすいため，過電流はエレクトロマイグレーションの発生要因となる．

本文中で説明した短絡現象は，正確にはエレクトロケミカル・マイグレーションによるものである．金属配線間の電界や発熱といった要因により金属イオンが析出することで配線間を短絡させることがある．

半導体デバイスは，これらのマイグレーションによる特性劣化を検証するため信頼性試験を行っている．

通電状態で高温高湿環境下におく加速試験をBiased HAST（Highly Accelerated temperature and humidity Stress Test）と言い，高温高圧環境下におく加速試験はPCT（Pressure Cooker Test）と呼ばれる．

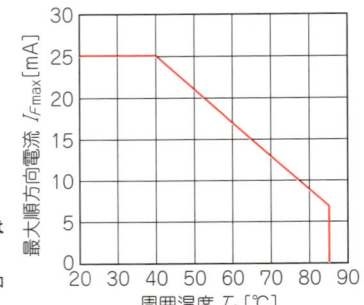

図7[(1)]
LEDに流せる最大電流は周囲温度40℃で25 mA
緑色LED SLR-342MG(ローム)の場合.

LEDの順方向電圧は約 −2 mV/℃の温度係数を持っていますので，温度が1℃上昇すると順方向電圧が2 mV小さくなります．周囲温度が高くなるとより低い電圧で大きな電流が流れるようになるのです．

2.0 Vの正確な電圧源でLEDを光らせたとしても周囲温度が高くなると8.0 mA以上の電流が流れるようになります．今回の測定データから考えると，周囲温度が50℃上昇すると電流は8.0 mAから15.8 mAに上昇してしまう計算になります．

▶ LEDに流す電流値を制御して点灯すれば良い

LEDの明るさは電流値で決まるというのがわかっているのですから，LEDは豆電球とは違い「電流源」で光らせれば良いのです．

LEDの電流-電圧特性を考えやすいモデルに置き換える

● LEDの電流-電圧特性は非線形

図5に示したような電圧-電流特性のカーブを非線形と言います．逆に線形というのは，オームの法則で

LEDのよくある間違った使い方   Column

LEDの典型的な間違った使い方を図Aに示します．LEDを直接マイコンやFPGA用語のI/Oポート(入出力端子)に接続してはいけません．もちろん，LEDを直接3 V以上の電池につないでもいけません．1.5 Vの電池であれば，図5に示した実験データか

らもわかるように，ほとんど電流が流れないので問題ないでしょう．ただし，1.5 Vの電池をつないでも明るく光りません．

図Aのようにつないでしまうと，大電流がLEDとI/Oポートに流れてしまいます．これによりLEDの寿命を縮め，最悪破損につながります．ただ，LEDはすぐには壊れない場合もあります．なぜならマイコンやFPGAのI/Oポートの電流供給能力には限界があるからです．その限界値で制限された電流がLEDに流れることになります．

I/Oポートに大電流を流すのはマイコンやFPGAの寿命を縮めます．マイコンやFPGAは，限界に近い電流を流し続けるとエレクトロマイグレーション用語が生じやすくなり，経年変化によってI/Oピンの短絡や断線を引き起こすことがあるからです．

LEDをマイコンやFPGAのI/Oピンにつなぐ場合にも，必ず電流制限をかけるようにします．

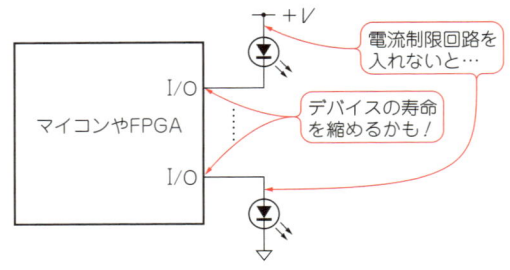

図A LEDをマイコンやFPGAのI/Oポートに直接つないで点灯させるとデバイスやLEDの破損につながる
電流制限回路とペアで使う．

用語

▶ バンドギャップ・リファレンスIC

図Bのようなアーキテクチャによって実現された基準電圧ICのこと．出力電圧 V_{out} [V]は，

$$V_{out} = V_{BE1} + \lambda (V_{BE1} - V_{BE2})$$

ただし，λ：アンプのゲイン(スケーリング係数) [倍]，V_{BE1}，V_{BE2}：バイポーラ接合トランジスタのベース-エミッタ間電圧 [V]．

I_1とI_2の電流値を調整することによってV_{PTAT}の温度係数が正の値となるようにしV_{BE1}の負の温度係数を相殺するようにして温度安定性を改善している．

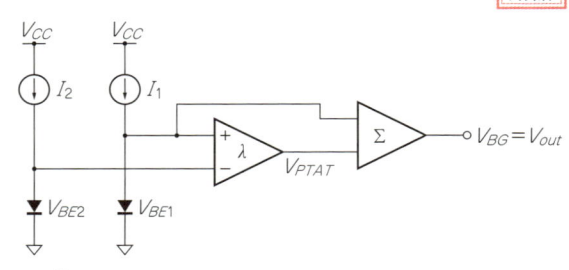

図B[(2)] バンドギャップ・リファレンスの内部構造

線形回路とは…
　$V_{out} = kV_{in}$
　ただし，V_{in}：入力電圧 [V]，V_{out}：出力電圧 [V]，k：係数
　という1次関数で表現できたり，
　$V_{out} = k_1V_{in1} + k_2V_{in2}\cdots k_nV_{in}$
　というように，1次関数の線形結合で表現できる回路のこと．
　この回路では「重ねの理」が成り立つ！

非線形回路とは…
　$V_{out} = k\log V_{in}$　（対数回路）
　$V_{out} = kV_{in1}V_{in2}$　（乗算回路）
　ただし，V_{in}：入力電圧 [V]，V_{out}：出力電圧 [V]，k：係数
　というように，入出力の関係が1次関数で表すことができない回路のこと．
　ロジックICは，しきい値電圧を境に出力の電圧が変化するので，非線形回路ということになる．
　この回路では「重ねの理」が使えない！

図8 線形回路と非線形回路の違い
アナログ回路では線形回路が基本．

示される抵抗のような特性を指します．図8に線形と非線形の違いについて簡単にまとめておきました．第4章で学ぶ重ねの理は線形回路でしか成り立ちません．そして，オームの法則やキルヒホッフの法則を使って計算できるのも線形回路だけです．

つまり，図5の特性は，第1章で学んだ基礎知識だけを使って設計するには不都合があるのです．

● **LEDの二つの等価回路モデル**

そこで，図9のように非線形特性を線形モデルに近似してしまいます．電子回路の教科書に謎の等価回路モデルが登場する理由は，非線形特性を線形モデルに変換したいからです．そうしないと，偉い先生が培ってきた線形回路の知識を使えないのです．

▶ **電圧源＋理想ダイオード**

一番簡単なモデルは図10に示す理想ダイオードと電圧源で近似するものです．理想ダイオードは，一方向のみ電流が流れて逆方向は流れないという素子です．しかもダイオードの内部抵抗は0Ωです．LEDに流す電流を手計算で考える場合は，この最も簡単なモデルを使うことが多いです．

▶ **電圧源＋理想ダイオード＋抵抗**

もう少し実際に近いモデルが図11に示す理想ダイオードに電圧源と抵抗を組み合わせたものです．抵抗値は，電圧-電流特性の傾きから求めます．このモデ

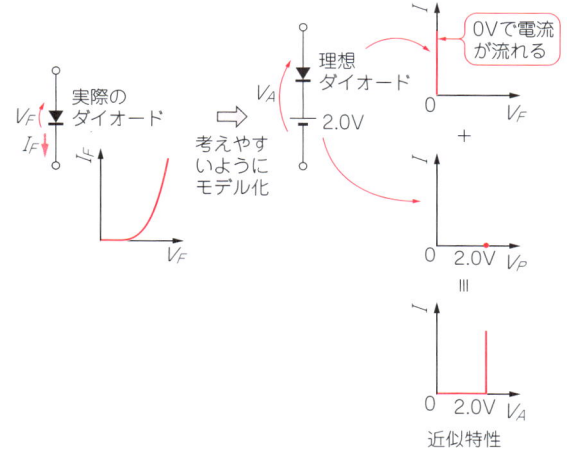

図9 LEDの一番簡単で実用的なモデル

ルを使えば，手計算でもかなり実際に近い電流値を求めることができます．

電流制限回路の実現方法を考える

電流制限回路（定電流回路）を設計してみることにします．定電流回路にはお決まりの回路がいくつかあります．これらを紹介しつつ具体的に回路定数を決めていきます．

用語

▶ **JFET**

接合型電界効果トランジスタのこと．図Cに示すような構造を持った素子である．ゲートとドレイン，またはソース間はPN接合，つまりダイオードになっている．ゲートに電圧をかけることによってPN接合の空乏層の大きさが変わる．空乏層は電子が流れることができないため，この空乏層は水道の蛇口のような作用をする．したがって，ゲート電圧を変えることによってドレイン-ソース間の電流を蛇口で水量を変化させるように制御することができる．飽和ドレイン電流は，蛇口を最大に開いた状態に等しい．

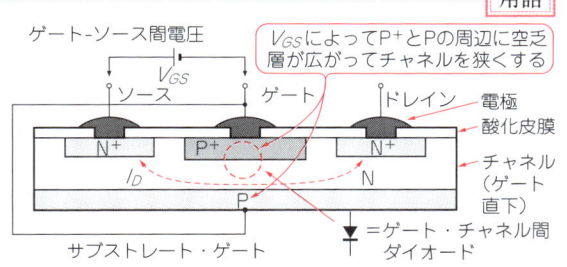

図C Nチャネル型JFETのしくみ

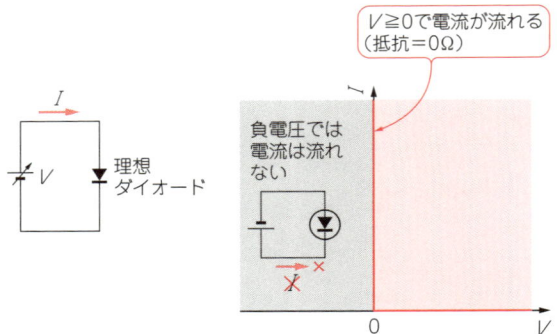

図10 理想ダイオードは一方向の電流だけを流す0Ω抵抗（導線）
LEDに流す電流を手計算で算出するときはこのモデルを使うことが多い．

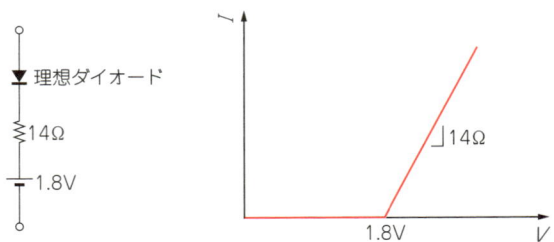

図11 図10の実用的なLEDモデルに抵抗を組み合わせて少し実際の特性に近づけた線形回路モデル

ここでの定数設計は，第1章で学んだトランジスタのナレータ/ノレータ・モデルがポイントです．

■ いろいろな定電流回路

● トランジスタ＋OPアンプによる定電流回路

図12に示す回路はバイポーラ・トランジスタとOPアンプを組み合わせた定電流回路です．図12(a)の回路をブレッドボード上に組んだようすを写真2に示します．

▶ R_{ref} の算出

OPアンプの動作については第3章で説明します．ここではOPアンプは＋と書かれた入力端子と－と書かれた入力端子の電圧が等しくなるように出力電圧を制御するアンプだと思っておいてください．すると，基準電圧 V_{ref} と $R_{ref} \times I_{out}$ の値が等しくなります．したがって，

$$R_{ref} = \frac{V_{ref}}{I_{out}}$$

となるように R_{ref} を決めることによって定電流回路が実現できます．

ところが，実際に R_{ref} に流れる電流は，エミッタ電流です．定電流回路としての電流はコレクタ電流ですから，実際の I_{out} はベース電流分小さくなってしまいます．

このベース電流の誤差を小さくするために，図13

のようにMOSFET用語を使って定電流回路を作ることもあります．MOSFETではゲート電流がとても小さいため，計算値と実際の値との誤差が小さくなります．

MOSFET 2SK982が13 mAのドレイン電流を流すために必要なゲート電圧（ゲートしきい値電圧）が最大で約3.5 V（周囲温度－55℃の場合）なので，OPアンプ出力には3.5 V＋1.2 V（エミッタ抵抗両端の電圧）＝4.7 Vが必要です．汎用OPアンプのLM2904では出力できないため，レール・ツー・レールOPアンプ

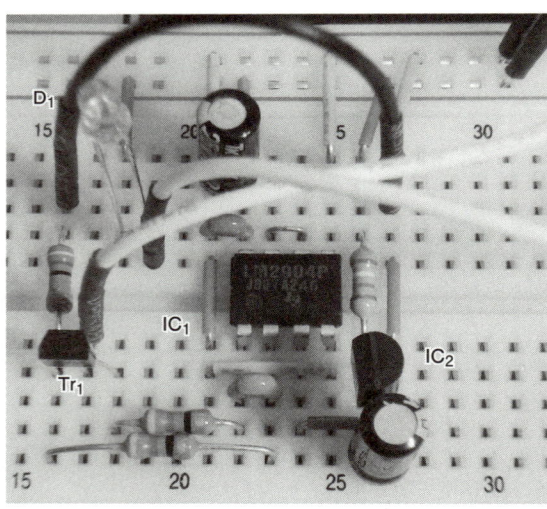

写真2 図12(a)のバイポーラ・トランジスタとOPアンプを組み合わせた定電流回路をブレッドボード上に組んだようす

用語

▶ MOSFET

ゲートに金属酸化膜を設けた電界効果トランジスタのこと．ゲートに酸化膜を設けているためバイポーラ接合トランジスタと比較すると入力容量が大きい．MOSFETを駆動するOPアンプは，容量性負荷に対して安定な製品を使用したほうが好ましい．

MOSFETの飽和領域におけるドレイン電流 I_D [A] は，次式のように表わされる．

$$I_D = \frac{1}{2} K_p \frac{W}{L} (V_{GS} - V_{TH})^2$$

ただし，K_p [A/V2] $= \mu C_{ox}$（μ：キャリアの易動度，C_{ox}：単位面積当たりのゲート容量）

V_{TH} [V] はドレイン電流が流れ始める電圧であり，ゲートしきい値電圧と呼ばれる．

V_{GS} [V] はゲート-ソース間電圧である．K_p はプロセスによって決まる値であり，集積回路を設計する際は，PDK（Process Design Kit）を参照する．一般には，$(V_{GS} - V_{TH}) = V_{eff}$（オーバードライブ電圧）の値を0.2V程度に設定し，回路に必要なドレイン電流から，

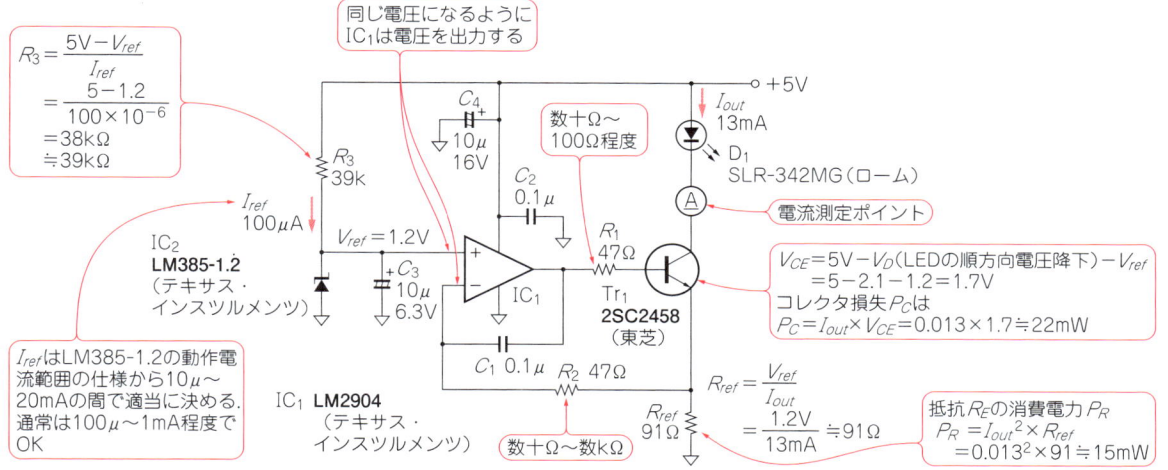

(a) 基本回路の考え方

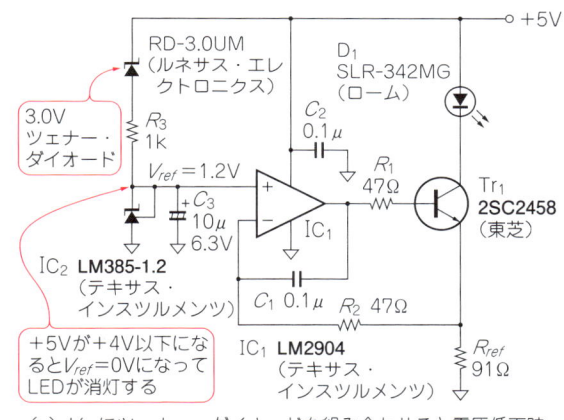

(b) +5Vの変動が小さい場合はV_{ref}を抵抗分圧で作っても良い

(c) V_{ref}にツェナー・ダイオードを組み合わせると電圧低下時にLEDを消灯させることができる

図12 バイポーラ・トランジスタとOPアンプを組み合わせた定電流回路

用語

$$\frac{W}{L} = \frac{2I_D}{V_{eff}^2 \cdot K_p}$$

を計算することで図D中のWとLの比(アスペクト比)を決める.このときのトランスコンダクタンスg_m [S] は,次式で求まる.

$$g_m = \frac{2I_D}{V_{eff}}$$

ゲート電圧が0Vのときの飽和ドレイン電流をI_{DSS} [A] と表記する.JFETの場合は,I_{DSS}が最大ドレイン電流となる.

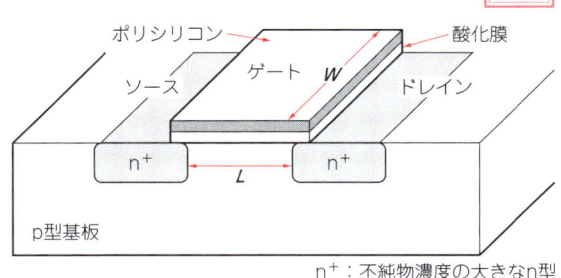

n^+:不純物濃度の大きなn型

図D nチャネルMOSFETの構造

(Appendix参照)のOPA350を使います．

▶基準電圧回路の選択

図12(a)では，基準電圧を写真3の真ん中に示すバンドギャップ・リファレンスIC LM385-1.2で作っています．LM385-1.2は表面実装タイプもあります．

もし+5Vの電源電圧変動が小さい場合は，図12(b)のように抵抗分圧回路で基準電圧を作って部品コストを減らすこともできます．

また，図12(c)のようにツェナー・ダイオード用語を組み合わせて基準電圧を作ることで，電源電圧の低下を検出してLEDを消灯させることもできます．

● トランジスタ+バンドギャップ・リファレンスによる定電流回路

図14に示す回路はトランジスタとバンドギャップ・リファレンスIC用語を使った定電流回路です．実際にブレッドボード上に組んだようすを写真4に示します．

バンドギャップ・リファレンスICにはTLV431を使います．

この回路は，バンドギャップ電圧(TLV431では約1.2V)をV_{ref}とすると，

$$I_{out} = \frac{V_{ref}}{R_{ref}}$$

となります．したがって，回路定数の決め方は上で説明した定電流回路と同じです．

● 2個のトランジスタを使った定電流回路

図15はトランジスタを2個使った定電流回路です．写真5にこの回路をブレッドボード上に組んだようす

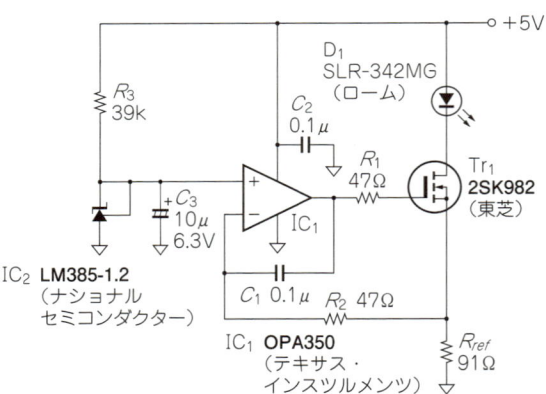

図13 バイポーラ・トランジスタの代わりにMOSFETを使うとベース電流による誤差を小さくできる

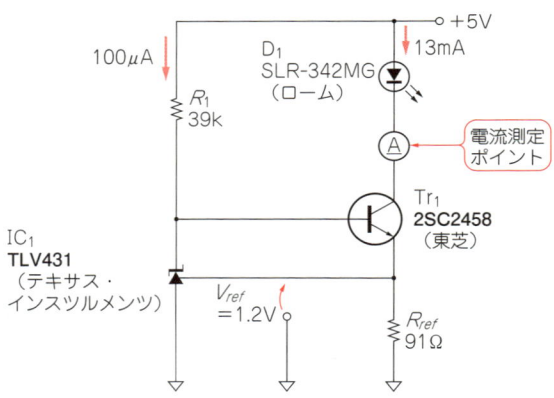

図14 バイポーラ・トランジスタとバンドギャップ・リファレンスによる定電流回路
シンプルな回路で高精度を実現できる．

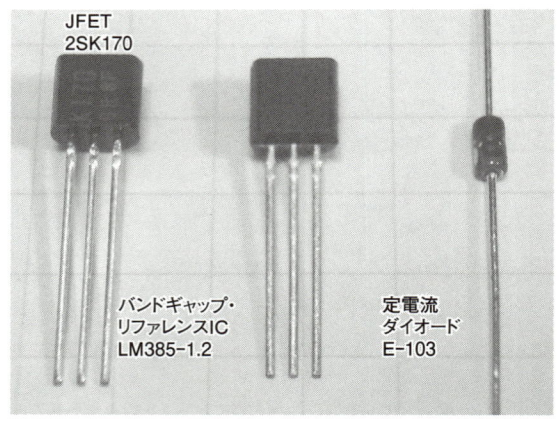

写真3 実験に使った各種半導体素子の外観

用語

▶ツェナー・ダイオード

通常のダイオードと同じように順方向電圧によって電流が流れるほか，逆方向電圧がツェナー電圧と呼ばれる降伏電圧を越えることによって急激に電流が流れるように作られたダイオードのこと．

通常のダイオードであっても，大きな逆方向電圧をかければ電流が流れるが，その現象はアバランシェ降伏と呼ばれ素子の劣化を招く．

ツェナー・ダイオードはPN接合の不純物濃度を多くすることによって降伏電圧を下げ，かつ素子を破壊することなく逆方向電流を流せるように作られている．

約5V以下の降伏電圧を持つツェナー・ダイオードはツェナー降伏によって逆方向電流が流れ，約5Vを越えるものはアバランシェ降伏によって降伏電圧が決まっている．降伏現象の物理的機序は異なるのだが，どちらもツェナー・ダイオードと言われている．

ツェナー現象によって逆方向電流が流れている場合の降伏電圧の温度係数は負であり，アバランシェ降伏の場合は正である．これらの降伏現象が拮抗している5.1〜5.6Vのツェナー・ダイオードは降伏電圧の温度係数が最も小さい．

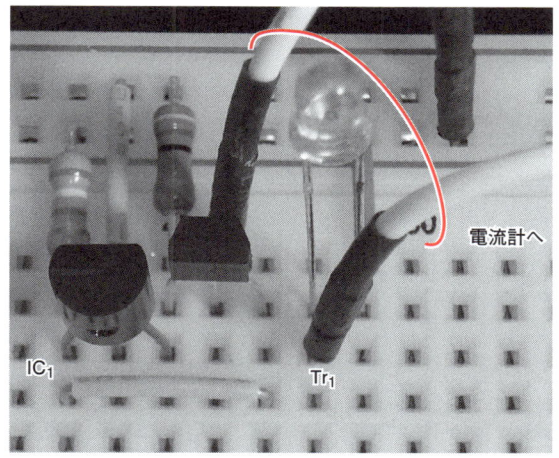

写真4 図14のトランジスタとバンドギャップ・リファレンスICを使った定電流回路をブレッドボードに組んだようす

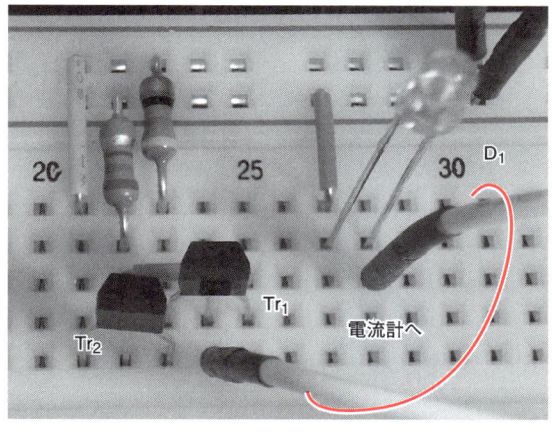

写真5 図15のバイポーラ・トランジスタを2個使った定電流回路をブレッドボードに組んだようす

を示します．トランジスタのベース-エミッタ間電圧 $V_{BE}(\fallingdotseq 0.6\text{V})$ を基準電圧に使っていて，

$$I_{out} = \frac{V_{BE}}{R_{ref}}$$

となります．

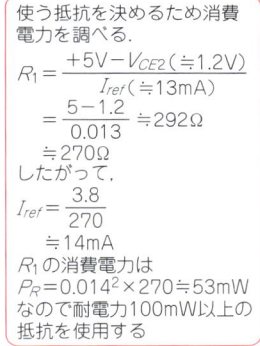

図15 バイポーラ・トランジスタを2個使った定電流回路
V_{BE} が温度で変動するので精度はあまり良くない．

使う抵抗を決めるため消費電力を調べる．
$R_1 = \dfrac{+5V - V_{CE2}(\fallingdotseq 1.2V)}{I_{ref}(\fallingdotseq 13\text{mA})}$
$= \dfrac{5 - 1.2}{0.013} \fallingdotseq 292\Omega$
$\fallingdotseq 270\Omega$
したがって，
$I_{ref} = \dfrac{3.8}{270}$
$\fallingdotseq 14\text{mA}$
R_1 の消費電力は
$P_R = 0.014^2 \times 270 \fallingdotseq 53\text{mW}$
なので耐電力100mW以上の抵抗を使用する

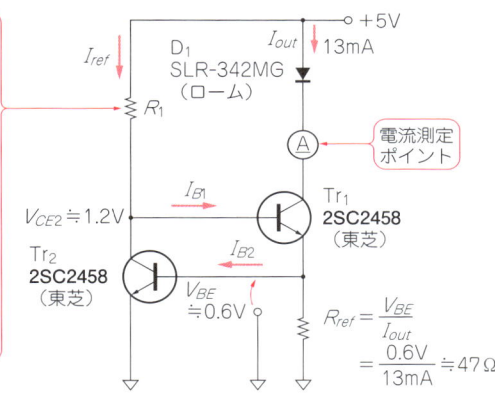

LEDを複数個使う場合は同一ロット品を使用する　　Column

　本章では，LEDの電流制限抵抗の決め方を詳しく見ていきました．一般に，LEDを点灯させるには抵抗を使って電流制限をかけるだけで十分です．また使用する抵抗は誤差±5%のもので十分でしょう．

　しかし，同一色のLEDを機器のパネルに複数個並べる場合には，製造ロットによるLEDの明るさのばらつきを考慮する必要があります．

　本文中の表1に示したように，LEDの光度は5.6m～16mcdと約3倍程度バラつく可能性があるのです．製造ロットが同一であればあまりバラつかないと思いますが，ロットが違うとこのバラつきが目立つことがあります．LEDを製品パネルの見える場所に使用していると，明るさの違いが気になってしまう可能性があります．

　また，LEDを複数個使用するときは，電源も同一のところから取るようにします．これも明るさのバラつきを抑えるために必要です．

　製品のパネルに輝く同一色のLEDの明るさが違うのは見た目で問題になります．LEDを使用した機器では，一つの製品内で異種ロットを混在させないという生産指示は必須でしょう．

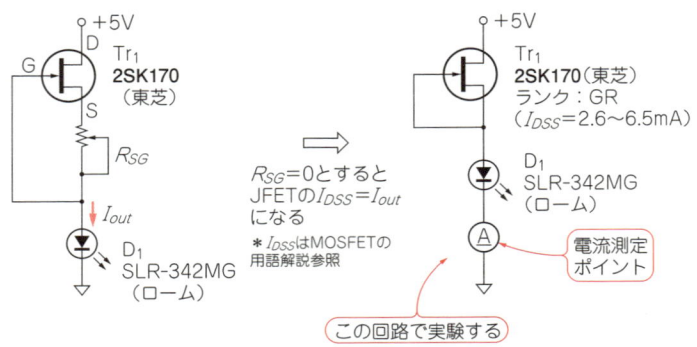
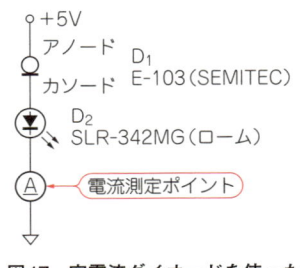

図16 JFETを使った定電流回路
シンプルで低雑音.

図17 定電流ダイオードを使った電流制御回路

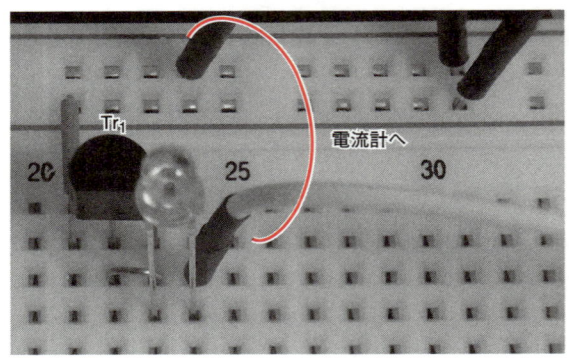

写真6 図16のJFETを使った定電流回路をブレッドボードに組んだようす

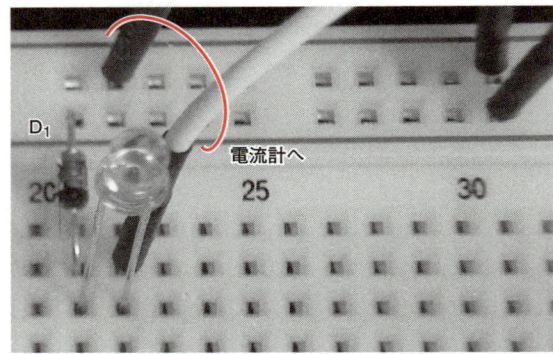

写真7 図17の定電流ダイオードを使った電流制御回路をブレッドボードに組んだようす

トランジスタのベース-エミッタ間電圧は約$-2\,\mathrm{mV/°C}$の温度係数を持つので,この回路の温度安定性はあまりよくありません.

● **JFETによる定電流回路**

図16は,JFET用語を使用したシンプルな定電流回路です.写真6(p.18)は実験用にブレッドボードを使って組んだようすです.

R_{SG}を調整することでゲート-ソース間電圧V_{GS}が変わり,これによってI_{out}の値を調整できます.$R_{SG}=0$とした場合の電流値I_{out}は,FETの飽和ドレイン電流IDSSに等しくなります.この方式は,以下に紹介する定電流ダイオードと構造的には同じです.低雑音の定電流回路が必要な場合に最適です.

電流値I_{out}はI_{DSS}に依存します.JFETのI_{DSS}は部品ごとに違っていて,その値はデータシートや実測によって知ることができます.実験に使用するJFET 2SK170を写真3の左端に示します.

● **定電流ダイオードによる電流制限回路**

JFETを使った定電流回路を2端子のダイオードの形状にした素子が「定電流ダイオード」として売られています.外観は写真3の右端のように普通のダイオードそのものです.国内ではSEMITEC㈱が製品ラインナップをもっています.

図17に定電流ダイオードを使った電流制御回路に示します.写真7にブレッドボードを使って組んだよ

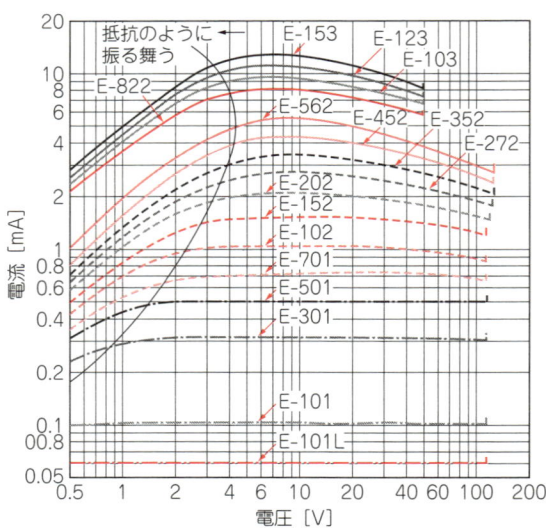

図18[3] 定電流ダイオードは低電圧では「定電流になっていない」
十分な電圧を加えて使わないと,電流の値は電源電圧の変動によって変わりやすい.

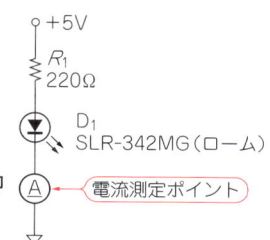

図19 抵抗を使った電流制御回路
実用的にはこれで十分！

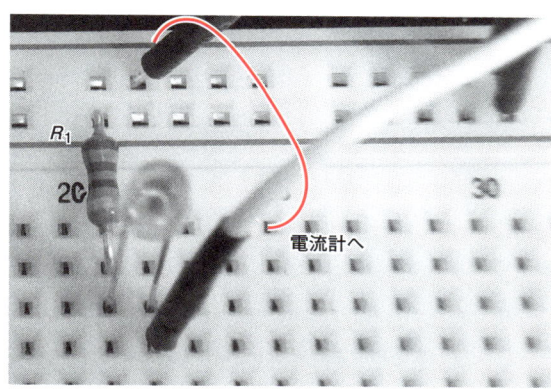

写真8 図19の抵抗を使った電流制御回路をブレッドボードに組んだようす

うすを示します．

定電流ダイオードは，図18のようにその両端の電圧が低いうちは定電流特性（高抵抗）にならず抵抗のように振る舞います．したがって，十分な電圧をかけて使わないと電源電圧の変動の影響を受けやすいことに注意して使う必要があります．具体的には，図18の特性図から，電圧-電流特性の曲線が平坦になっているあたりで使うようにします．

● 抵抗だけの電流制限回路

電圧源に抵抗を直列に入れることで等価電流源に変換できます．これは，第1章で紹介したノートンの定理の応用です．この方法でLEDへの電流制限を行ったのが図19の回路です．定電流回路としての性能は悪いのですが，LEDの電流制限に使うのであればこれで十分な場合がほとんどです．写真8に実験用にブレッドボードを使って配線したようすを示します．

■ 特性を比較して採用する定電流回路を決める

● 各回路の電圧-電流特性を比較

図12(a)，図14～図17，図19の電源電圧-順方向電流特性を測定してみました．電流を測定するポイントはそれぞれの回路図に示したとおりで，+5Vの電源電圧を0Vから+6Vまで変化させてみました．そのときの順方向電流の変化をグラフ化したものが図20です．

● 抵抗だけを使った電流制限回路に決定する

図20の結果から，図19の抵抗を使った場合の電流変動について見てみます．グラフから電圧が+5V±10%変動したときの電流変動は約33%です．LEDの明るさが約33%変動しても人間の感覚（視覚）では対数圧縮されてしまうためほとんど変化がないように見えると思われます．図19の抵抗を使ったもっとも簡単な回路でも十分に実用になります．

電流制限用の抵抗値の決め方

図19の回路は抵抗値を決めるだけで定数設計は終わります．LEDの電流制限抵抗の決め方を基本から見ていきます．

■ LEDに流す電流を決める

● LEDの明るさを考える

SLR-342MGの順方向電流の**絶対最大定格**用語は25mAです．なるべく明るく光るようにしたい場合でも，寿命を考えて80%ディレーティングで使用すべきです．すると，

$$25\,\text{mA} \times 0.8 = 20\,\text{mA}$$

から，20mA以下で使わなくてはなりません．また，周囲温度によってもディレーティング量を検討しなおす必要があります．図7に示したとおり，周囲温度が50℃の場合の絶対最大定格電流は22mA程度です．したがって，周囲温度50℃以下での使用を想定すると，順方向電流は，

$$22\,\text{mA} \times 0.8 = 17.6\,\text{mA}$$

以下とすべきでしょう．以上の検討から，順方向電流の上限は17mAとします．

次に，順方向電流の下限値を検討します．図6に示したとおり，明るさは順方向電流にほぼ比例します．

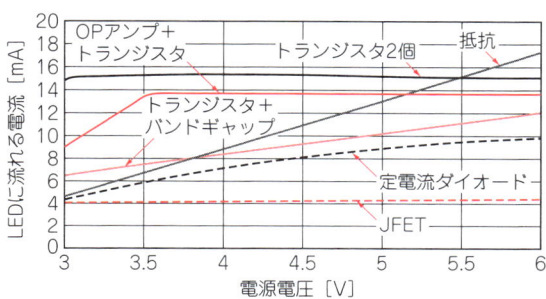

図20 抵抗のみを使った電流制限でも電源電圧+5V±10%での順方向電流の変化は10.9m～15.2mAと人間の目では明るさの違いがわからない範囲に収まる

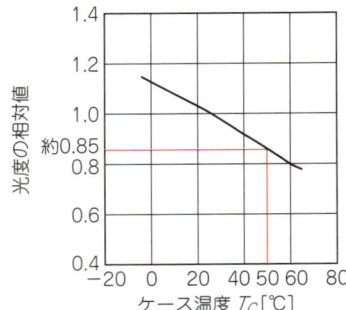

図21[(1)]
LEDのケース温度が上昇すると明るさは低下する
緑色LED SLR-342MG（ローム）の場合．

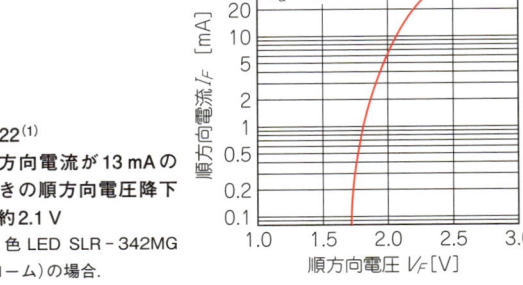

図22[(1)]
順方向電流が13 mAのときの順方向電圧降下は約2.1 V
緑色LED SLR-342MG（ローム）の場合．

データシートに記載された10 mA時の明るさを基準に考えて，明るさの減少を20%程度に抑えることにします．－20%という値に特に根拠はなく，図5のデータを取得しているときに感じた私の主観的な判断に基づくものです．すると，電流の下限値は8 mA程度に抑える必要があります．

● 順方向電流の温度変動を考える

図21にLEDのケース温度（部品表面温度）と明るさの関係を示します．ケース温度が50℃になると明るさは約15%程度減少することがわかります．ここで，先ほど検討した順方向電流の下限値8 mAを再検討する必要があります．周囲温度が25℃のときに8 mAに順方向電流が減少することで明るさが20%減少するうえに，ケース温度によって15%減少してしまうのであれば，

$$0.8 \times (1 - 0.15) = 0.68$$

から，明るさは32%減少してしまうことになります．そこで，ケース温度が50℃に上昇したときの明るさの減少分15%を順方向電流を増やすことで補償しておくことにします．具体的には，

$$8 \text{ mA} \times \frac{1}{0.85} ≒ 9.4 \text{ mA}$$

から，9.4 mA以上の順方向電流を流すことにします．余裕をみて10 mA以上の電流を流しておくと良いでしょう．

以上の検討から，明るさと温度変動を考慮して順方向電流は10 mA以上17 mA以下になるようにします．この電流値のほぼ中間の値をとって13 mAを設計目標値にします．

■ LEDの電圧-電流特性モデルを使って電流制限抵抗の値を算出

● 電圧源＋理想ダイオード・モデルを使う
▶順方向電流から抵抗値を算出する

図10に示した簡易LEDモデル（線形モデル）を使って計算しましょう．図5の実測データから，順方向電圧を読み取っても良いのですが，毎回実測データがあ

るとは限りません．図22はLEDの順方向電圧-順方向電流特性例です．このグラフから13 mAのときの順方向電圧を読み取ると約2.1 Vです．

すると，キルヒホッフの電圧則を使って抵抗に流れる電流を求めることができます．抵抗に流れる電流は，

$$I = \frac{V_{CC} - V_F}{R}$$

です．電源電圧$V_{CC} = 5$ V，順方向電圧$V_F = 2.1$ V，順方向電流$I = 13$ mAから，Rを求めると，

$$R = \frac{5 - 2.1}{13 \times 10^{-3}} ≒ 223 \text{ Ω}$$

と求まります．E24系列で丸めて220 Ωに決めます．

▶抵抗の誤差と電源電圧の変動による電流の変化を確認する

抵抗値が±5%の誤差を持っているとすると，電流も±5%変動します．抵抗の誤差による電流変動は，12.35 m～13.65 mAになります．

一方，電源電圧が±10%変動すると，電流は10.9 m～15.45 mA変動します．

最悪ケースを想定して，電流の変動を確認します．順方向電流の最小値は抵抗が＋5%の誤差を持っていて電源電圧が－10%となったときです．このときの順方向電流は10.3 mAです．

順方向電流の最大値は抵抗が－5%の誤差を持っていて電源電圧が＋10%となったときで，16.3 mAになります．

この結果，抵抗の誤差と電源電圧変動を加味したときの順方向電流の変動は10.3 m～16.3 mAになります．これは最初に検討した順方向電流10 mA以上17 mA以下を満たしているので問題ないでしょう．

● 非線形特性そのものを使う

上記のような簡単な方法でLEDの電流制限抵抗を決めるだけで実用上の問題はほとんどありません．でも，「電圧源＋理想ダイオード」のような線形モデルを使わなくても非線形特性のまま抵抗値を決める方法があるのです．

▶グラフからLEDの順方向電流／電圧を求める

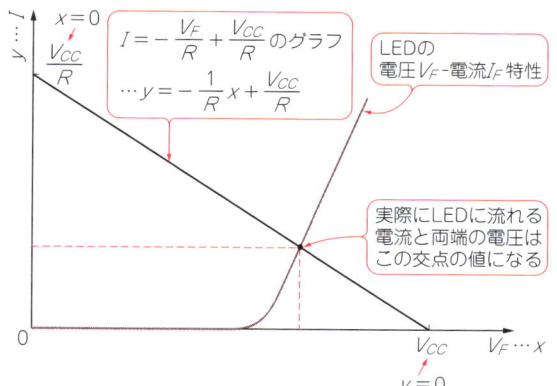

図23 グラフを使ってLEDに流れる電流と両端の電圧を求める方法

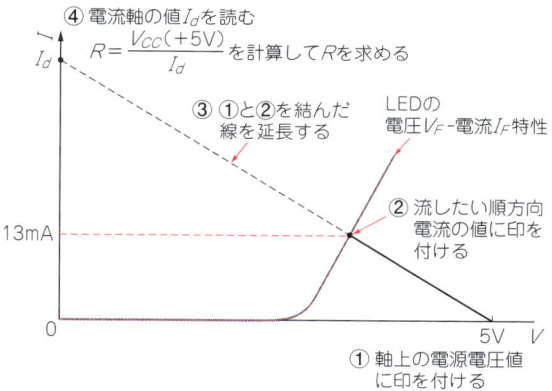

図24 作図により電流制限抵抗を求める方法

先にキルヒホッフの電圧則を使って求めた，抵抗に流れる電流の式，

$$I = \frac{V_{CC} - V_F}{R}$$

をそのまま使う方法です．この式を変形すると，

$$I = -\frac{V_F}{R} + \frac{V_{CC}}{R}$$

と変形できます．この式に見覚えはありませんか？そうです，1次関数の式です．IをyにV_Fをxに置き換えてみてください．

$$y = -\frac{1}{R}x + \frac{V_{CC}}{R}$$

となります．つまり，比例定数が$-1/R$で，切片がV_{CC}/Rになります．x軸との交点は，$y = 0 (I = 0)$とおくと，

$$V_F = V_{CC}$$

となります．

これをグラフに示すと，図23のようになります．LEDに流れる順方向電流や順方向電圧は，$-1/R$の傾きを持った直線（負荷線，ロード・ラインと言う）との交点を読み取ることで求めることができるのです．

▶負荷線を引いて抵抗値を決める

これを使って図24のように図を使って抵抗値を決めることもできます．求め方は次のとおりです．

① 電源電圧を決めます．その電源電圧の値が，負荷線が電圧軸（x軸）と交わる点になります．
② LEDの電圧-電流特性に注目します．ここで，流したい順方向電流となっている点に印を付けます．
③ ①と②で求まった点を直線で結び，その直線を電流軸（y軸）まで延長します．
④ 交点となった電流軸の値を読み取ります．

ここで，読み取った電流の値をI_dとすると，電流制限抵抗は，次の式から求まります．

$$R = \frac{V_{CC}}{I_d}$$

これが負荷線を使った電流制限抵抗の決め方です．学校の授業だとこのやり方を延々と説明されることもあるのですが，現場の設計では簡易モデルを使って設計することが多いです．設計の現場では厳密さよりも利便性を求めているとも言えます．

■ 抵抗で消費される電力を確認

抵抗の値が決まったので設計完了と言いたいところですが，念のため抵抗で消費される電力を計算しておきます．消費電力は，

$$P = I^2 \times R$$

から計算することができます．$I = 13$ mA，$R = 220$ Ωを代入すると，

$$P = (13 \times 10^{-3})^2 \times 220 ≒ 37 \text{ mW}$$

です．0.25 Wの炭素皮膜抵抗や63 mWのチップ抵抗を使うことができます．

◆参考・引用＊文献◆

(1) SLR-342シリーズ　データシート，ローム．（http://www.rohm.co.jp/web/japan/）
(2) Perry Miller, Doug Moore；Precision voltagereference, Application Note, SLYT183，テキサス・インスツルメンツ．（http://focus.ti.com.cn/cn/lit/an/slyt183/slyt183.pdf）
(3) CRD E series Fseries，カタログ，SEMITEC㈱．（http://www.semitec.co.jp/products/led_device/）

（初出：「トランジスタ技術」2009年2月号　特集第2章）

Appendix A レール・ツー・レール OP アンプって何?

OP アンプの入出力電圧範囲を拡大するための基本回路を知る

■ レール・ツー・レールとは

OP アンプの入力電圧範囲や出力電圧範囲を電源電圧付近まで拡大した OP アンプのことです．レールというのは，電源電圧を指します．

レール・ツー・レールには，入力レール・ツー・レール(RRI)と出力レール・ツー・レール(RRO)があります．両方を実現している OP アンプは入出力レール・ツー・レール(RRIO)OP アンプと呼ばれます．データシートなどでレール・ツー・レール OP アンプと書かれている場合は，どれかを確認する必要があります．

■ 内部回路を見てみよう

● 汎用 OP アンプのしくみ

汎用 OP アンプは，図 A に示すような回路構成となっていて，入力電圧，出力電圧ともに電源電圧よりも 1 V 程度(実際には IC のばらつきによって 1 ～ 2 V 程度)内側までの電圧しか扱うことができません．電源電圧と実際に扱うことのできる電圧との差をヘッド・ルームと呼びます．

▶ 入力電圧範囲を V_{EE} まで拡大した単電源 OP アンプ

図 B は，V_{EE} までの入力電圧を許容するために考えられた OP アンプの入力段です．この回路は LM2904 などの汎用の単電源 OP アンプに使われています．欠点は，V_{CC} 側の入力電圧範囲が狭くなってしまうことです．

▶ V_{CC} 側のヘッド・ルームはそのままで入力電圧を拡大できるフォールデッド・カスコード回路

図 C に示す回路はフォールデッド・カスコード回路と呼ばれ，V_{CC} 側のヘッド・ルームを大きくすることなく V_{EE} 側のヘッド・ルームを小さくすることが可能です．

● 入力レール・ツー・レール回路のしくみ

フォールデッド・カスコード回路を図 D のように NPN トランジスタと PNP トランジスタを使った 2 組の差動回路で構成したのが入力レール・ツー・レール OP アンプです．この回路では，V_{CC} 側，V_{EE} 側両方のヘッド・ルームを小さくできます．

▶ 入力レール・ツー・レール OP アンプの欠点

入力レール・ツー・レール OP アンプは，入力電圧の大きさに応じて PNP トランジスタを使った差動入力回路と NPN トランジスタを使った差動入力回路のどちらかに切り替わって動作します．差動入力回路が入力電圧に応じて切り替わる点で非線形な入出力特性が生じ，信号にひずみを発生させます．これは入力レール・ツー・レール OP アンプの大きな欠点です．安易に入力レール・ツー・レール OP アンプを使用すると，高調波ひずみ率の悪化や回路の線形性を損ねる原因となります．使用する場合は入力レール・ツー・レールによる非線形特性が問題を起こさないか十分に検

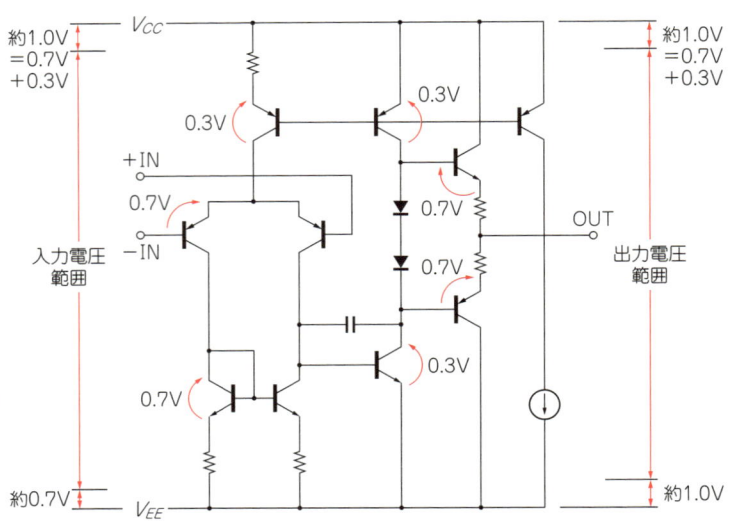

図 A
汎用 OP アンプの内部等価回路例と入出力電圧範囲
※ V_{BE} はプロセスの違いにより 0.6 ～ 0.8 V の値をとる．本編では 0.6 V としたが，ここでは 0.7 V とする．

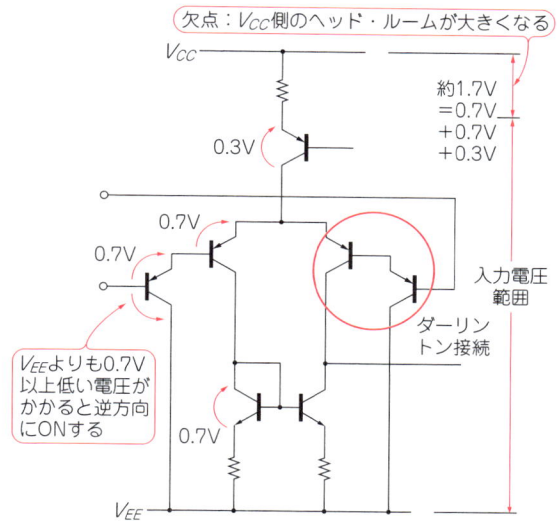

図B ダーリントン接続によってV_{EE}までの入力ができる単電源OPアンプの入力段

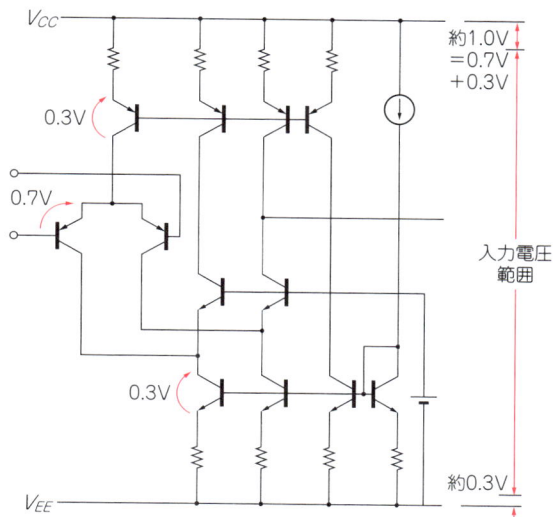

図C V_{CC}側のヘッド・ルームを大きくすることなくV_{EE}側の入力電圧範囲を拡大できるフォールデッド・カスコード回路

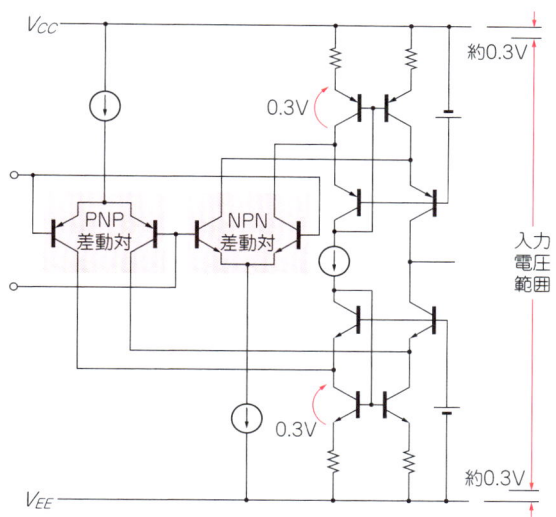

図D フォールデッド・カスコードを二つ使うとV_{CC}とV_{EE}両方のヘッド・ルームを小さくできる
このような回路が使われたOPアンプを入力レール・ツー・レールOPアンプという．

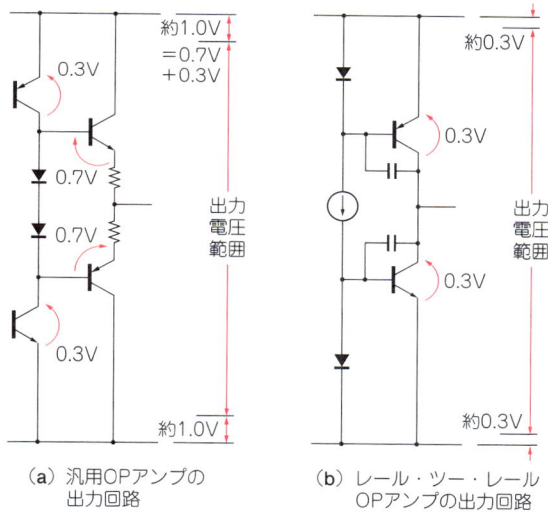

(a) 汎用OPアンプの出力回路　　(b) レール・ツー・レールOPアンプの出力回路

図E コレクタ出力回路にすることで出力電圧範囲を拡大できる
このような回路が使われたOPアンプを出力レール・ツー・レールOPアンプという．

討する必要があります．

▶欠点を補うしくみを内蔵した製品

このような非線形性を生じることのない入力レール・ツー・レールOPアンプとしてテキサス・インスツルメンツ社のOPA365などがあります．OPA365は，**図D**のような入力レール・ツー・レール回路を使わずに，内部に低雑音の昇圧回路(電源電圧を上げる回路)を内蔵し，差動入力回路部の動作電源電圧をICに加えている電源電圧よりも高くすることによって入力レール・ツー・レールを実現しています．

● 出力レール・ツー・レール回路のしくみ

出力レール・ツー・レールOPアンプとは，**図E**のような出力段を持ったOPアンプです．汎用OPアンプでは，トランジスタのV_{BE}電圧(約0.6～0.8V程度)と電流源が動作するのに必要な約0.3Vの電圧が存在するため1V程度(実際にはICのばらつきによって1～2V程度)のヘッド・ルームが生じます．これをコレクタ出力回路に変更することで，ヘッド・ルームを0.3V程度(トランジスタのコレクタ-エミッタ間飽和電圧)に抑えることができます．

(初出:「トランジスタ技術」 2009年2月号特集Appendix)

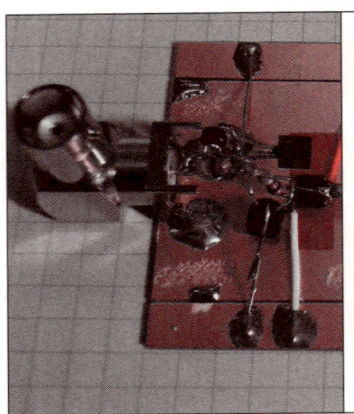

第3章 入力信号の振幅を小さくする

交流理論，微分積分，複素数が役に立つ

オーム　キルヒホッフ　テブナン　重ね合わせの理

交流信号を扱う回路（交流回路）について考えます．交流信号とは，一定時間ごとに大きさが変化する信号のことです．電子回路におけるもっとも基本的な交流信号は，三角関数のsinで振幅の時間変化を表現することのできる正弦波信号です．正弦波信号の大きさは，正の値と負の値が時間に応じて入れ替わるという特徴があります．

交流回路について，図1に示す高**入力インピーダンス**用語・バッファ回路を例に考えます．これはオシロスコープのパッシブ・プローブを**A-Dコンバータ**用語回路に接続するための回路です．A-Dコンバータ回路の入力インピーダンスは数十kΩ程度とあまり高くありませんが，前段にこの回路を接続することで，入力インピーダンスを1MΩに変換します．

オシロスコープのパッシブ・プローブには，図2のようにC_1やC_2といったコンデンサが含まれています．コンデンサとはどのような部品なのか，最初にコンデンサの回路素子としての性質を復習し，次に抵抗とコンデンサが組み合わさったRC回路の**ゲイン**用語と位相の周波数特性について考えます．最後に，図1に含まれる減衰回路を設計します．バッファ回路は第5章で設計します．また，入力／出力インピーダンスについても第5章で説明します．

分圧回路とバッファ回路の役割

● 分圧回路により耐電圧の10倍の信号も回路に取り込めるようになる

入力インピーダンスを1MΩとしておくと，図2の

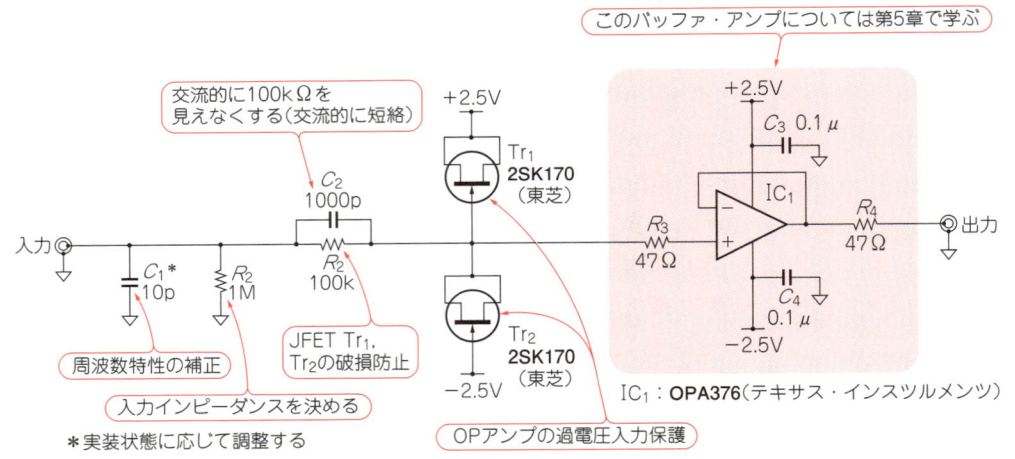

図1　設計の目標とした高入力インピーダンス・バッファ回路
入力インピーダンスが数十kΩとあまり高くないA-Dコンバータ回路の前段などに使う．本章では入力部の分圧回路を設計する．

用語

▶ インピーダンス
　電気回路の交流電流の大きさは，抵抗のほかにコイルやコンデンサによっても制限される．
　コイルやコンデンサは交流電流の大きさや位相を変える働きを持っている．この働きは交流に対する一種の抵抗のように作用する．抵抗や，コイル，コンデンサの交流信号に対する一種の抵抗のような作用をインピーダンスと言う．

▶ 入力インピーダンス
　回路の外界から入力端子を見たときのインピーダンスのこと．
　低周波回路で入力インピーダンスと言ったときは，入力抵抗のことを指す場合が多く，高周波回路（100 MHz以上）の場合は大きさと位相を含む本来のインピーダンスを指すことが多いようである．

ように信号振幅を1/10に減衰する機能を内蔵した1：10プローブ（1倍と1/10倍を切り替えることのできるプローブ）を接続して使うことができます．このプローブを使えば，±1V程度の耐電圧しかない回路であっても±10Vまでの信号を入力できるようになります．

● 分圧回路は無限大のインピーダンスが接続されることを前提としている

図3に示すように，図1の回路で分圧された信号は，無限大のインピーダンスが接続されることを前提にしています．

そこで，図1では，OPアンプによるバッファ・アンプを追加しています．バッファ・アンプとは，入力インピーダンスがとても大きく，出力インピーダンス用語がとても小さい1倍のアンプと思ってください．高入力インピーダンス・バッファ回路を使わずに，オシロスコープのプローブを直接A-Dコンバータ回路に接続すると，プローブの設定を1/10にしても信号は1/10の振幅になりません．この理由は次節で説明します．

● 分圧回路の考え方

以降，オシロスコープ内部の抵抗1MΩを使って信号を1/10に減衰することを考えます．

図3の回路を直流的に見ると図4のようになります．直流的に見るというのは，コンデンサを開放（∞Ω）として見ることです．コンデンサが直流で∞Ωに見える

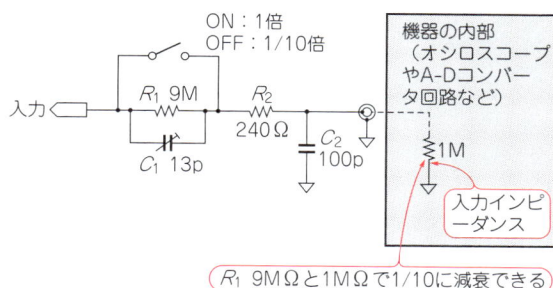

図2 オシロスコープのパッシブ・プローブの簡易的な等価回路
信号を1/10に減衰して機器内に取り込めるので，例えば±1V程度の耐電圧しかない回路であっても1/10倍にすることで±10Vまでの信号を入力できるようになる．

理由はあとで説明します．図4の分圧回路は図5のように考えることができます．

この分圧回路の設計式は，分圧抵抗の分圧点（R_1とR_2の接続点）から電流が流れ出さないことを前提にしています．これが，前節で説明した「分圧された信号は，無限大のインピーダンスが接続されることを前提にしている」という理由です．無限大のインピーダンスで分圧された信号を受け取ることで，信号の振幅は，

$$\frac{1\text{M}\Omega}{1\text{M}\Omega + 9\text{M}\Omega} = \frac{1}{10}$$

となり，1/10に減衰します．もし，分圧点から電流が流れ出すようなことがあると，図5の分圧回路の設計式は成り立ちませんから分圧比が変わってしまいます．

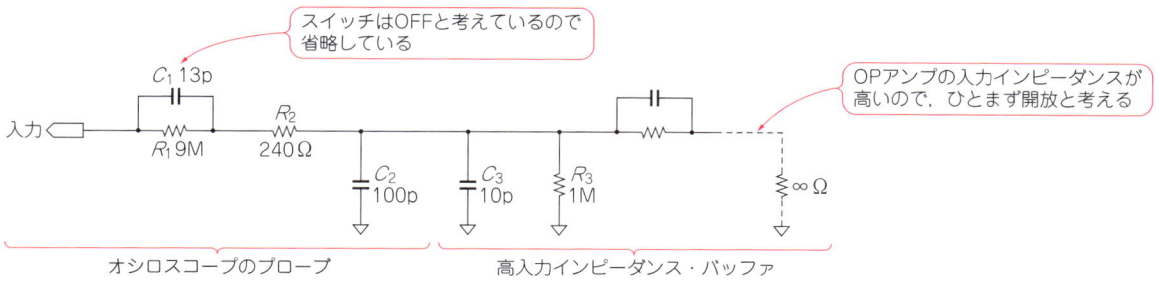

図3 図1の分圧回路には無限大のインピーダンスが接続されると考える

用語

▶A-Dコンバータ

アナログ信号をディジタル信号（大きさ，時間の両方向で飛び飛びの値になった信号）に変換するデバイスのこと．20年以上前は個別半導体で作ることもあったが，現在はIC化されたA-DコンバータICを使うのが一般的である．変換方式によって逐次比較型，ΔΣ型，パイプライン型などがある．

逐次比較型は単発現象を捕える場合に適したコンバータである．ΔΣ型は直流電圧など定常的に存在する信号を高分解能で変換する場合に適している．携帯電話の基地局な

どで使われている高速動作のA-Dコンバータはパイプライン型である．

▶ゲイン

利得のこと．回路の増幅率や減衰率のことを指す．○倍という倍率や比で表わす場合もあるが，常用対数をとってデシベル表記することもある．

分圧回路とバッファ回路の役割 35

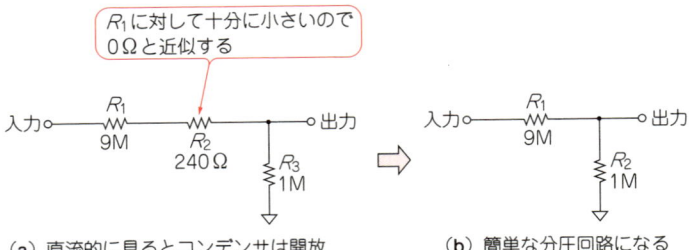

図4
回路を直流的に見て近似を行うと簡単な分圧回路になる

（a）直流的に見るとコンデンサは開放　　（b）簡単な分圧回路になる

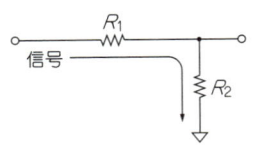
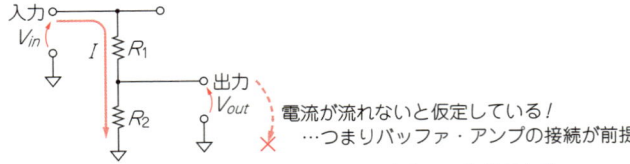

（a）信号がR_1に入力されて変化したあとにR_2で受ける…わけではない！

（b）分圧回路はキルヒホッフの法則で考えることができる

R_1とR_2に流れる電流は等しく「I」である．またキルヒホッフの電圧側からV_{in}とR_1およびR_2による電圧降下の和は等しい．つまり，
$V_{in} = (R_1 + R_2)I \cdots ①$
またV_{out}はR_2両端の電圧なので，
$V_{out} = R_2 I \cdots ②$
②からIは次のように示せる．
$I = \dfrac{V_{out}}{R_2} \cdots ③$
③式を①式に代入すると
$V_{in} = \dfrac{R_1}{R_2} V_{out} + V_{out} = \dfrac{R_1 + R_2}{R_2} V_{out}$
よって
$\dfrac{V_{out}}{V_{in}} = \dfrac{R_2}{R_1 + R_2}$ となる

図5
抵抗分圧回路の考え方

● **周波数によってインピーダンスが変わるコンデンサは要チェック**

第1章で紹介した抵抗による分圧の考え方は交流信号にも使えます．図5に示した分圧回路の設計式は，直流電圧に対しても，交流電圧に対しても成り立つのです．

ところが，実際に抵抗を使って分圧回路を作り交流電圧を分圧してみるとうまく行かないことがあります．入力した交流信号の周波数によっては，抵抗で決めた分圧比よりも小さな振幅しか得られないことがあるのです．この理由は，オシロスコープやOPアンプの入力端子には，グラウンドとの間にキャパシタンス成分が存在するためです．

この対グラウンド間のキャパシタンス成分の影響を減少させるために，図6に示すようにオシロスコープのプローブにはC_Cのようなコンデンサが入っています．対グラウンド間のキャパシタンス成分は，OPアンプの入力信号ラインのパターンとグラウンド間に存在する**寄生容量**用語や**OPアンプの入力容量**用語に起因するものです．

用語

▶ **出力インピーダンス**
回路の外界から出力端子を見たときのインピーダンスのこと．入力インピーダンスの場合と同様に，低周波回路では出力抵抗のことを出力インピーダンスと呼ぶことがある．

▶ **寄生容量**
意図的にコンデンサを接続したわけではなく，製造上の都合で生じてしまったキャパシタンス成分のこと．デバイスの入力端子やPN接合間のほか，プリント基板上のパッド-グラウンド間などにも存在する．

▶ **OPアンプの入力容量**
OPアンプの入力端子に存在する寄生容量のこと．＋端子と－端子の間に存在する差動入力容量と，非反転入力端子-グラウンド間，および，反転入力端子-グラウンド間にそれぞれ存在する同相入力容量がある．どちらの容量値もデータシートに記載されている．

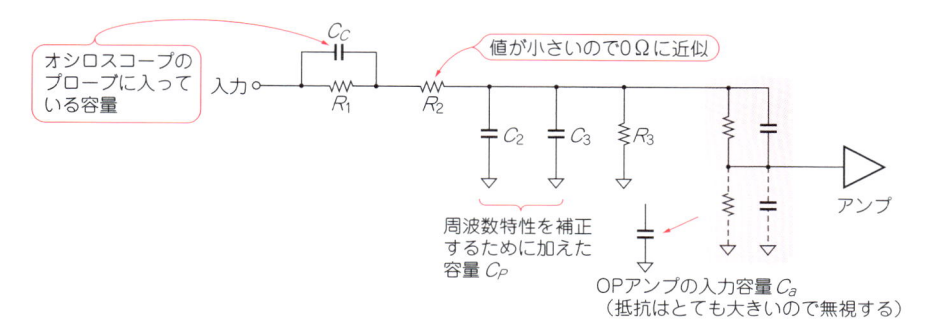

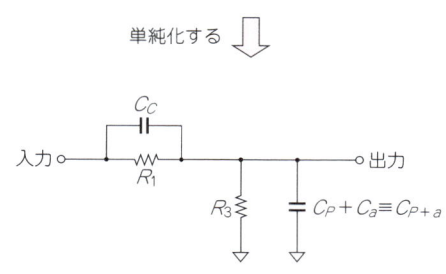

図6 分圧回路を単純化して周波数特性を考える

このコンデンサの大きさの合計値をC_aとします．実際の回路ではC_a以外に，あえてC_Pを付け加えています．このC_Pを付け加えている理由は，C_Cと$(C_a + C_P)$によってゲイン-周波数特性を平坦に補正するためです．どのような条件のときにゲイン-周波数特性が平坦に補正されるのかについての条件式を導出し，減衰回路を設計するのが本章の主題です．

*

オシロスコープの減衰回路の周波数特性について考える前に，交流理論と過渡現象論の基礎を復習します．

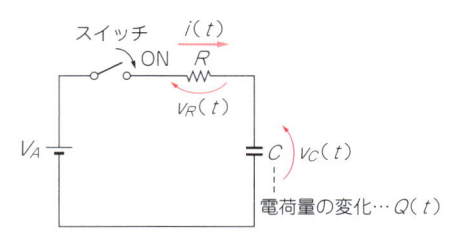

図7 コンデンサの性質を調べる回路

学校の教科書のような説明が続きますが，これは減衰回路の周波数特性を考えるために必要なことです．勉強する理由はわかっているので少し退屈ですが復習してみることにしましょう．

コンデンサの性質…過渡現象論の復習

● **コンデンサの性質を確認するための実験用の回路**
図7のような回路にてスイッチをONにすると，コンデンサ両端の電圧は図8のように変化します．この変化がどのような曲線なのか，変化を表す式を求めてコンデンサの性質を理解します．

● **コンデンサとは電荷をためる部品**
電荷を水のようなものだと考えれば，コンデンサと

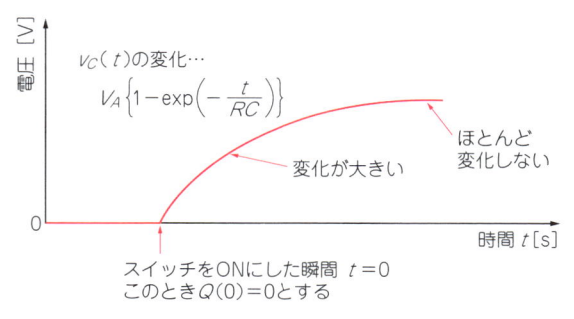

図8 図7の回路においてスイッチをONしたときのコンデンサ両端の電圧変化
この変化を表す式を求めてコンデンサの性質を理解する．

▶ **不定積分**
積分区間を指定しない積分のこと．
積分区間を指定した積分(定積分)が区間内の面積を求める操作に相当したのに対し，不定積分とは，ある関数の導関数(微分して得られる関数)と，導関数が一致する未知の関数を見つける操作を言う．

▶ **自然対数**
ネピア数($e ≒ 2.718$)を底とする対数のこと．
底を10とした対数は常用対数と言われる．
対数をすべてlogで表現すると常用対数なのか自然対数なのか混乱することがあるため，工学分野では，常用対数をlog，自然対数をlnと表記して区別することがある．

は，水をためるバケツやコップのようなものです．静電容量をC［F］，両端の電圧をV［V］とすると，コンデンサにたまる電荷Qは，

$$Q = C \times V$$

で表されます．この式を変形して静電容量の式にすると，

$$C = \frac{Q}{V}$$

になります．静電容量の単位はF（ファラド）と書かれていますが，実は，電荷Q［クーロン］/電圧V［ボルト］のことをF［ファラド］と呼んでいるのです．

● **コンデンサの両端電圧の変化を式で表す**

図2の回路でも，オームの法則は成り立ちますし，キルヒホッフの法則も成り立ちます．電流が時々刻々変化していたとしてもオームの法則やキルヒホッフの法則は成り立つのです．つまり，交流信号に対してもこれらの直流電気回路で学んだ知識が使えるということです．

▶ コンデンサの両端電圧の特性

ここで，電源投入前にコンデンサが空っぽで電荷を持っていない，すなわち$Q(0) = 0$，と仮定します．スイッチをONにすると，抵抗に電圧$v_R(t)$［V］が加わり，コンデンサに電圧$v_C(t)$［V］が加わります．このときの電圧V_A［V］は，

$$V_A = v_C(t) + v_R(t)$$

と表すことができます．$v_C(t)$という記述の(t)は，時間で変化する，つまり，時間の関数である，ということを示しています．

どうもこの(t)が気になるという人は，(t)を取って考えても構いません．誰かに何かを伝えようとするときに，単純化しすぎると誤解を招いたりします．(t)というのは，誤解を招かないように「時間で変化する量ですよ」ということを明示しているに過ぎません．

ここで，

$$Q = C \times V$$

ですから，

$$v_C(t) = \frac{Q(t)}{C}$$

と書くことができます．また，電流の変化を$i(t)$とすると，抵抗に加わる電圧$v_R(t)$は次式で求まります．

$$v_R(t) = i(t) R$$

▶ コンデンサに流れ込む電流の特性

第1章のコラムで説明したように，電流とは電荷の時間変化のことだということを思い出してください．すると，$i(t)$は，コンデンサにたまる電荷量の変化$Q(t)$で記述できるはずです．なぜなら，この直列回路ではキルヒホッフの電流則が成立しますから，抵抗に流れる電流とコンデンサに流れる電流は等しいからです．抵抗に流れている電流が，徐々にコンデンサにたまっていきます．したがって，

$$i(t) = \frac{dQ(t)}{dt}$$

となります．電流は，ある微小時間における微小電荷量変化の割合と考えることができます．

d/dtというのは時間微分の記号です．ここで微分積分の知識を使います．高校の数学で微分積分なんて何に使うんだろう？と疑問に思った人もいるかも知れませんが，やっと役に立ちそうです．微分積分というのは，このように時間で変化する現象を考えるときに役立つのです．

▶ 抵抗とコンデンサによる回路の電圧特性

計算材料が出揃ったところで，抵抗とコンデンサにかかる電圧の和を書き直すと，

$$V_A = \frac{Q(t)}{C} + \frac{dQ(t)}{dt} R$$

となります．これを整理すると，

$$\frac{dQ(t)}{dt} = -\frac{1}{RC}\{Q(t) - CV_A\} \quad \cdots\cdots\cdots\cdots\cdots (1)$$

です．何だか，（私には）ちょっと計算しにくいので，$x(t)$という値を定義します．

$$x(t) = Q(t) - CV_A \quad \cdots\cdots\cdots\cdots\cdots\cdots\cdots (2)$$

として，この$x(t)$の時間微分を求めると，

$$\frac{dx(t)}{dt} = -\frac{dQ(t)}{RC} \quad \cdots\cdots\cdots\cdots\cdots\cdots\cdots (3)$$

> **用語**
>
> ▶ **dB（デシベル）**
>
> デシベルには，次の二つの計算方法がある．
>
> $10 \log_{10}(P_1/P_0)$
> $20 \log_{10}(V_1/V_0)$
>
> $10 \log(P_1/P_0)$の方は電力比を計算するときに使われる．デシベル計算の基本はこの$10 \log(P_1/P_0)$である．なお，10倍していない場合は，dB（デシベル）ではなくB（ベル）である．しかし，Bだと値が小さくなりすぎ使いにくいため10倍にしている．デシベル表現のもっとも大きなメリットは，対数圧縮ができるということである．例えば，電圧利得で10倍は，20 dBである．一方，1000000倍は120 dBである．二つの間には大きな数値の違いがあるのだが，デシベルにしてしまえば，100しか違わないことになる．また，対数を使うと掛け算を足し算にでき，割り算を引き算にできる．つまり，デシベル表記は多段増幅器などのトータル・ゲインの計算が簡単にできるというメリットがある．
>
> 電圧や電流の場合に$20 \log(V_1/V_0)$とするのは，電圧や電流の2乗が電力に比例するためである．この前提として電圧や電流を比較するときの抵抗値が等しくなくてはならないが，一般には抵抗の違いを無視して考えている．

となります．式(2)に含まれているCV_Aは定数なので，微分すると0になります．式(2)，式(3)を使って，式(1)を書き直すと，

$$\frac{dx(t)}{dt} = -\frac{x(t)}{RC}$$

という何だかちょっと頑張れば簡単に計算できそうな式になります．

右辺にある$x(t)$を左辺に移動させると，

$$\frac{dx(t)}{x(t)} = -\frac{1}{RC}dt$$

です．この式の形は，微分積分の教科書に載っている変数分離形と呼ばれる形です．

ここで，いよいよ両辺を**不定積分**用語すると，

$$\int \frac{dx(t)}{x(t)} = -\int \frac{1}{RC}dt \cdots\cdots\cdots\cdots (4)$$

となり，積分公式から，

$$\int \frac{dx(t)}{x(t)} = \ln x(t)$$

なので，(4)式は以下のようになります．

$$\ln x(t) = -\frac{1}{RC} + A'$$

ここで，A'というのは**積分定数**用語です．両辺のexpをとると，

$$x(t) = \exp\left[-\frac{t}{RC} + A'\right] = \exp(A')\exp\left[-\frac{t}{RC}\right]$$

となりました．ここで，$\exp(A')$をBとおいて，さらに式(2)を使って$x(t)$を元の式に戻してやると，

$$Q(t) - CV_A = B\exp\left[-\frac{t}{RC}\right]$$

$$Q(t) = B\exp\left[-\frac{t}{RC}\right] + CV_A$$

が出てきます．定数Bの初期値は，時間tが0のとき$Q(0)=0$という条件から求めます．

$$0 = B\exp(0) + CV_A$$

で，$\exp(0)=1$なので，Bは次式で求まります．

$$B = -CV_A$$

以上の計算結果から，

$$Q(t) = -CV_A\exp\left[-\frac{t}{RC}\right] + CV_A$$
$$= CV_A\left\{1 - \exp\left[-\frac{t}{RC}\right]\right\}$$

が求まりました．
$v_C(t) = Q(t)/C$でしたので，コンデンサ両端の電圧は，

$$v_C(t) = V_A\left\{1 - \exp\left[-\frac{t}{RC}\right]\right\}$$

というように変化することがわかります．これが知りたかった答え，図8に示されたコンデンサの性質を表す式です．

● コンデンサは電荷量が変化すれば電流が流れる

図8のコンデンサの両端電圧の時間変化を見てください．コンデンサ両端の電圧の変化は徐々に少なくなって最後には0になります．これは，$v_C(t)=Q(t)/C$という式を眺めるとわかるように$Q(t)$の変化が無くなったということです．

コンデンサ内部の電荷量に変化dQ/dtが起こらないと電流は流れないということがわかります．これは，コンデンサの大切な性質です．これを理解するために上記の微分方程式（過渡現象の問題）を解いたのです．

コンデンサは直流は通さないけど交流は通すと言われるのは，正確にはコンデンサ内部の電荷量に変化を与えるような信号は通す（電流が流れる）ということです．その証拠に，図7でスイッチをONにした場合，しばらくの間は直流電流が流れます．

コンデンサは，このような性質から「直流では抵抗が∞」と考えることができます．コンデンサに電荷がめいっぱいたまった段階では電流が流れないからです．回路を直流的に見るときは，コンデンサは開放（抵抗値∞）と考えてよいのです．

正弦波信号を入力したときのRC回路のゲイン特性…交流理論の復習

コンデンサがdQ/dtの電流を流すという大切な性質を理解したところで，図9のようにRC回路に正弦波

用語

デシベルは，あくまでも二つの量の比を表しているだけである．もし，dBmや，dBμといった単位を見かけた場合，これは量そのものを表す．dBmは，

$0\,\text{dBm} = 10\log(P/0.001)$

と定義されている．これは，1mWの電力を基準にしたときの電力のことである．一方，dBμは，

$0\,\text{dB}\mu = 20\log(V/1\times10^{-6})$

と定義されている．電界強度の単位などで，1μV/mを基準にして，dBμ表示されていることもある．また，1V_{RMS}を基準としたdBVという表記もある．

dB○の例外として，高調波ひずみなどを表記するときのdBcという表現がある．このdBcは量を示しているわけではなく，c（キャリア）に対する比を表現しているだけである．

基本波のレベルが5dBmで，高調波のレベルが−40dBmであった場合の高調波レベルを−45dBcと表記する．したがって，dBcで表記されている場合は，キャリア（基本波）のレベルがどのくらいなのかを知らない限り，実際のレベルに換算することはできない．

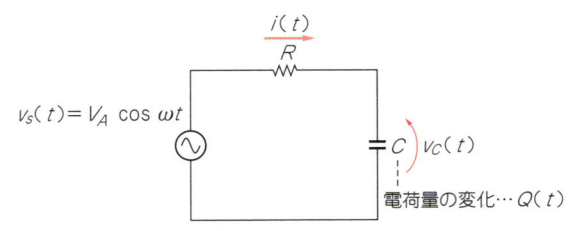

図9 RC回路に正弦波信号を入力してコンデンサの両端に加わる電圧考える

信号を入力したときの出力電圧を計算してみます.

この回路は*RC*1次高域遮断フィルタと呼ばれることもあります.実際の製品内部でも使われることのある大切な回路です.

● 三角関数でゲインの周波数特性を考える

最初に高校で学んだ三角関数を駆使して計算してみます.ちょっと大変なのですが,計算結果は**図10**のようになります.

入力信号を$V_A \cos \omega t$とすると,コンデンサに加わる電圧$v_C(t)$は,

$$v_C(t) = \frac{V_A}{\sqrt{1+(\omega CR)^2}} \cos(\omega t + \phi)$$

ただし, $\phi = -\tan^{-1} \omega CR$

となります.正弦波入力信号が cos ? cos は正弦ではなく余弦だ！と思うかもしれませんが,これは計算をしやすくするためです. cos と sin は位相が90°違うだけですので,入力信号としては同じように考えることができます.

入力電圧v_sと出力電圧v_{out}の比Hを伝達特性(伝達関数とも言う)として定義すると,*RC*回路の伝達特性は,次式で表せます.

$$H = \frac{1}{\sqrt{1+(\omega CR)^2}}$$

ただし,入出力の位相差 $\theta = -\tan^{-1} \omega CR$

この式は設計にも使える大切な式です.

ここで,この式に$\omega = 0$を代入してみましょう.すると,

$H = 1$
$\theta = 0$

になります. $\omega = \infty$とすると,

$H = 0$
$\theta = -90°$

になります.これらの結果から,直流は通過させ,周波数が高い信号はしゃ断する,ロー・パス・フィルタであることがわかります.

ωを変化させてやると*RC*回路の周波数特性を描くことができます.興味のある人は,表計算ソフトなどでグラフを作ってみても良いでしょう.

▶「しゃ断周波数はゲインが−3dBになる周波数」の理由

電子回路の教科書で,このような*RC*回路のしゃ断周波数f_Cは,

$$f_C = \frac{1}{2\pi RC}$$

だと書かれています.ここで,

$$\omega_c = 2\pi f_C = \frac{1}{RC}$$

とし, $\omega = \omega_C$のときのHを計算してみると,

$$H = \frac{1}{\sqrt{1+(1)^2}} = \frac{1}{\sqrt{2}} \fallingdotseq 0.707$$

$$\theta = -\tan^{-1}(1) = -45°$$

となります. 0.707という数値から,

$$20 \log(0.707)$$

を計算すると,その結果は−3です.
「しゃ断周波数とはゲインが−3dB低下したところです」と多くの教科書に書かれている理由は,この*RC*回路の周波数特性から来たものです.何の前置きもなく「しゃ断周波数」と言った場合−3dB低下する周波数だと思っていても良いのですが,実は−3dBの周波数がしゃ断周波数になるというのは上記のとおり

$$2\pi f_C = \frac{1}{RC}$$

と定義したからにほかなりません.この定義がない場合に,「しゃ断周波数とは−3dBになる周波数です」

用語

▶積分定数

図Cに示すように, $f(x) = 2x$という関数を微分した値と$f(x) = 2x+1$という関数を微分した値はどちらも2である.つまり,逆に2という値を不定積分すると,その答えとしては$f(x) = 2x$も$f(x) = 2x+1$も正しいことになる.そこで,不定積分した答えとして値はあるはずだけど決めることのできない値を積分定数として表わしている. 2の不定積分の結果は,

$$\int 2 dx = 2x + C \quad \text{ただし,}Cは積分定数$$

となる.

図C どちらの$f(x)$も微分した値は2

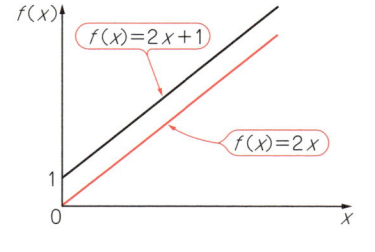

キルヒホッフの法則から，
$$V_A\cos\omega t = Ri(t) + v_C(t) \cdots\cdots\cdots①$$
ここで $Q = CV$ なので，
$$Q(t) = Cv_C(t)$$
である．
電流の定義から，
$$i(t) = \frac{dQ(t)}{dt}$$
なので，
$$i(t) = C\frac{dv_C(t)}{dt} \cdots\cdots\cdots②$$
である．
ここで，コンデンサ両端の電圧を，
$$v_C(t) \equiv V_{out}\cos(\omega t + \phi) \cdots\cdots\cdots③$$
として，ϕ がどのような変化をするのかと，V_A と V_{out} の関係を調べてみる．
式②に式③を代入すると，
$$i(t) = C\frac{dv_C(t)}{dt}$$
$$= C\frac{dV_{out}\cos(\omega t + \phi)}{dt}$$
ここで，
$$\frac{d\cos(\omega t + \phi)}{dt} = -\omega\sin(\omega t + \phi)$$
なので，
$$i(t) = -CV_{out}\omega\sin(\omega t + \phi) \cdots\cdots\cdots④$$

となる．
$i(t)$ が求まったので，これを式①に代入すると，
$$V_A\cos\omega t = -RCV_{out}\omega\sin(\omega t+\phi)+V_{out}\cos(\omega t+\phi)$$
$$= V_{out}[-\omega RC\sin(\omega t+\phi)+\cos(\omega t+\phi)]$$
となる．
ここで三角関数の合成公式，
$$a\sin\theta + b\cos\theta = \sqrt{a^2+b^2}\cos(\theta-\beta)$$
ただし，
$$\sin\beta = \frac{a}{\sqrt{a^2+b^2}},\quad \cos\beta = \frac{b}{\sqrt{a^2+b^2}}$$
を使って整理すると，
$$V_A\cos\omega t = V_{out}\sqrt{1+(\omega CR)^2}\cos(\omega t+\phi-\theta) \cdots⑤$$
ただし，
$$\sin\theta = -\frac{\omega CR}{\sqrt{1+(\omega CR)^2}},\quad \cos\theta = \frac{1}{\sqrt{1+(\omega CR)^2}}$$
$$\tan\theta = \frac{\sin\theta}{\cos\theta} = -\omega CR \quad よって\ \theta = -\tan^{-1}\omega CR$$
となる．
式⑤から振幅成分のみ考えると，
$$V_{out} = \frac{V_A}{\sqrt{1+(\omega CR)^2}} \cdots\cdots\cdots⑥$$
であり，左辺と右辺の位相がそろっていないと等号が成り立たないので，
$$\omega t = \omega t + \phi - \theta$$
から，
$$\phi = \theta = -\tan^{-1}\omega CR \cdots\cdots\cdots⑦$$
となる．
式⑥，式⑦を式③に代入すると，目的とするコンデンサ両端の電圧 $v_C(t)$ は，
$$v_C(t) = \frac{V_A}{\sqrt{1+(\omega CR)^2}}\cos(\omega t+\phi)$$
ただし，
$$\phi = -\tan^{-1}\omega CR$$
が求まる

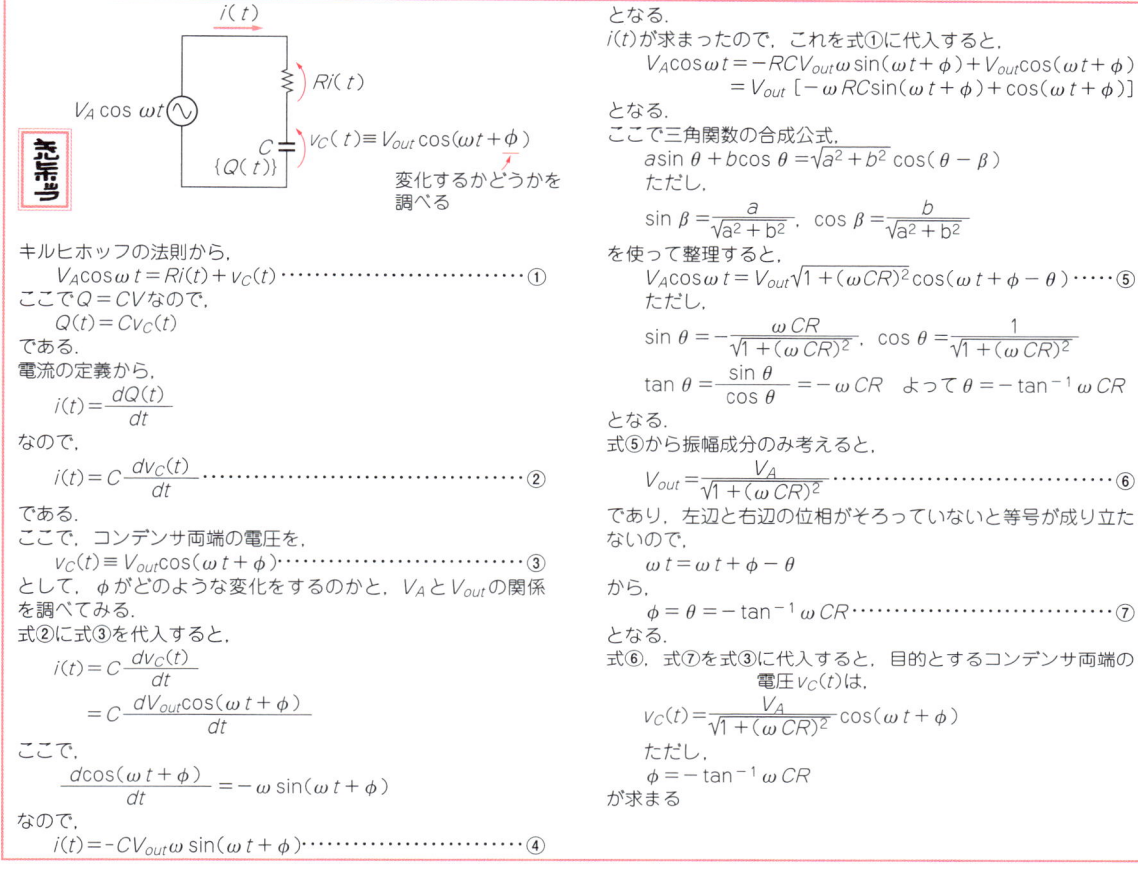

図10 RC 回路に正弦波を入力したときのコンデンサの両端電圧を算出する

と言うのはちょっと強引です．そのため，私は -3 dB しゃ断周波数と言うようにしています．

● **複素数を使って考える**

▶ **極座標表示と共役複素数を思い出す**

図10の計算をみるとわかるように，三角関数を使って RC 回路の計算をするのはとても面倒です．実は，複素数を使って計算すると簡単になります．電子回路の計算で大切な数学の複素関数論に関連する知識としてオイラーの公式があります．オイラーの公式とは，以下のような関係を表したものです．

$$\exp(j\theta) = \cos\theta + j\sin\theta$$
$$\exp(-j\theta) = \cos\theta - j\sin\theta$$

▶ **オイラーの公式が成り立つことを示す**

ある a という振幅と位相角をもった値（ベクトル）を極座標で表すと図11のようになります．同様に，ある a を直角座標で表すと図12のようになります．図11の a と図12の a が同じ位置にある（$\tan x/y = \theta$）とすれば，図12に示した計算によってオイラーの公式が成り立つことが示せます．

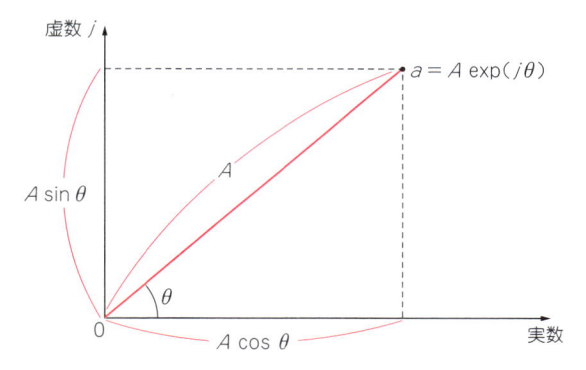

図11 振幅の絶対値と位相角を表す極座標表示

▶ **共役複素数を使えば絶対値が求まる**

もう一つ知っておくと便利な複素関数論の知識は共役複素数というものです．図13に示したように，複素数と共役複素数を掛け算すると答えは実数になり，その大きさは複素数の絶対値の2乗になるのです．電子回路を考えていると複素数で表された伝達関数などの式の絶対値を知りたい場合があります．例えば，ゲ

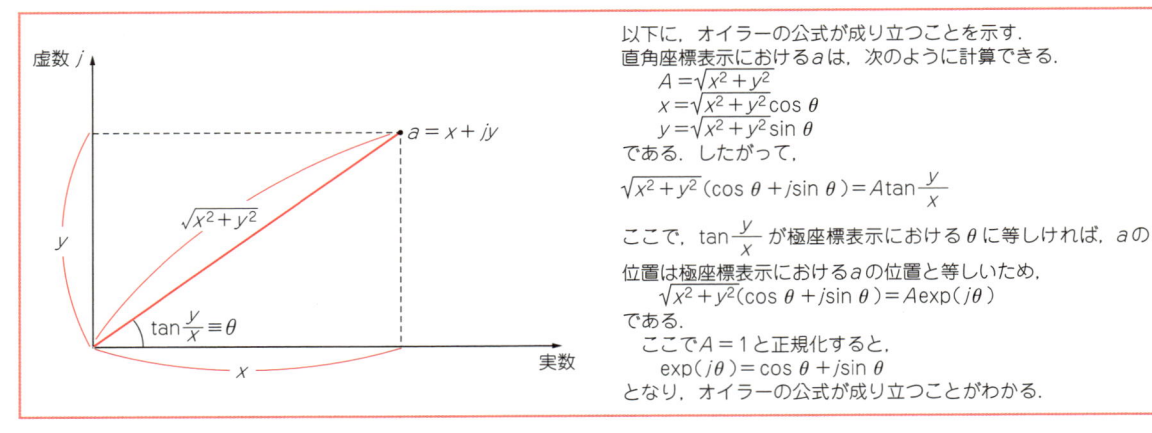

以下に，オイラーの公式が成り立つことを示す．
直角座標表示におけるaは，次のように計算できる．
$$A = \sqrt{x^2+y^2}$$
$$x = \sqrt{x^2+y^2}\cos\theta$$
$$y = \sqrt{x^2+y^2}\sin\theta$$
である．したがって，
$$\sqrt{x^2+y^2}(\cos\theta + j\sin\theta) = A\tan\frac{y}{x}$$

ここで，$\tan\frac{y}{x}$ が極座標表示におけるθに等しければ，aの位置は極座標表示におけるaの位置と等しいため，
$$\sqrt{x^2+y^2}(\cos\theta + j\sin\theta) = A\exp(j\theta)$$
である．
ここで$A=1$と正規化すると，
$$\exp(j\theta) = \cos\theta + j\sin\theta$$
となり，オイラーの公式が成り立つことがわかる．

図12　直角座標の表示とオイラーの公式

−3dBしゃ断周波数では抵抗とコンデンサの両端に加わる電圧が等しい（$Q=0.5$）　Column

　図Aは，RC回路における抵抗とコンデンサに加わる電圧と位相について計算してみた結果です．この計算で注目するのは，抵抗に加わる電圧の位相とコンデンサに加わる電圧の位相は常に90°である点と，3dB減衰する周波数では，この二つの電圧の大きさが等しいことです．

　LCR共振回路のQとは，物理的にはLCに蓄えられるエネルギーとRで消費されるエネルギーの比を示しています．RC回路ではLはありませんので，コンデンサに蓄えられているエネルギー（コンデンサ両端の電圧）と抵抗で消費されるエネルギー（抵抗両端の電圧）の比を表していることになります．

　共振周波数では，図Aに示したとおり抵抗とコンデンサの電圧は位相が違うだけで大きさは等しいため，$Q=1/2=0.5$となります．

　第7章以降で解説するアクティブ・フィルタ回路において1次フィルタのQを0.5としている理由はここにあります．

　図10で計算したのはコンデンサ両端の電圧である．ここで抵抗両端の電圧を計算してみる．
$$v_R = i(t)R$$
$$= \frac{dQ(t)}{dt}R$$
$$= RC\frac{dv_C(t)}{dt}$$
ここで，
$$v_C(t) = \frac{V_A}{\sqrt{1+(\omega CR)^2}}\cos(\omega t + \phi)$$
なので，
$$v_R = RC\frac{V_A}{\sqrt{1+(\omega CR)^2}}d\frac{\cos(\omega t + \phi)}{dt}$$
$$= \omega RC\frac{V_A}{\sqrt{1+(\omega CR)^2}}\sin(\omega t + \phi)$$
ここで，
$$\sin\theta = \cos(\theta + 90°)$$
だから，
$$v_R = \frac{\omega CRV_A}{\sqrt{1+(\omega CR)^2}}\cos(\omega t + \phi + 90°)$$
となる．
ωがしゃ断角周波数ω_Cのとき，
$$\omega = \frac{1}{CR}, \quad \phi = -45°$$
だったので，
$$v_R = \frac{V_A}{\sqrt{2}}\cos(\omega t - 45° + 90°)$$
$$= \frac{V_A}{\sqrt{2}}\cos(\omega t + 45°)$$
となる．
$\omega = \omega_C$のときのコンデンサ両端の電圧v_Cは，
$$v_C = \frac{V_A}{\sqrt{2}}\cos(\omega t - 45°)$$
だったので，入力電圧v_Sを基準にベクトル図を描くと，

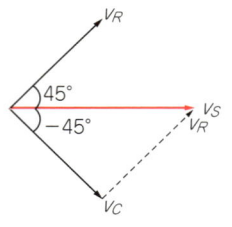

このようになる．
RC回路では，抵抗両端とコンデンサ両端の位相差はどんなωでも90°になっていて，しゃ断周波数ではその電圧の大きさが等しくなる．

図A　RC回路の抵抗−コンデンサ間の位相と電圧

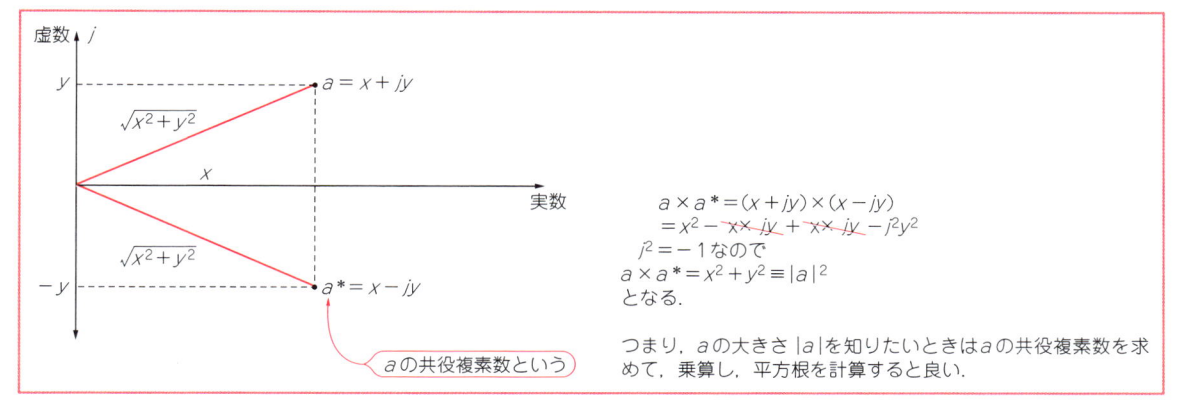

図13 共役複素数を使った大きさの求め方

$$a \times a^* = (x+jy) \times (x-jy)$$
$$= x^2 - xjy + xjy - j^2y^2$$
$j^2 = -1$ なので
$$a \times a^* = x^2 + y^2 \equiv |a|^2$$
となる.

つまり, a の大きさ $|a|$ を知りたいときは a の共役複素数を求めて, 乗算し, 平方根を計算すると良い.

イン-周波数特性を求めたいときです. そんなときは共役複素数を使って絶対値を計算すると簡単です.

▶ RC回路の振幅と位相を考える

複素数の復習が終わりましたので, 正弦波信号を, $\exp(j\omega t)$ として先ほどのRC回路を計算してみます. $\exp(j\omega t)$ は振幅が1の正弦波信号になります.

なぜ正弦波信号が $\exp(j\omega t)$ なの？ と思った場合は, オイラーの公式を思い出してもらうと良いでしょう. $\exp(j\omega t)$ は $\cos\omega t + j\sin\omega t$ です. 現実世界の周波数は実数ですから,

$$\mathrm{Re}[\exp(j\omega t)] = \cos\omega t$$

になります. ちなみに Re[] は実部という意味です. この複素数を使った計算方法は, 何やら難しそうですが使ってみると便利なことに気がつきます.

入力信号 v_s を
$$v_s(t) = V_A \exp(j\omega t)$$
としたときの出力信号 v_C を
$$v_C(t) = V_{out} \exp(j\omega t)$$
として, 定数 $H = V_{out}/V_A$ を求めてみましょう. この定数 H は振幅成分と位相成分を持っているためフェーザ(Phaser)と呼ばれることもあります.

計算結果は図14のとおりです. 三角関数を使った

入力信号を $v_s(t) = V_A \exp(j\omega t)$ とする.
キルヒホッフの法則から,
$$\exp(j\omega t) = Ri(t) + v_C(t) \cdots \cdots ①$$
ここで $Q = CV$ なので,
$$Q(t) = Cv_C(t)$$
である.
電流の定義から,
$$i(t) = \frac{dQ(t)}{dt}$$
$$= C\frac{dv_C(t)}{dt} \cdots \cdots ②$$
となる.
ここまでは図10と同じである.
式②に,
$$v_C(t) = V_{out} \exp(j\omega t)$$
を代入すると,
$$i(t) = C\frac{dv_C(t)}{dt}$$
$$= C\frac{dV_{out}\exp(j\omega t)}{dt}$$

ここで,
$$\frac{d\exp(j\omega t)}{dt} = j\omega \exp(j\omega t)$$ なので
$$i(t) = j\omega CV_{out}\exp(j\omega t)$$
となる.
これを式①に代入すると,
$$V_A\exp(j\omega t) = Ri(t) + v_C(t)$$
$$= j\omega CRV_{out}\exp(j\omega t) + V_{out}\exp(j\omega t)$$
両辺の $\exp(j\omega t)$ が消えるので,
$$V_A = j\omega CRV_{out} + V_{out}$$
$$= V_{out}(1 + j\omega CR)$$
よって,
$$H \equiv \frac{V_{out}}{V_A} = \frac{1}{1 + j\omega CR}$$
となる.
共役複素数を使って H の大きさを求めると,
$$|H| = \frac{1}{\sqrt{1 + (\omega CR)^2}}$$
となり位相は,
$$\angle H = \angle \frac{V_{out}}{V_A} = \angle\left\{\frac{1 - j\omega CR}{1 + (\omega CR)^2}\right\}$$
$$= \tan^{-1}\frac{-\frac{\omega CR}{1 + (\omega CR)^2}}{\frac{1}{1 + (\omega CR)^2}}$$
$$= -\tan^{-1}\omega CR$$
となる.

$1 + j\omega CR$ の共役複素数を分母と分子にかける
$$\left|\frac{1}{1 + j\omega CR} \cdot \frac{1 - j\omega CR}{1 - j\omega CR}\right|$$
$$= \left|\frac{1}{1 + (\omega CR)^2}(1 - j\omega CR)\right|$$
$$= \frac{1}{1 + (\omega CR)^2}|1 - j\omega CR|$$
$$= \frac{1}{1 + (\omega CR)^2}\sqrt{1 + (\omega CR)^2}$$

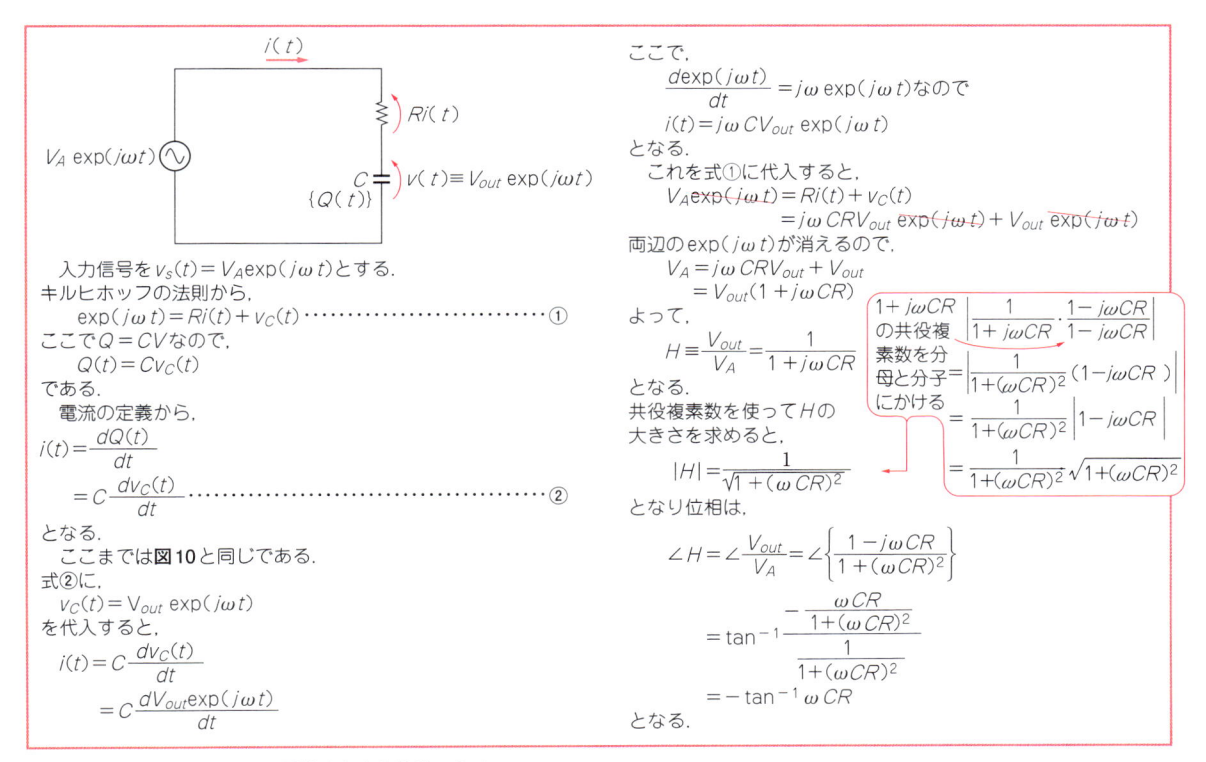

図14 複素数を使って図10の計算を行うと簡単になる

極座標を使った頭の体操　　Column

　入社1年目の新人のとき，数学の得意な先輩からクイズを出されることがありました．そのクイズは，ほとんどの場合，おなかが満たされてウトウトしていた昼休みに出されるものでした．いつものクイズは「知恵の輪」を渡されて休み時間中に外せるか？といったゆるい問題だったのですが，その日は違いました．簡単な数学の問題だったのです．それは，

「jのj乗はいくら？」

という問題です．jは複素数のjです．そのjを同じ複素数j乗するとどうなるか？という問題です．おなかいっぱいのときに，なかなかヘビーなクイズです．

　これは，jを極座標で表現すると簡単に解くことができます．図Bに示したとおりjは，

$$j = \exp\left[j\frac{\pi}{2}\right]$$

です．すると，簡単な計算で，jのj乗は，

$$j^j = \exp\left[-\frac{\pi}{2}\right]$$

$$\fallingdotseq 0.208$$

という定数であることがわかります．jを極座標表示で表現すればよいというところまでたどり着けば簡単に解けるのですが，そこに至るまで凡庸な私が苦しんだのは言うまでもありません．

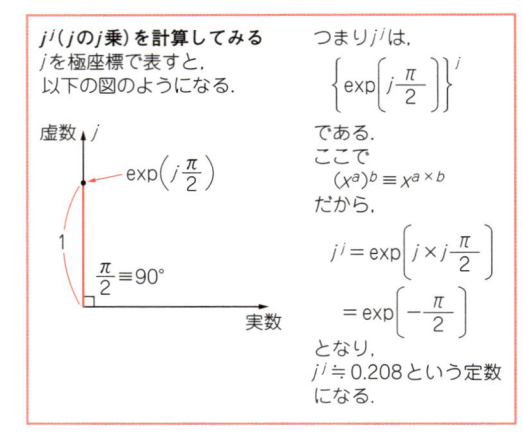

j^j（jのj乗）を計算してみる
jを極座標で表すと，以下の図のようになる．

つまりj^jは，
$$\left\{\exp\left[j\frac{\pi}{2}\right]\right\}^j$$
である．
ここで
$(x^a)^b \equiv x^{a \times b}$
だから，
$$j^j = \exp\left[j \times j\frac{\pi}{2}\right]$$
$$= \exp\left[-\frac{\pi}{2}\right]$$
となり，
$j^j \fallingdotseq 0.208$という定数になる．

図B　j^jはいくら？

計算と比較するととても簡単です．

● RCLのフェーザ表示を使って考える

　複素数を使うことで振幅や位相の周波数特性が簡単に導き出せることがわかりました．抵抗やコンデンサ，そしてコイルといった受動部品はフェーザ表示でそのインピーダンスを知っておくと回路の計算がやりやすくなります．

　図15に計算した結果を示します．抵抗のインピーダンスをZ_R，コンデンサのインピーダンスをZ_C，コイルのインピーダンスをZ_Lとすると，

$$Z_R = R$$
$$Z_C = \frac{1}{j\omega C}$$
$$Z_L = j\omega L$$

となります．回路の周波数特性は，このインピーダンス（フェーザ表示）を使って計算すると，機械的に計算できるのでとても便利です．実用的には，この方法を覚えておけば良いでしょう．

▶分圧回路の周波数特性の確認

　設計する分圧回路は図6のとおりです．この回路のゲインの周波数特性がフラットになる条件を求めた結果を図16に示します．

　このように複素数成分がなくなった回路のことを定抵抗回路と呼びます．定抵抗回路は周波数によらず一定の抵抗値（減衰量）を持ちます．

　分圧回路にこのような工夫を施すことで，分圧比は交流であってもR_1とR_3だけで決まるようになります．もし，C_CやC_Pが無かった場合，この分圧回路はプローブ内部の分圧用抵抗R_1とアンプの入力やパターンによる寄生容量C_aによって，今まで見てきたような

$Z_R = R$
$Z_C = \dfrac{1}{j\omega C}$
$Z_L = j\omega L$

この回路の$H = \dfrac{V_{out}}{V_{in}}$をフェーザ表示を使って求めると，

$$\frac{V_{out}}{V_{in}} = \frac{Z_C}{Z_R + Z_C}$$

$$= \frac{\dfrac{1}{j\omega C}}{R + \dfrac{1}{j\omega C}}$$

$$= \frac{1}{1 + j\omega CR}$$

よって

$$\left|\frac{V_{out}}{V_{in}}\right| = \frac{1}{\sqrt{1 + (\omega CR)^2}}$$

$$\angle \frac{V_{out}}{V_{in}} = -\tan^{-1}\omega CR$$

となり，簡単に計算できる

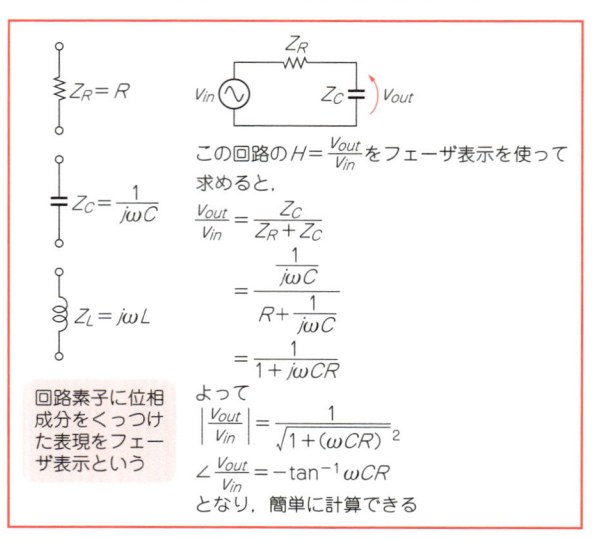

回路素子に位相成分をくっつけた表現をフェーザ表示という

図15　入出力特性を確認するのに実用的な計算方法…フェーザ表記

$$Z_2 = R_3 // \frac{1}{j\omega C_P} = \frac{\frac{R_3}{j\omega C_P}}{R_3 + \frac{1}{j\omega C_P}}$$

$$= \frac{R_3}{1 + j\omega C_P R_3}$$

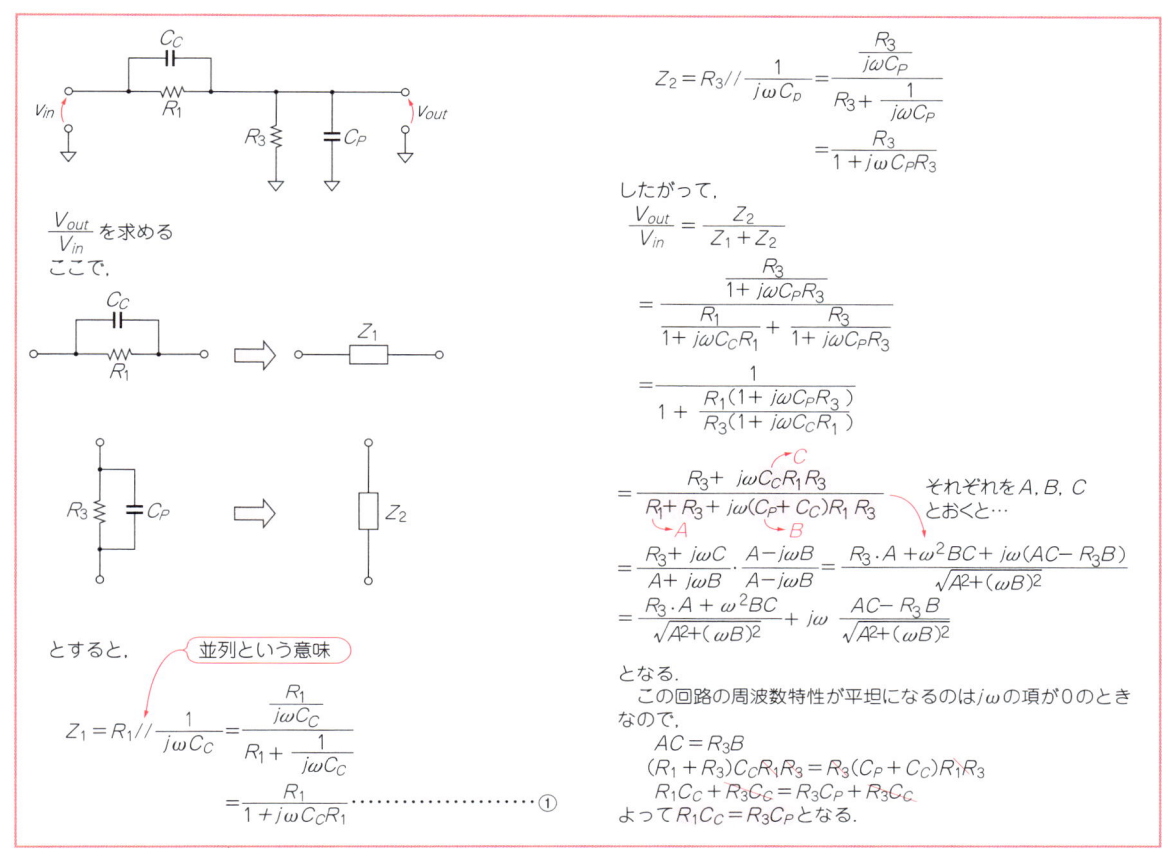

したがって，

$$\frac{V_{out}}{V_{in}} = \frac{Z_2}{Z_1 + Z_2}$$

$$= \frac{\frac{R_3}{1 + j\omega C_P R_3}}{\frac{R_1}{1 + j\omega C_C R_1} + \frac{R_3}{1 + j\omega C_P R_3}}$$

$$= \frac{1}{1 + \frac{R_1(1 + j\omega C_P R_3)}{R_3(1 + j\omega C_C R_1)}}$$

$$= \frac{R_3 + j\omega C_C R_1 R_3}{R_1 + R_3 + j\omega (C_P + C_C) R_1 R_3}$$

それぞれを A, B, C とおくと…

$$= \frac{R_3 + j\omega C}{A + j\omega B} \cdot \frac{A - j\omega B}{A - j\omega B} = \frac{R_3 \cdot A + \omega^2 BC + j\omega(AC - R_3 B)}{\sqrt{A^2 + (\omega B)^2}}$$

$$= \frac{R_3 \cdot A + \omega^2 BC}{\sqrt{A^2 + (\omega B)^2}} + j\omega \frac{AC - R_3 B}{\sqrt{A^2 + (\omega B)^2}}$$

となる．
　この回路の周波数特性が平坦になるのは $j\omega$ の項が0のときなので，

$$AC = R_3 B$$
$$(R_1 + R_3)C_C R_1 R_3 = R_3(C_P + C_C)R_1 R_3$$
$$R_1 C_C + R_3 C_C = R_3 C_P + R_3 C_C$$

よって $R_1 C_C = R_3 C_P$ となる．

$\frac{V_{out}}{V_{in}}$ を求める
ここで，

$$Z_1 = R_1 // \frac{1}{j\omega C_C} = \frac{\frac{R_1}{j\omega C_C}}{R_1 + \frac{1}{j\omega C_C}}$$

$$= \frac{R_1}{1 + j\omega C_C R_1} \quad \cdots\cdots ①$$

（並列という意味）

図16　分圧回路が周波数特性を持たなくなる条件

周波数特性を持ちます．
　オシロスコープのプローブ（正確にはパッシブ・プローブ）は，R_1 に並列に追加した C_C や入力抵抗 R_3 に並列に追加した C_P によって全体の周波数特性を最適化（定抵抗化）しています．

▶**回路の定数を決める**

　回路定数を計算した結果を**図17**に示します．C_P の値はプリント基板の浮遊容量（寄生容量）によっても変わりますから半固定コンデンサを使って調整できるようにしておくか，カット・アンド・トライによってコンデンサの値を調整します．製品設計では，調整箇所を減らしたほうが良いのでカット・アンド・トライによって部品定数を選ぶほうがよいでしょう．

（初出：「トランジスタ技術」 2009年2月号 特集第3章）

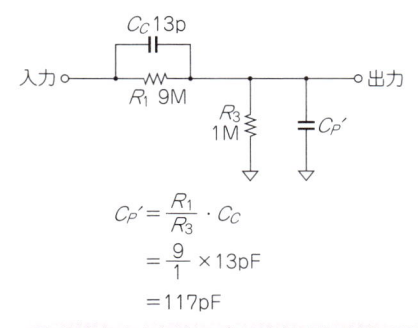

$$C_P' = \frac{R_1}{R_3} \cdot C_C$$
$$= \frac{9}{1} \times 13\text{pF}$$
$$= 117\text{pF}$$

図3に示したように，プローブ内部に100pF程度の容量が入っているため，アンプの入力容量は20pF程度になるようにする．実際には，**図1**の回路で C_1 の値は5p～20pF程度の間で調整するとよい

図17　補正容量の計算

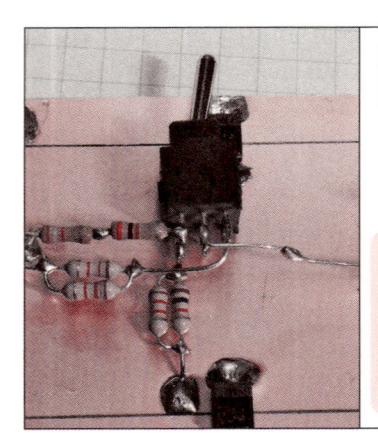

第4章 テブナンの定理の実践活用
出力信号の振幅を小さくする

面倒な計算が続いたので，少し休憩しましょう．
これまで復習してきた基礎知識だけで設計できる回路を考えてみることにします．テブナンの法則を使うだけで，下の図1に示すような出力電圧の減衰回路の設計ができます．第0章の図1にある出力バッファに相当する回路を考えてみます．

これから設計する回路は出力電圧を 0 dB と −20 dB に切り替えることができます．これを実現するには入力バッファと同じように分圧回路を考えれば良いのです．
0 dB は減衰回路なしで出力すれば良いだけなので，ここでは −20 dB の減衰回路を考えてみます．

出力部に追加する分圧回路を設計する

● テブナンの定理を使って設計式を求める

単純な分圧回路を図2に示します．この分圧回路の出力インピーダンス Z_{out} は，

$$Z_{out} = R_1 // R_2 \left(= \frac{R_1 \times R_2}{R_1 + R_2} \right)$$

になります．
ここで，Z_{out} がどんな値でもかまわないのであれば，適当な抵抗値を使って，ただ分圧比だけを考えればOKです．第3章で行った入力減衰回路と同じような設計をすれば問題ないでしょう．

● 減衰量可変で出力インピーダンス一定にするには

ところが，ここでさらに注文がついたとします．それは，出力インピーダンス Z_{out} を 600 Ω にしてください，というものです．
出力インピーダンスは 0 dB でも −20 dB でも 600 Ω 一定にする必要があります．切り替えもスイッチ1個で実現できれば回路が簡単になります．
そこで，図3のようにして2連スイッチを使って減衰量を切り替えることにします．写真1に，2連スイッチの外観を示します．

▶ 0 dB 側の回路

図3のうち 0 dB 側は出力インピーダンス 600 Ω の条件から，R_0 に 600 Ω の抵抗を使います．E24系列で設計するとすれば 1.2 kΩ の抵抗を並列接続しておけば良いでしょう．

▶ −20 dB 側の回路

一方，−20 dB 側は設計式を考える必要があります．この設計式を導出してみましょう．
ここで必要になるのがテブナンの定理です．テブナンの定理を使って 600 Ω の出力インピーダンスを得つつ振幅を 1/10（−20 dB）とする抵抗分圧回路の条件式を求めた結果を図4に示します．
定数設計した結果を図5に示します．

（初出：「トランジスタ技術」2009年2月号 特集第4章）

図1 アンプの出力に追加する減衰回路を設計する

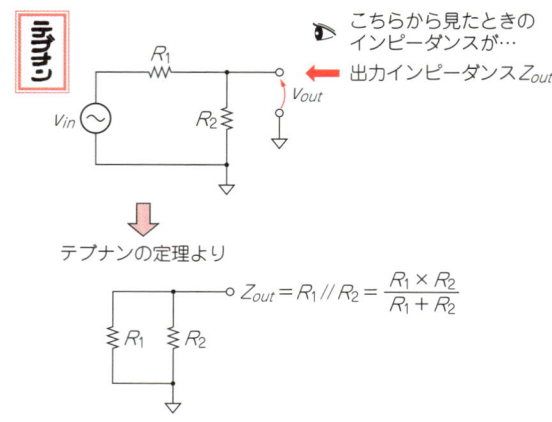

図2 分圧回路の出力インピーダンスをテブナンの定理から求める

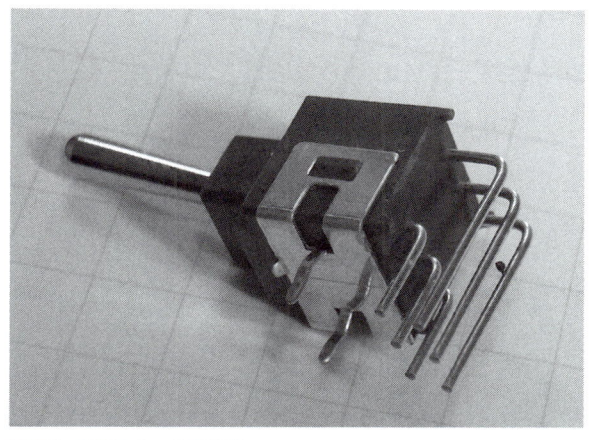

写真1 2連スイッチの外観

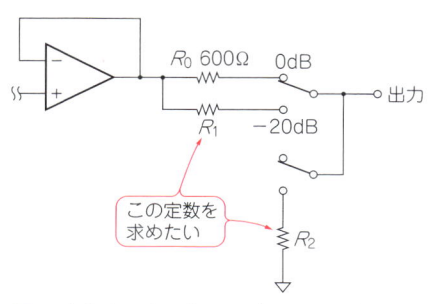

図3 出力インピーダンス一定のまま出力減衰量を切り替える回路

（この定数を求めたい）

出力インピーダンス $Z_{out} = 600\,\Omega$ の仕様から，テブナンの定理より，次式が求まる．

$$Z_{out} = R_1 // kR_1$$
$$= \frac{R_1 \times kR_1}{R_1 + kR_1}$$
$$= \frac{kR_1^2}{R_1(1+k)kR_1} = \frac{k}{1+k}R_1 \cdots\cdots (1)$$
$$\equiv 600\,\Omega$$

分圧比 r_{ATT} は次式で表せる．

$$\frac{kR_1}{R_1 + kR_1} = \frac{k}{1+k} = r_{ATT}$$
$$r_{ATT} + kr_{ATT} = k$$

よって，k が求まる．

$$k = \frac{r_{ATT}}{1 - r_{ATT}} \cdots\cdots (2)$$

式(2)を式(1)に代入して，

$$Z_{out} = \frac{k}{1+k}R_1$$
$$= \frac{\dfrac{r_{ATT}}{1 - r_{ATT}}}{1 + \dfrac{r_{ATT}}{1 - r_{ATT}}} R_1$$
$$= \frac{\dfrac{r_{ATT}}{1 - r_{ATT}}}{\dfrac{1 - r_{ATT} + r_{ATT}}{1 - r_{ATT}}} R_1$$
$$= r_{ATT} \times R_1$$

よって，

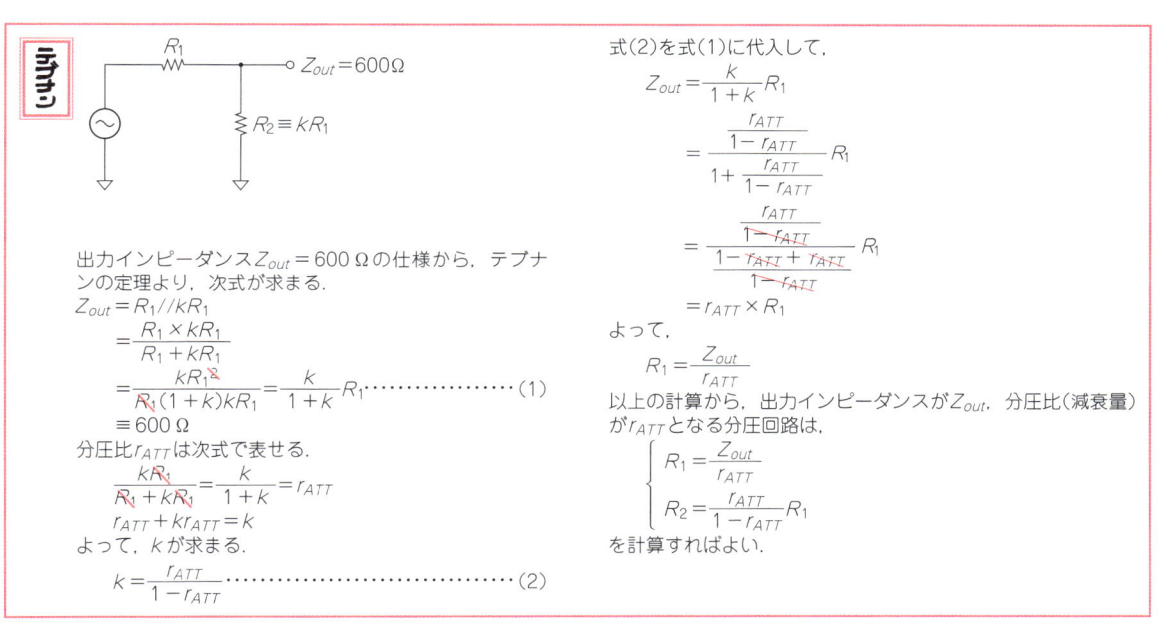

$$R_1 = \frac{Z_{out}}{r_{ATT}}$$

以上の計算から，出力インピーダンスが Z_{out}，分圧比（減衰量）が r_{ATT} となる分圧回路は，

$$\begin{cases} R_1 = \dfrac{Z_{out}}{r_{ATT}} \\ R_2 = \dfrac{r_{ATT}}{1 - r_{ATT}} R_1 \end{cases}$$

を計算すればよい．

図4 出力減衰回路の設計式の導出

$r_{ATT} = \dfrac{1}{10}$

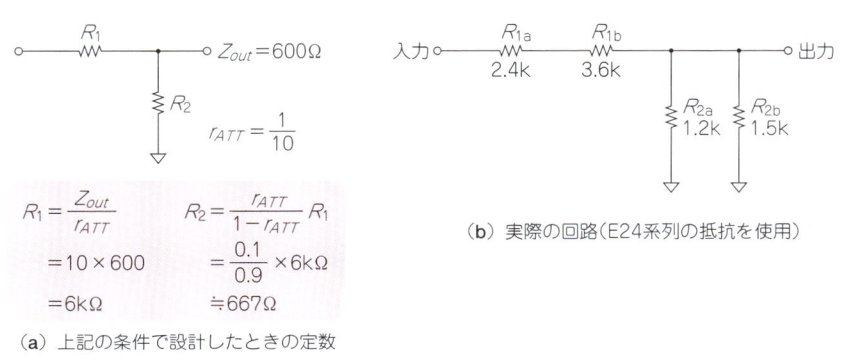

$R_1 = \dfrac{Z_{out}}{r_{ATT}}$　　$R_2 = \dfrac{r_{ATT}}{1 - r_{ATT}} R_1$
　 $= 10 \times 600$　　　$= \dfrac{0.1}{0.9} \times 6\,\mathrm{k}\Omega$
　 $= 6\,\mathrm{k}\Omega$　　　　$\fallingdotseq 667\,\Omega$

（a）上記の条件で設計したときの定数

（b）実際の回路（E24系列の抵抗を使用）

図5 出力減衰回路の定数設計

出力部に追加する分圧回路を設計する

ACカップリングの弊害「サグ」とカップリング・コンデンサの値の求め方　Column

アンプの入力や出力がACカップリング^{用語}されている回路にパルス波形を入力すると，図Aのように波形に瞬時の電圧低下（信号のひずみ）が生じることがあります．この電圧の低下をサグ（sag）と言います．

これを防ぐには，十分に低い低域しゃ断周波数となるように，カップリング・コンデンサの容量を決める必要があります．

▶サグが生じないカップリング・コンデンサの容量を算出

以下に示すゲインの周波数特性の式から，低域しゃ断周波数をf_{CL}［Hz］としたときの計算式，

$$C_{in} > \frac{1}{2\pi(R_S + R_{in})f_{CL}}$$

を使うのではなく，図Bに示すような過程で導出した次式で計算する必要があります．

$$C_{in} > -\frac{DT}{(R_S + R_{in}) \times \ln\left(1 - \dfrac{r_{sag}}{100}\right)}$$

ただし，D：デューティ比^{用語}［単位無し］，T：方形波信号の繰り返し周期［s］，R_S：信号源のインピーダンス［Ω］，R_{in}：入力抵抗［Ω］，r_{sag}：サグ［%］

この式の導出には，第3章で学んだ知識を使っています．

文献を調べてすぐに設計に使える式が出てくれば良いのですが，見つからない場合にはこのように自分で導出できるようになっておけば怖いものなしです．

また，本には誤植がつきものですから，検算するという癖をつけておくと良いと思います．

▶一定の電圧値に達するまでにかかる時間を算出

ところで，ACカップリングを行うことの弊害はサグだけではありません．コンデンサの両端に直流電位差がある場合，図Cのように信号の直流レベルがセトリングするまでに時間t_{set}がかかります．これも第3章で学んだ知識を応用することで次式のような設計式を求めることができます．

$$t_{set} = -(R_S + R_{in}) \times C \times \ln\left(\frac{\varepsilon}{100}\right)$$

ただし，ε：セトリング・レベル^{用語}［%］，R_S：信号源のインピーダンス［Ω］，R_{in}：入力抵抗［Ω］

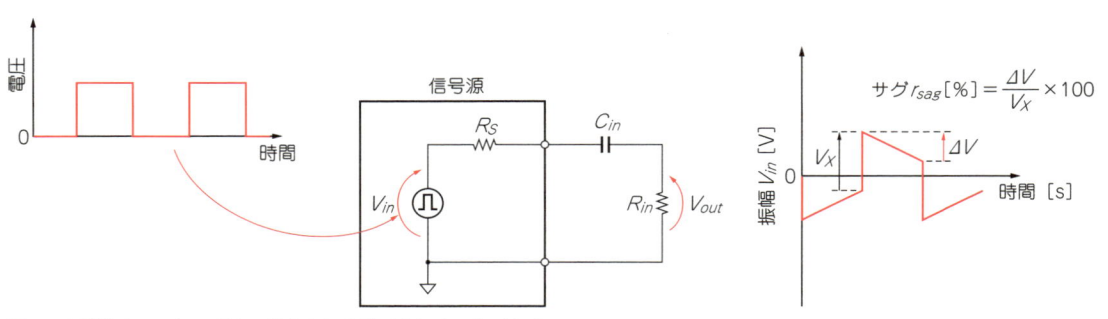

図A　方形波をACカップリングするとサグが生じることがある

用語

▶ACカップリング

コンデンサなどによって直流成分をしゃ断した信号伝達方式のこと．ACカップリングされた回路では，交流信号のみを伝達する．

▶デューティ比

図Dに示すとおり，パルス信号におけるパルス幅と繰り返し周期の比のこと．

図D　デューティ比はパルス幅と繰り返し周期の比のこと

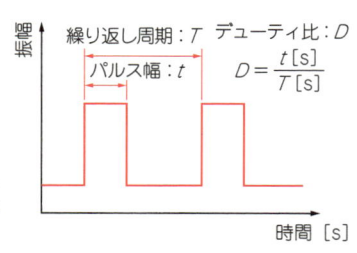

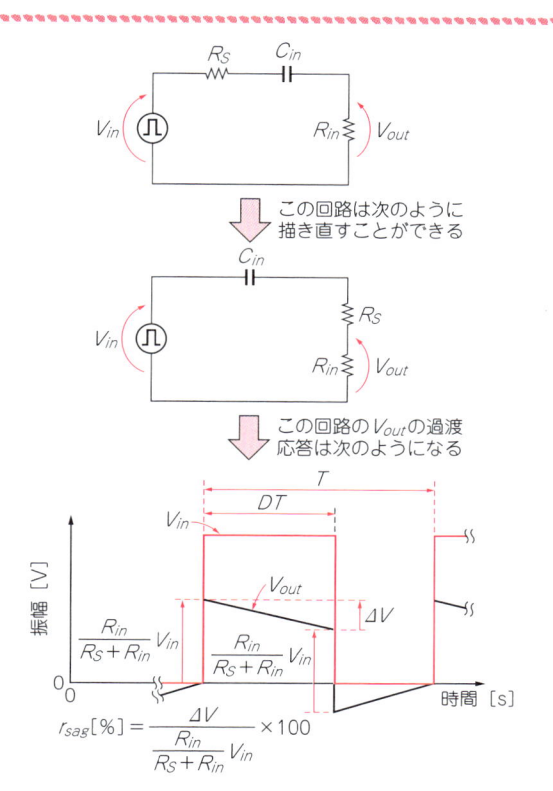

V_{out} の変化は CR 回路の過渡応答で考えることができる．つまり，

$$\Delta V = \frac{R_{in}}{R_S + R_{in}} V_{in} - \frac{R_{in}}{R_S + R_{in}} \times \exp\left\{-\frac{DT}{(R_S + R_{in})C_{in}}\right\} V_{in}$$

ただし，D：デューティ比，T：周期［s］

ここで，サグを r_{sag}［％］とおき，

$$\Delta V = \frac{r_{sag}}{100} \frac{R_{in}}{R_S + R_{in}} V_{in} \text{ とすると，}$$

$$\frac{r_{sag}}{100} = 1 - \exp\left\{-\frac{DT}{(R_S + R_{in})C_{in}}\right\}$$

整理すると，

$$\exp\left\{-\frac{DT}{(R_S + R_{in})C_{in}}\right\} = 1 - \frac{r_{sag}}{100}$$

両辺の自然対数をとると，

$$-\frac{DT}{(R_S + R_{in})C_{in}} = \ln\left(1 - \frac{r_{sag}}{100}\right)$$

したがって，

$$C_{in} = -\frac{DT}{(R_S + R_{in}) \times \ln\left(1 - \frac{r_{sag}}{100}\right)}$$

となる．コンデンサ C_{in} を通過した方形波信号のサグを r_{sag} ％以下にしたいときは C_{in} の値を，

$$C_{in} > -\frac{DT}{(R_S + R_{in}) \times \ln\left(1 - \frac{r_{sag}}{100}\right)}$$

とすればよい．

図B　サグを生じないACカップリング・コンデンサの定数の求め方

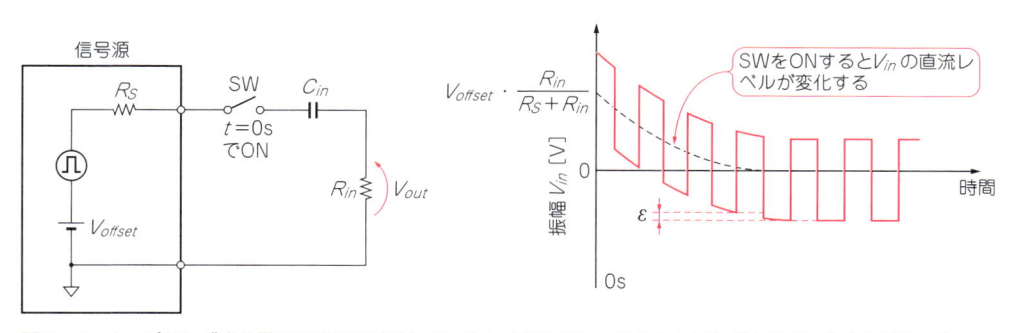

図C　ACカップリングする信号に直流が重畳しているときは直流レベルのセトリングも考慮しなければならない

用語

▶ セトリング・レベル

　パルス信号がある一定値に達するまでの時間のことをセトリング時間と言い，その一定値のことをセトリング・レベルと言う．

　パルス信号の振幅を A［V］としたときに，A［V］の1％や0.1％，0.01％の誤差範囲をセトリング・レベルと定義することが多い．例えば，最小レベルが0Vで最大レベルが1Vのパルス信号の場合，1％セトリング時間とは，振幅が0.99〜1.01Vに達するまでの時間を言う．

　0.1％の場合は0.999〜1.001Vがセトリング・レベルであり，0.01％の場合は0.9999〜1.0001Vがセトリング・レベルになる．

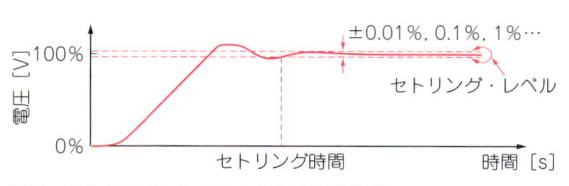

図E　セトリング・レベルとセトリング時間

出力部に追加する分圧回路を設計する

第5章 重ねの理と古典制御工学が役立つ
OPアンプ増幅回路入門

第3章，第4章に出てきた，バッファ・アンプのしくみを紹介します．回路を考えるにあたって，まず，OPアンプ増幅回路と，重ねの理を思い出します．

手始めに，代表的なOPアンプ増幅回路である反転増幅回路と非反転増幅回路のゲインを求める設計式を導出します．また，負帰還の安定性を回路シミュレーションによって確認する方法についても簡単に触れます．

理想的なOPアンプの動作

● まずは大まかに挙動を確認する

図1は理想OPアンプの条件を示したものです．OPアンプ回路は，実際の特性を詳しく検証する前にこの理想OPアンプを使って考えます．

回路シミュレーションを行う場合でも，最初は理想OPアンプによって回路がアイデアどおりに動くかどうかをシミュレーションします．

細かな特性を確認するためのものではなく，**大まかな挙動（ビヘイビア）を確認するために行う，ビヘイビア・シミュレーション**と言います．

回路動作の原理を理解しないうちに，メーカが提供しているマクロ・モデル（トランジスタ・モデルではなく，非線形電圧源などを使って実物の特性に近くなるように作られたビヘイビア・モデル）によってシミュレーションすると，使用しているOPアンプの特性上の問題なのか，それとも回路設計を間違えたのか判断がつかなくなってしまいます．手計算による回路動作の解析方法の基本を理解しておくことが大切です．

● 制御電源に置き換えて考えられる

図1に示した理想OPアンプは，教科書に載っている表現を使えば，図2の電圧制御電圧源に相当します．実際に，OPアンプ回路のビヘイビア・シミュレーションを行うときは，**シミュレータに組み込まれているこの電圧制御電圧源(VCVS)を使ってシミュレーションするだけで十分なことがあります**．

図2に示したように制御電源（従属電源と呼ばれることもある）には以下の4種類があります．

▶ 電圧制御電圧源(Voltage Controled Voltage Source)

理想OPアンプ
① ゲインが無限大
　$V_{out} = \infty \times (V_{in+} - V_{in-})$
② 入力インピーダンスが無限大
③ 出力インピーダンスがゼロΩ
④ 周波数特性が無限大周波数まで平坦

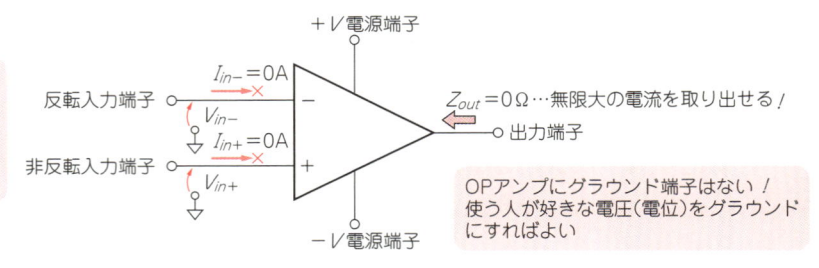

$I_{in-} = 0A$，反転入力端子，V_{in-}，非反転入力端子，$I_{in+} = 0A$，V_{in+}，$+V$電源端子，$-V$電源端子，$Z_{out} = 0Ω$ …無限大の電流を取り出せる！，出力端子

OPアンプにグラウンド端子はない！使う人が好きな電圧（電位）をグラウンドにすればよい

図1 OPアンプの記号と理想OPアンプの条件

用語

▶ RMS

Root Mean Squareの略で実効値のことを言う．

数学的には，電圧波形を各瞬時値で捉えたとき，その瞬時値の2乗の平均の平方根が実効値である．

交流信号は絶えず大きさが変化しているので，何らかの数学的操作を行って大きさを定義する必要がある．

そこで，直流と同じ電力が得られるような交流をその直流の大きさで示す方法が考え出され，それを実効値とした．直流の1Vと交流の1V_{RMS}は発生する電力が等しい．

▶ オープン・ループ・ゲイン

OPアンプの反転-非反転入力端子間の電圧をV_I，出力電圧をV_Oとしたとき，

$$A_O = \frac{V_O}{V_I}$$

で求まるゲインをオープンループ・ゲインと言う．測定システムの例を図Aに示す．

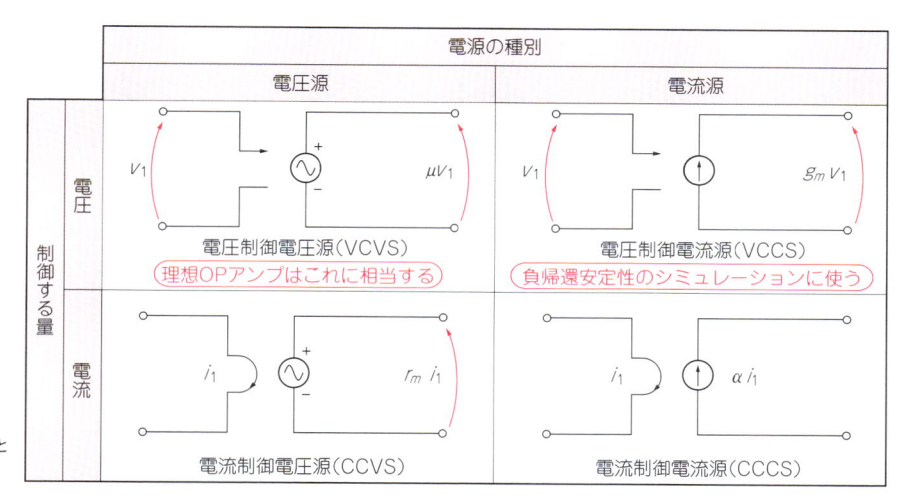

図2
いろいろな制御電源
回路動作をシミュレーションするときのモデルとして使う．

		電源の種別	
		電圧源	電流源
制御する量	電圧	電圧制御電圧源（VCVS） （理想OPアンプはこれに相当する）	電圧制御電流源（VCCS） （負帰還安定性のシミュレーションに使う）
	電流	電流制御電圧源（CCVS）	電流制御電流源（CCCS）

　入力電圧 v_1 を μ 倍の電圧で出力する電圧源です．回路シミュレータに組み込まれているVCVSを使って理想OPアンプをシミュレーションするときは，μ の値として1000000倍（120 dB）程度の値を設定します．これは，計算機では無限大という値を表現できないからです．

▶**電圧制御電流源（Voltage Controled Current Source）**
　入力電圧を g_m 倍の電流で出力する電流源です．あとで行う負帰還安定性のシミュレーションに使います．

▶**電流制御電圧源（Current Controled Voltage Source）**
　入力電流を r_m 倍の電圧で出力する電圧源です．電流入力ですので，入力インピーダンスはゼロですし，出力インピーダンスも電圧源なのでゼロになります．

▶**電流制御電流源（Current Controled Current Source）**
　入力電流を α 倍の電流で出力する電流源です．入力インピーダンスはゼロですが，出力インピーダンスは電流源ですので無限大になります．

重ねの理を思い出す

　増幅回路のゲインを求める前に，重ねの理について復習しておきます．OPアンプ回路は重ねの理を使うことで簡単にその動作を考えることができるからです．重ねの理は線形回路で成り立つ回路解析に役立つ道具です．

▶**交流と直流を分けて考える**
　重ねの理を使うと，交流に直流が重畳していても分けて考えることができます．これを図3に示しました．交流について考えているときは交流のみで回路を考え，直流についても同様に直流のみで考えます．最後に二つを加算することで交流に直流が重畳している場合の実際の電流値を求めることができます．

▶**一つ一つの電圧源で考える**
　図4（p.53）のように複数の電圧源が含まれた回路の場合，ただ一つの電圧源だけを想定して回路を解いていきます．注目していない電圧源については短絡してしまうのです．そして，最後に個々の結果を加算することで全体の値が求まります．

▶**電流源は開放して考える**
　回路の中に電流源が含まれている場合，その電流源に注目していないのであれば開放除去して考えます．回路の中に電圧源と電流源が含まれている例を図5に示しました．注目していないとき電圧源は短絡，電流

用語

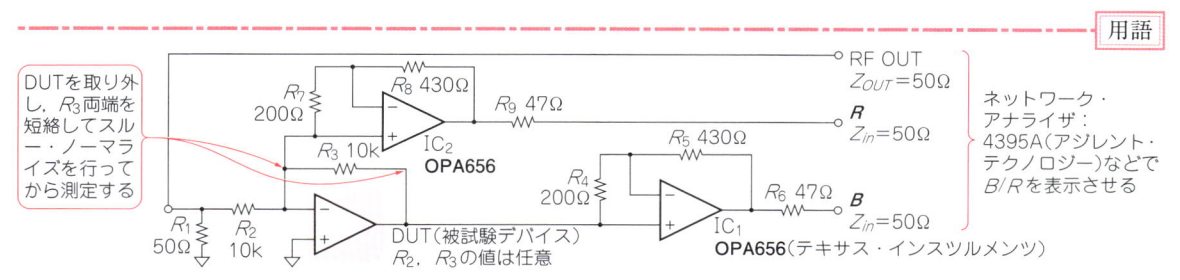

DUTを取り外し，R_3 両端を短絡してスルー・ノーマライズを行ってから測定する

R_1 50Ω　R_2 10k　R_7 200Ω　R_8 430Ω　R_9 47Ω　IC$_2$ OPA656　R_3 10k　DUT（被試験デバイス）R_2，R_3 の値は任意　R_4 200Ω　R_5 430Ω　R_6 47Ω　IC$_1$ OPA656（テキサス・インスツルメンツ）

RF OUT $Z_{OUT}=50Ω$
R $Z_{in}=50Ω$
B $Z_{in}=50Ω$

ネットワーク・アナライザ：4395A（アジレント・テクノロジー）などでB/Rを表示させる

図A　OPアンプのオープン・ループ特性を安定に測定する方法
出力位相は反転しているので，測定結果に180°加算/減算する必要がある．

重ねの理を思い出す　51

源は開放して個々に計算していきます．そして最後に加算するだけで全体の値が求まります．

重ねの理は，一度理解してしまうとOPアンプ回路を解析するときに便利に使えます．

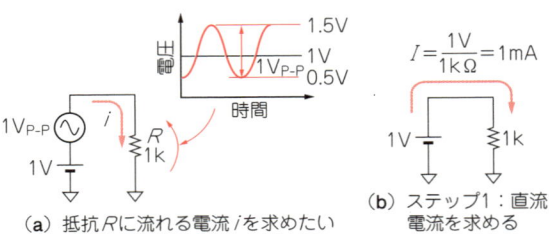

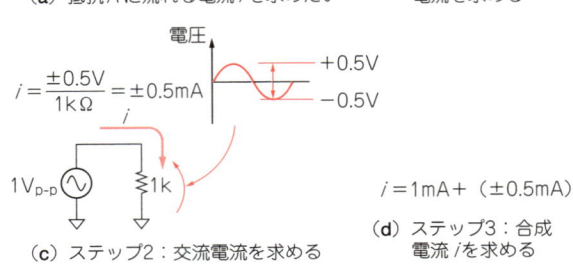

(a) 抵抗Rに流れる電流iを求めたい

(b) ステップ1：直流電流を求める

$I = \dfrac{1V}{1k\Omega} = 1mA$

(c) ステップ2：交流電流を求める

$i = \dfrac{\pm 0.5V}{1k\Omega} = \pm 0.5mA$

(d) ステップ3：合成電流iを求める

$i = 1mA + (\pm 0.5mA)$

図3 回路は直流動作と交流動作に分けて考える

(a) 重ねの理を使ってV_{out}を求める

(c) ステップ2：I_1を開放してV_{out2}を求める

V_{out2}はR_1とR_3で分圧された結果に等しいので，

$V_{out2} = V_1 \times \dfrac{2k\Omega}{1k\Omega + 2k\Omega}$

$= 1V \times \dfrac{R_3}{R_1 + R_3}$

$\fallingdotseq 666.7 mV$

となる．

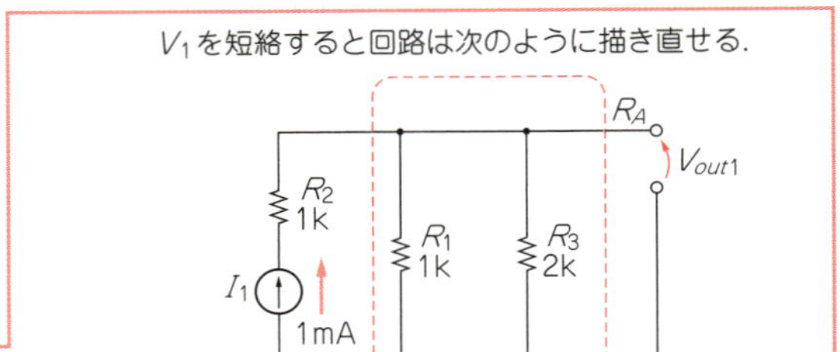

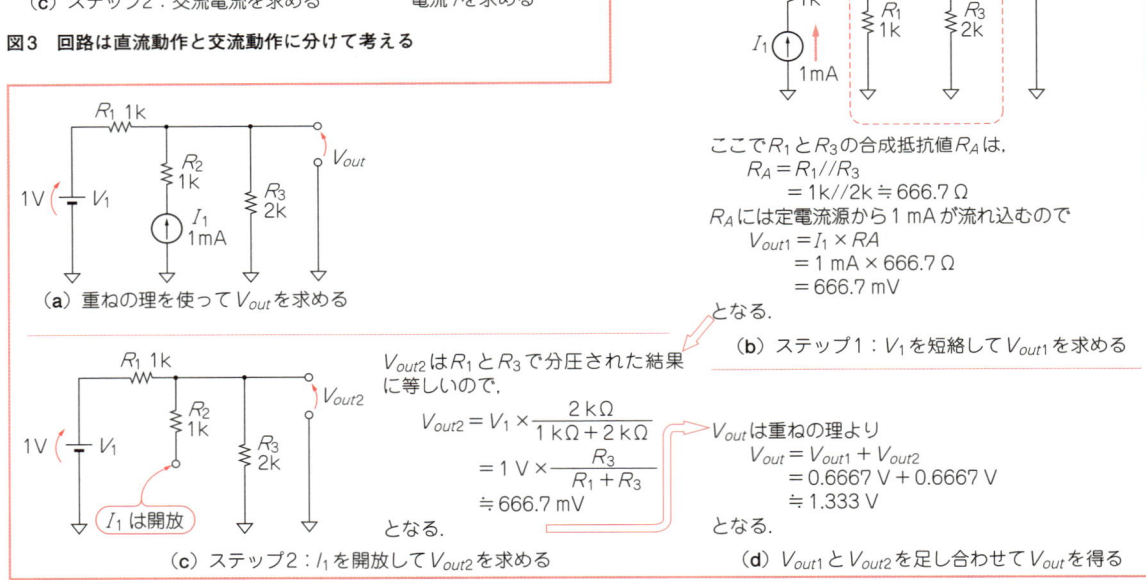

図5 重ねの理を使って電圧源と電流源がある回路の出力電圧を求める手順例

ゲイン1倍のバッファ回路を作る

● 増幅回路には反転と非反転がある

代表的な増幅回路である反転増幅回路と非反転増幅回路を図6に示します．それぞれの増幅回路には，信号の符号(極性)を反転させるか，そのまま(非反転)の状態で出力させるかという違いがあることから，反転や非反転という名前がついています．

▶反転増幅回路

入出力の信号電圧の符号が反転します．入力が正の電圧だったら出力は負の電圧になります．位相で表現すると，入出力で180°異なることになります．

▶非反転増幅回路

入出力の信号電圧の符号は等しくなります．入力が

V_1を短絡すると回路は次のように描き直せる．

ここでR_1とR_3の合成抵抗値R_Aは，

$R_A = R_1 // R_3$

$= 1k // 2k \fallingdotseq 666.7 \Omega$

R_Aには定電流源から1 mAが流れ込むので

$V_{out1} = I_1 \times R_A$

$= 1mA \times 666.7 \Omega$

$= 666.7 mV$

となる．

(b) ステップ1：V_1を短絡してV_{out1}を求める

V_{out}は重ねの理より

$V_{out} = V_{out1} + V_{out2}$

$= 0.6667 V + 0.6667 V$

$\fallingdotseq 1.333 V$

となる．

(d) V_{out1}とV_{out2}を足し合わせてV_{out}を得る

用語

▶熱雑音

物質中の原子は周囲の温度(熱)によって振動している．この振動によって物質中の電子がかき乱された結果生じる雑音のことを熱雑音という．抵抗値をR [Ω]とすると，1 Hz帯域の熱雑音の大きさは一般に以下の式で表される．

$V_n [V/\sqrt{Hz}] = \sqrt{4kTR}$

ここで，k：ボルツマン定数$(1.38 \times 10^{-23}$ [J/K])，T：絶対温度 [K]

絶対零度($-273.15°C = 0 K$)では，原子の熱振動は止まるため熱雑音もゼロになる．

▶トランスコンダクタンス

電圧-電流伝達比のこと．単位は [S(ジーメンス)] である．ある回路の入力で微小電圧変化ΔVが生じたときに，出力側に微小電流変化ΔIが生じたとすると，トランスコンダクタンスの値は，次式で求まる．

$g_m [S] = \dfrac{\Delta I [A]}{\Delta V [V]}$

正の電圧だったら出力も正の電圧です．位相も同じで入出力は同相になります．

■ 反転増幅回路の考え方

● ゲインの求め方

図7に反転増幅回路のゲインを求める方法を示します．ここでは，OPアンプ回路を考える上で便利な近似を使っています．その近似はバーチャル・ショートと呼ばれるものです．

バーチャル・ショートとは，理想的に動作しているOPアンプ（理想OPアンプ）では，反転入力端子と非反転入力端子間の電圧が0Vとみなせるという近似で

(a) 重ねの理を使って V_{out} を求める

(b) ステップ1：V_2 を短絡して V_{out1} を求める

V_2 を短絡すると回路は次のように描き直せる．

ここで，
$R_2 // (R_3 + R_4)$ の合成抵抗値 R_A は，
$R_A = 1k // 10.2k ≒ 910.7 Ω$
したがって V_A の値は，
$$V_A = V_1 \times \frac{5.1 kΩ}{5.1 kΩ + 5.1 kΩ}$$
$$= 1V \times \frac{R_4}{R_3 + R_4}$$
$$≒ 0.477V$$
V_{out1} は R_3 と R_4 から，
$$V_{out1} = V_A \times \frac{910.7 Ω}{1910.7 Ω}$$
$$= 0.477 \times \frac{R_A}{R_1 + R_A}$$
$$≒ 0.239V$$
となる．

(c) ステップ2：V_1 を短絡して V_{out2} を求める

V_1 は短絡

ステップ1と同様に計算すると，
$$V_B = V_2 \times \frac{5.1 kΩ}{10.2 kΩ}$$
$$= 2V \times \frac{5.1 kΩ}{5.1 kΩ + 5.1 kΩ}$$
$$≒ 0.953V$$
したがって V_{out2} は，
$$V_{out2} = V_B \times \frac{910.7 Ω}{1910.7 Ω}$$
$$= 0.953V \times \frac{910.7 Ω}{1910.7 Ω}$$
$$≒ 0.477V$$

(d) V_{out1} と V_{out2} を足し合わせて V_{out} を求める

V_{out} は重ねの理より，
$$V_{out} = V_{out1} + V_{out2}$$
で求まるので，
$$V_{out} = 0.239V + 0.477V$$
$$≒ 0.716V$$
となる．

図4 重ねの理を使って電圧源が複数ある回路の出力電圧を求める手順例

OPアンプは電源電圧範囲内で出力するだけ

出力電圧範囲

使う人が決めたグラウンド電位

入力信号

出力信号…逆方向に変化する（反転）

使う人がグラウンドの電位を決める

(a) 反転増幅回路

OPアンプは反転入力端子-非反転入力端子間の電圧をモニタし，増幅して出力しているだけ．グラウンドのことはOPアンプ自身は知らない

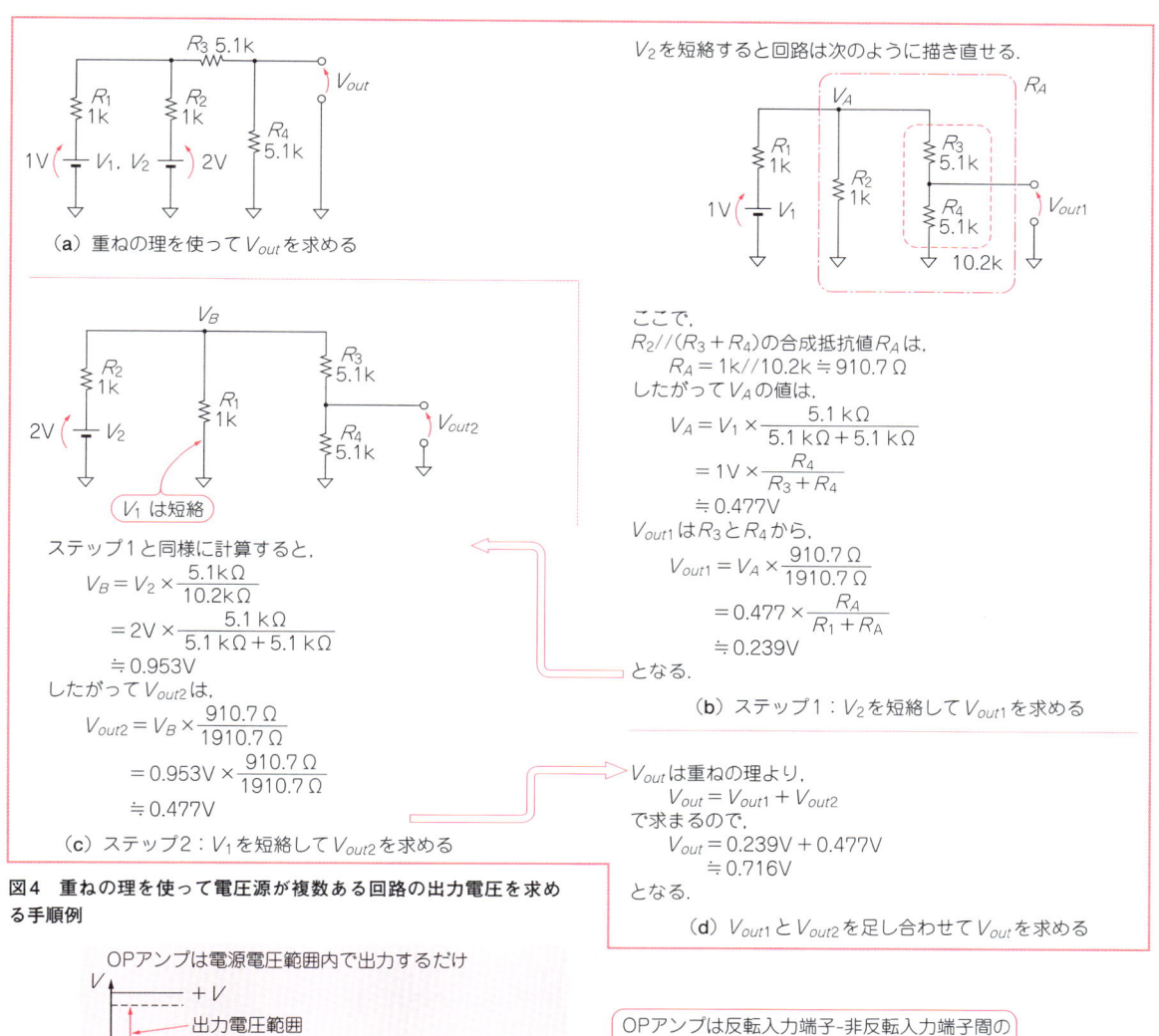

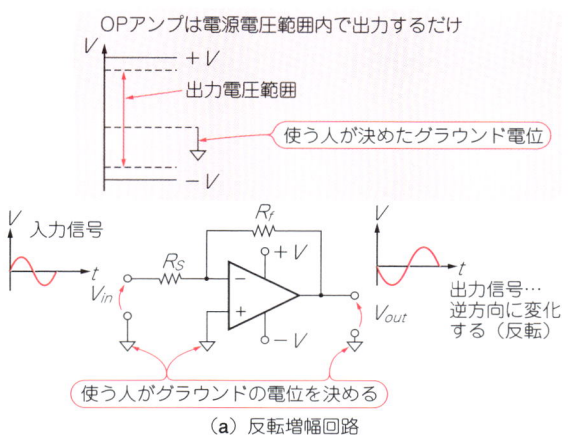

入力信号

出力信号…同じ方向に変化する（非反転）

使う人がグラウンドの電位を決める

(b) 非反転増幅回路

図6 代表的な増幅回路

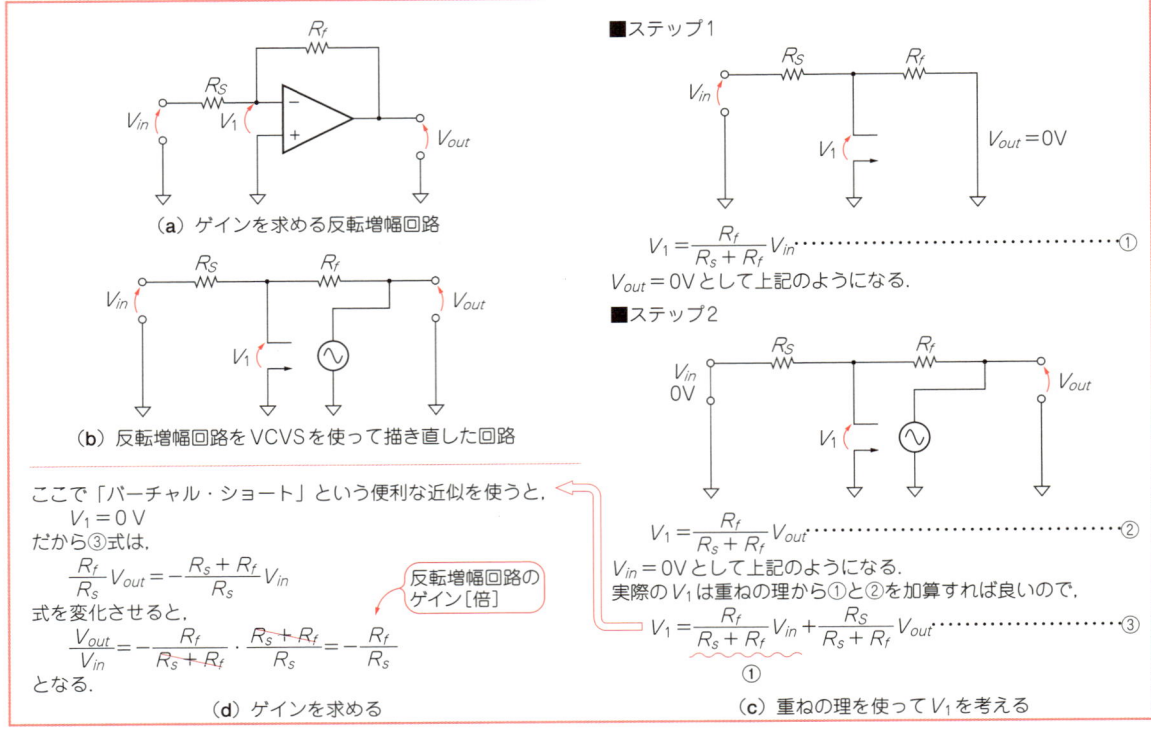

図7 反転増幅回路のゲインを求める手順例

(a) ゲインを求める反転増幅回路

(b) 反転増幅回路をVCVSを使って描き直した回路

(d) ゲインを求める

ここで「バーチャル・ショート」という便利な近似を使うと，
$V_1 = 0\text{V}$
だから③式は，

$$\frac{R_f}{R_s}V_{out} = -\frac{R_s + R_f}{R_s}V_{in}$$

式を変化させると，

$$\frac{V_{out}}{V_{in}} = -\frac{R_f}{R_s + R_f} \cdot \frac{R_s + R_f}{R_s} = -\frac{R_f}{R_s}$$

となる．

（反転増幅回路のゲイン[倍]）

■ステップ1

$$V_1 = \frac{R_f}{R_s + R_f}V_{in} \quad \cdots\cdots① $$

$V_{out} = 0\text{V}$として上記のようになる．

■ステップ2

$$V_1 = \frac{R_f}{R_s + R_f}V_{out} \quad \cdots\cdots② $$

$V_{in} = 0\text{V}$として上記のようになる．
実際のV_1は重ねの理から①と②を加算すれば良いので，

$$V_1 = \underbrace{\frac{R_f}{R_s + R_f}V_{in}}_{①} + \frac{R_s}{R_s + R_f}V_{out} \quad \cdots\cdots③$$

(c) 重ねの理を使ってV_1を考える

す．言い換えるなら，OPアンプ増幅回路は，反転入力端子と非反転入力端子間の電圧が0Vになるように動作している制御機構（サーボ）と考えることができます．実際の反転増幅回路の設計でも，この最終的なゲインの式を使います．

● ゲイン1倍の反転増幅回路を設計する

ゲインを求める式に基づいて反転増幅回路の設計を行うことができます．

最初に，入力インピーダンスを決めます．反転増幅回路の場合，入力インピーダンスは**図8**のように考え

ることができるため，R_sがそのまま入力インピーダンスになります．

オーディオ周波数帯（20 Hz～20 kHzの可聴周波数帯）の増幅回路の場合，この値は数十kΩ程度に選ばれることが多いようです．今回は，10 kΩにしておきましょう．すると，1倍のアンプにするためには，

$$-1 = -\frac{R_f}{10\,\text{k}\Omega}$$

を計算すればよいだけです．すると，$R_f = 10\,\text{k}\Omega$が求まります．

ここで，1倍なのに，-1倍としているのはなぜで

バーチャル・ショートはリアル・ショートではない　　Column

バーチャル・ショートを使うと，OPアンプ回路は簡単に計算できるようになります．実用的にはこの近似を使った解析で十分なことばかりですので気兼ねなく使って良いと思います．

ところが，この便利さに慣れてしまい，いつの間にか「バーチャル」という言葉が抜け落ちて「リアル・ショート」だと勘違いしている人もいるようです．

バーチャル・ショートは，あくまでも理想OPア

ンプ（あるいは，理想的とみなせる状態で動作している実際のOPアンプ）でしか成り立ちません．

現実のOPアンプは，**図6(b)**に書いたように，反転入力端子と非反転入力端子の電圧の差をモニタして，大きく増幅して出力しています．実際に動作しているOPアンプは必ず反転入力端子と非反転入力端子間に電位差を持っています．この電位差が本当に存在しないリアル・ショートだったら，OPアンプは何も出力しません．

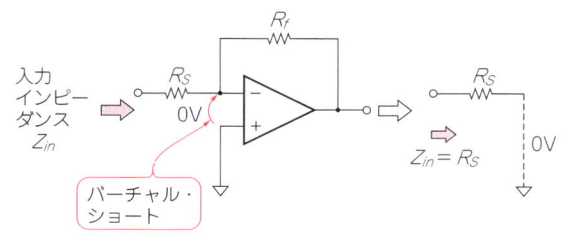

図8 反転増幅回路の入力インピーダンスは R_S で決まる

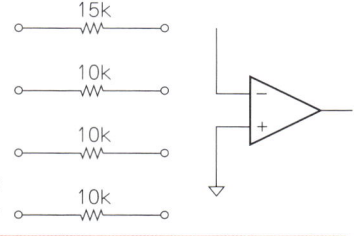

図9 4本の抵抗をすべて使って-6dBの反転回路を作ってください

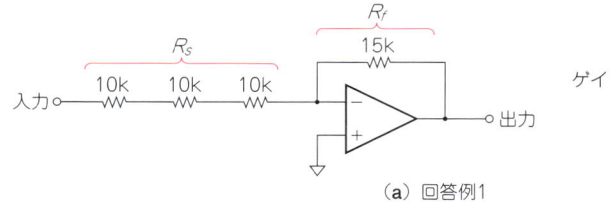

$$\text{ゲイン[倍]} = -\frac{15k}{10k+10k+10k} = -\frac{1}{2}$$

(a) 回答例1

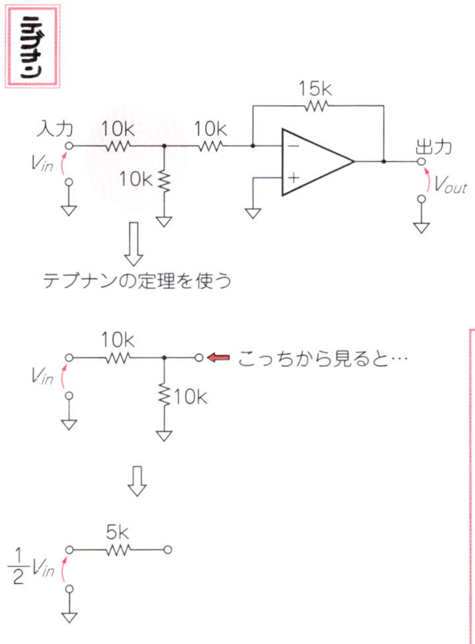

したがって次の回路に書き換えられる

$$\text{ゲイン[倍]} = \frac{V_{out}}{V_{in}} = -\frac{1}{2} \cdot \frac{15k}{5k+10k} = -\frac{1}{2}$$

テブナンの定理を使う

こっちから見ると…

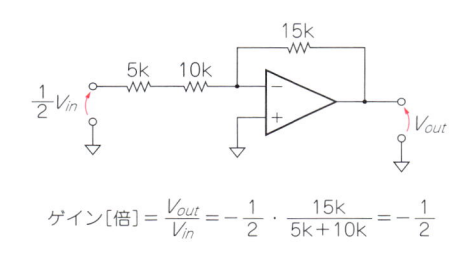

(b) テブナンの定理を使った回答例

図10 図9の問題の回答例

しょうか？ 実は，反転増幅回路のゲインに含まれている－の記号は電圧の向き（正か負か）を表しています．したがって1倍と言われた場合は－1倍として設計します．もし10倍と言われたら－10倍と考えます．

もしデシベル表示で6dBの反転増幅回路と言われた場合は，6dB＝2倍ですが，ちゃんと符号を復活させて－2倍として設計します．ちょっとややこしいですが慣れるしかありません．

ちなみに，－6dBの反転増幅回路を設計してくださいと言われたらどうしますか？ －6dB＝0.5ですから，－1/2倍の反転増幅回路を設計すれば良いのです．

● －6dBの反転増幅回路を2種類考えてください…テブナンの定理を思い出す

教科書のような解説が続きましたので，ここで実際の設計にも使える問題を出します．

図9に示す4本の抵抗をすべて使って－6dBのアンプを2種類作ってください．

図10が解答例です．図10(b)の回路は，テブナンの定理の具体的な応用例です．

● 反転増幅回路を使うときは必ず信号源インピーダンスを確認する

ここで，反転増幅回路を使うときの注意点を説明します．テブナンの定理を知っていれば簡単なことです．それは，反転増幅回路を使うときは，必ず信号源インピーダンスを確認しておくというものです．

図11は，信号源インピーダンスのことを何も考えずに－10倍の反転増幅回路を設計したとします．はんだごてを握って回路を組み立て「完成だ！」と思って，実験室にあった出力インピーダンス600Ωの低周波発振器の出力電圧を100mV$_{RMS}$用語に設定し回路に接続しました．100mV$_{RMS}$の電圧は，高入力インピーダンスの交流電圧計（電子電圧計など）で確認したと

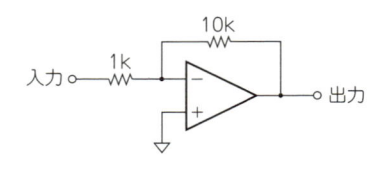

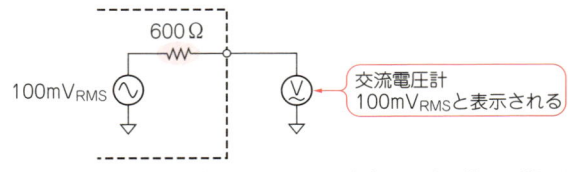

(a) ゲイン-10倍で設計した回路

(b) 実験用の低周波発振器には600Ωの出力インピーダンスがある

交流電圧計
100mV$_{RMS}$と表示される

625mV$_{RMS}$…100mV$_{RMS}$×10倍=1V$_{RMS}$にならない！

ゲイン[倍]$=-\dfrac{10k}{1.6k}=-6.25$になる

信号源インピーダンスがR_Sに含まれる

(c) 設計どおりのゲインが得られない…

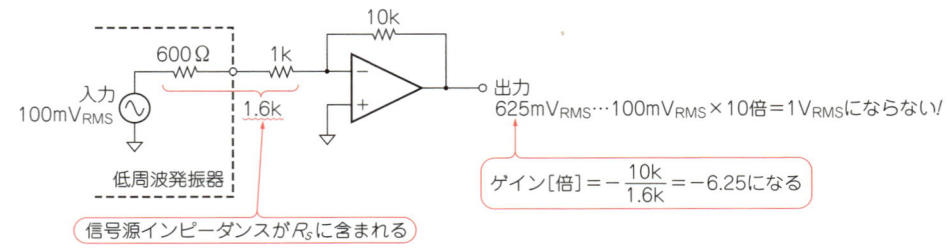

図11
反転増幅回路のR_Sには信号源インピーダンスが含まれる

します．回路の出力には100 mV$_{RMS}$の10倍の1 V$_{RMS}$が出力されると思いそうですが，実際に測定してみると625 mV$_{RMS}$程度の電圧しか得られないでしょう．

原因は，低周波発振器の信号源インピーダンス600Ωの見落としです．実際のアンプは600Ωの信号源インピーダンスを含んだ状態で動作しますので，回路のゲインは図11に示したように-6.25倍になります．

テブナンの定理（等価電圧源の定理）を思い出せば原因はすぐに理解できると思いますが，座学で学んだことと実験（設計）の結果がリンクしていないと「計算と違う！理論は役立たずだ！こんなに誤差が大きいなんて！」と間違った結論に至ってしまいます．

理論と実験結果に乖離がある場合，理論の見直しをするのは科学的には正しい行為ですが，案外単純な落とし穴に陥っていることも多々あります．理論値とあまりにかけ離れた結果になっているときは，コーヒー（苦手な人はホット・ミルクなど）でも飲みながら外の景色を眺めて，頭を冷やしてからもう一度基本に立ち返って回路を見直してみてはいかがでしょう．

■ 非反転増幅回路の考え方

● ゲインの求め方

非反転増幅回路のゲインを求める式を導出してみましょう．図12に詳しい計算過程を示します．反転増幅回路の場合と同じようにバーチャル・ショートを使えば簡単に求まることがわかります．非反転増幅回路の実設計でもこの式を使います．

● 1倍の非反転増幅回路の作り方

非反転アンプのゲインを求める式を眺めるとR_f=0Ωでゲインは1倍になることに気がつきます．するとR_SはOPアンプの出力についた負荷抵抗と同じですので，R_Sも取り除いてしまえます．そうしてできた図13の回路がゲイン1倍の非反転増幅回路になります．

このような回路はバッファ・アンプと言われます．バッファは緩衝という意味です．OPアンプを使ったこの回路はボルテージ・フォロワとも呼ばれます．

followというのは，追従するというような意味ですからVoltage followerは，入力電圧に追従して出力電圧が変化する回路という意味です．

余談ですが「Where is the rest room?」と英語圏の

OPアンプ回路の抵抗値　　　　　　　　　　　　　　　　　　Column

OPアンプ回路に使う抵抗値は，何Ωでも良いのではなくて実際のICの性能によってちょうど良い値の範囲が決まっています．直流～オーディオ周波数帯程度の回路であれば数kΩ～数百kΩ程度の値が良いでしょう．本書では取り上げませんが，低雑音増幅回路の場合は数kΩ程度までの抵抗を使うようにします．これは，抵抗から発生する**熱雑音**用語というランダム雑音を小さくするためです．

また，数MHz以上の高周波増幅回路では，1kΩ程度までの抵抗を使うようにします．これは，回路が動作不良を起こさないようにするためです．

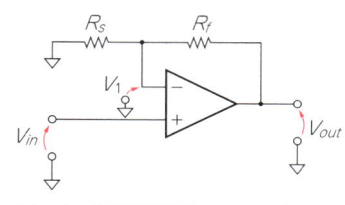

(a) この非反転回路をVCVSを使って描き直してゲインを求める

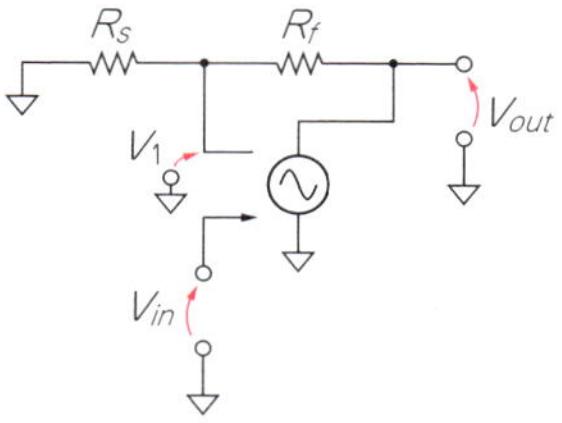

図12 非反転増幅回路のゲインを求める

人に聞かれた場合，教えるのが面倒で「私についてきて！」と自ら案内するときは「Follow me」と答えますね．ボルテージ・フォロワの出力は，入力信号に「Follow me」と言われながら動作していると思えます．そうなると，出力電圧は入力電圧について行っているだけなのだから，入力電圧の変化よりも出力電圧の反応は遅いんじゃないかな？と思えてきます．これは実際の回路でも正しいです．電子回路の動作を把握するとき，自分なりのイメージをもっていると不具合が起こったときの解決に役立つことがあります．

● ボルテージ・フォロワ回路の特性

図13に示したボルテージ・フォロワ回路の入力インピーダンスはとても大きく，そして出力インピーダンスはとても小さくなります．詳細な計算過程は省略しますが，通常出力インピーダンスは100 Hz程度までの低周波で数十MΩ以上，出力インピーダンスは数百mΩ以下になります．OPA376によるボルテージ・フォロワの入出力インピーダンスを回路シミュレーションによって求めた結果を**図14**に示します．

ボルテージ・フォロワを抵抗分圧回路の出力側に挿入すると，テブナンの定理で求まる電圧源の等価出力抵抗を小さくすることができます．ボルテージ・フォロワが入っていないと，抵抗分圧回路につながる負荷抵抗の大きさによって実際の出力電圧が変わってしまいます．

第3章で示した高入力インピーダンス・バッファの出力に入っているボルテージ・フォロワ回路は，入力に入っている9 MΩ（プローブ）と1 MΩによる分圧回路のインピーダンスの影響が出力側に伝わらないようにするためのクッションのような役割をします．

（初出：「トランジスタ技術」 2009年2月号 特集第5章）

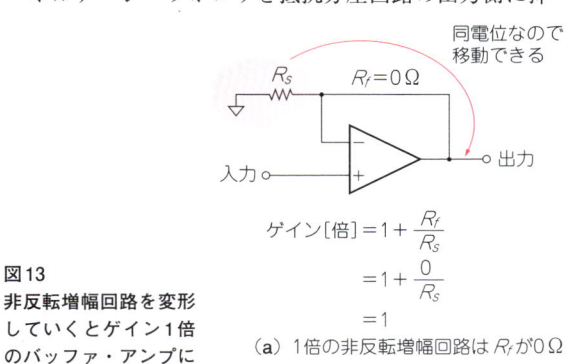

V_1の値はV_{out}とR_s, R_fの分圧比で決まるので，

$$V_1 = \frac{R_s}{R_s+R_f}V_{out}$$

となる

ここで，バーチャル・ショートを使うと，
$V_{in} = V_1$
なので次式になる．

$$V_{in} = \frac{R_s}{R_s+R_f}V_{out}$$

よってゲインは次式で求まる．

$$\frac{V_{out}}{V_{in}} = \frac{R_s+R_f}{R_s}$$
$$= 1+\frac{R_f}{R_s}[倍]$$

(b) ゲインの求め方

ゲイン[倍] $= 1+\dfrac{R_f}{R_s}$
$= 1+\dfrac{0}{R_s}$
$= 1$

(a) 1倍の非反転増幅回路はR_fが0Ω

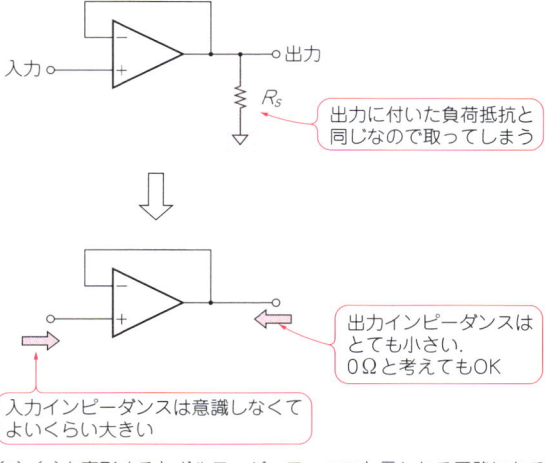

図13 非反転増幅回路を変形していくとゲイン1倍のバッファ・アンプになる

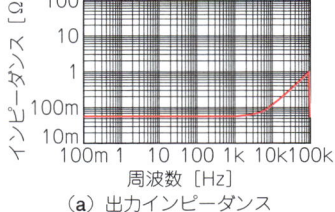

(b) (a)を変形するとボルテージ・フォロワと言われる回路になる

出力に付いた負荷抵抗と同じなので取ってしまう

出力インピーダンスはとても小さい．0Ωと考えてもOK

入力インピーダンスは意識しなくてよいくらい大きい

図14 ボルテージ・フォロワの入出力インピーダンスのシミュレーション結果
OPアンプはOPA376．

(a) 出力インピーダンス

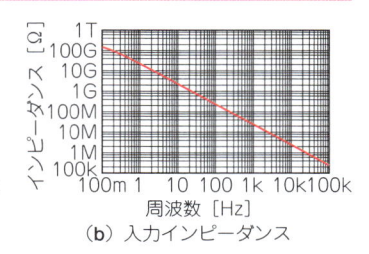

(b) 入力インピーダンス

Appendix B 増幅器を発振器にしないための基礎的なテクニック
増幅回路のゲインの周波数特性と安定性を確認する

これまで，抵抗比を決めるだけでOPアンプ増幅回路のゲインが決まることを見てきました．ここで，ゲインの周波数特性が何によって決まるのかと，OPアンプ増幅回路の安定性（発振のしにくさ）について考えてみます．

● 負帰還の原理…古典制御理論を思い出す

周波数特性について検討する前に，負帰還とは何かについて簡単に復習しておきます．ここで説明する負帰還理論は，学校では自動制御（古典制御理論）の授業で学びます．詳しく知りたい方は参考文献(p.72)に挙げた(8)，(9)，(10)などを参照してください．

図Aは負帰還の動作原理を示したものです．**負帰還とは，出力電圧 V_{out} が伝達関数 β の帰還回路を通過することによってできた帰還電圧 $V_{out}\beta$ と入力電圧 V_{in} との差分を，アンプのオープン・ループ・ゲイン A_O で増幅する技術**です．

負帰還の結果，図に示したとおり出力電圧 V_{out} は，

$$V_{out} = \frac{A_O}{1 + A_O\beta} V_{in} \quad\cdots\cdots\cdots(1)$$

となります．つまり，**オープン・ループ・ゲイン A_O が $1 + A_O\beta$ だけ圧縮**されます．一般に，A_O がとても大きいため $1 \ll A_O\beta$ です．したがって，オープン・ループ・ゲインはおよそ $1/A_O\beta$ 倍になっていると考えることもできます．$A_O\beta$ はループ・ゲインと呼ばれます．

負帰還をかけた結果，増幅回路の $-3\mathrm{dB}$ しゃ断周波数 f_{close} [Hz] は，

$$f_{close} = GBW\beta$$

となります．GBW [Hz] は A_O が1倍になる周波数のことで，データシートに記載されています．**図B**に，負帰還によってオープン・ループ・ゲインが圧縮されるようすを示します．

● 発振のしくみ

式(1)から $A_O\beta = -1$ になると $V_{out} = \infty$ になります．この状態が発振です．これは，入力信号がなくても出力信号が出てくる状態です．

しかし，帰還回路は基本的にゲインを決めるための抵抗分圧回路のはずですから，どこで位相遅れが生じるのか疑問に思えます．

原因の一つは，OPアンプの内部での位相の遅れです．位相遅れって何？と思った人は，第3章の RC 回路を思い出してください．入力信号に対して，出力信号の位相は $\theta = -\tan^{-1}\omega CR$ となっていました．この θ が位相遅れを表しています．

(1)式では，A_O を定数のように書きましたが，実際には周波数の関数であり振幅と位相成分を持った複素数です．A_O をより正確に書くと $A_O(j\omega)$ になります．

実際の回路には**図C**に示すようにいろいろな寄生素子が付いています．これらの寄生素子による RC 回路によっても位相遅れが生じます．β も定数ではなく振

図A 負帰還のしくみ

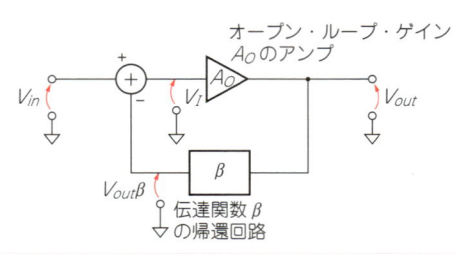

上図より，
$V_I = V_{in} - V_{out}\beta$
$V_{out} = A_O \times V_I$
よって，次式が求まる．
$V_{out} = A_O(V_{in} - V_{out}\beta)$
V_{out} について解くと，
$$V_{out} = \frac{A_O}{1 + A_O\beta} \cdot V_{in}$$
となり，負帰還によってオープン・ループ・ゲインが $\frac{1}{1 + A_O\beta}$ に圧縮されることがわかる．

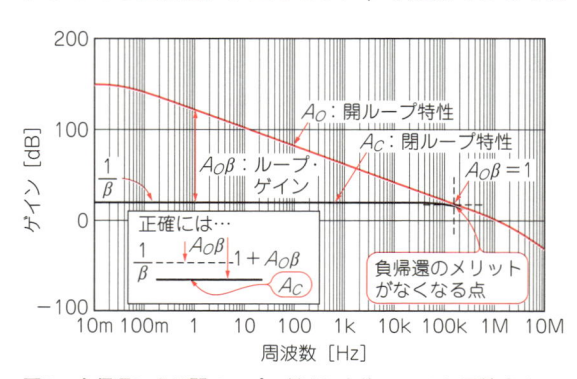

図B 負帰還により開ループ・ゲインを約 $1/A_O\beta$ に圧縮する

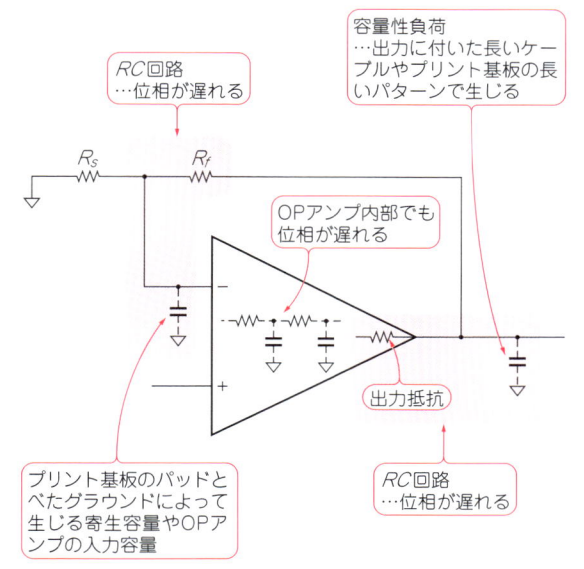

図C 実際のOPアンプ回路には複数の位相遅れ要素が付いている

（図中のラベル）
- RC回路…位相が遅れる
- 容量性負荷…出力に付いた長いケーブルやプリント基板の長いパターンで生じる
- OPアンプ内部でも位相が遅れる
- 出力抵抗
- RC回路…位相が遅れる
- プリント基板のパッドとべたグラウンドによって生じる寄生容量やOPアンプの入力容量

幅と位相成分を持った複素数 $\beta(j\omega)$ なのです。

帰還信号の位相が遅れていて，入力信号に対して180°位相の遅れた信号が反転入力に加わると，本来なら振幅を小さくするように加算されるはずの帰還信号が，振幅を大きくするように作用します．これが発振が起こるしくみです．

● 発振するかどうかは $A_O\beta$ で判断できる

発振してしまう条件 $A_O\beta = -1$ を絶対値で表すと次のとおりです．

$|A_O\beta| = 1$（ゲイン = 0 dB）
位相 $= -180° \pm (360° \times n)$
ただし，$n = 0, \pm 1, \pm 2, \cdots$

負帰還の安定性を考えるときは，$A_O\beta$ の絶対値（dB

表1 位相／ゲイン余裕と負帰還回路の動作

位相余裕[°]	ゲイン余裕[dB]	動作
20	3	ひどいリンギングが発生する
30	5	多少リンギングが発生する
45	7	応答時間が短いがゲインの周波数特性にピークが出る
60	10	一般的に適切な値
72	12	ゲインの周波数特性にピークが出ないが応答時間が長い

値）と $A_O\beta$ の位相について考えればよいのです．

この条件は一般にバルクハウゼンの発振条件（Barkhausen's criteria）と呼ばれます．

● 発振するかどうかの判断基準は位相余裕とゲイン余裕

$|A_O\beta|$ が 0 dB のときの位相に注目し，その値が $-180° \pm (360° \times n)$ に対してどの程度の差があるかを位相余裕と言います．また，位相が $-180° \pm (360° \times n)$ 回転したときのゲインに注目し，そのときのゲインが 0 dB に対してどの程度の負の値であるかをゲイン余裕といいます．それぞれ，図Dに示します．

ゲイン余裕と位相余裕によって安定性が決まります．一般に位相ゲイン余裕と負帰還回路の動作は表1のような基準で判断できます．負帰還回路を設計するときは，45°以上，できれば60°以上の位相余裕が確保されるように設計します．30°を切ると発振の可能性が高くなります．

ゲイン余裕は10 dB以上は確保されるようにします．

● 回路シミュレーションによる負帰還安定性の確認方法

負帰還の安定性は，ループ・ゲイン $A_O\beta$ の周波数特性をシミュレーションすることで容易に判断できま

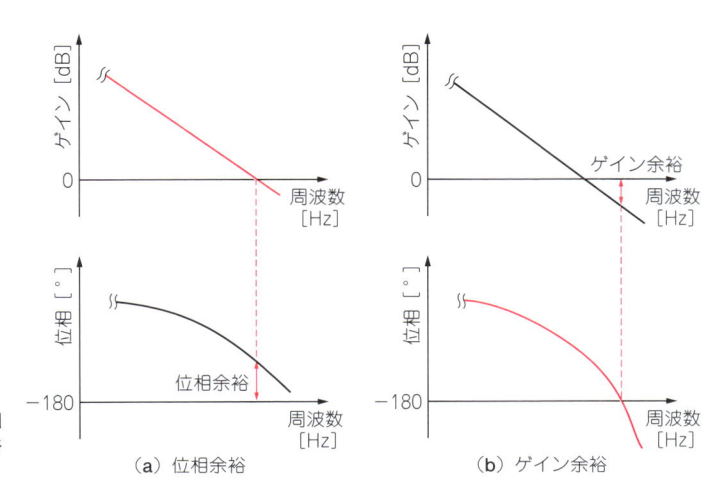

図D 発振するかどうかは位相余裕とゲイン余裕で判断する

（a）位相余裕　（b）ゲイン余裕

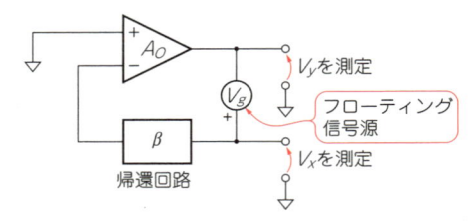

上図は次の式で表せる．
$V_y = -A_O \beta \cdot V_x$
$\dfrac{V_y}{V_x} = -A_O \beta$
したがって，V_xとV_yを測定すればループ・ゲイン（$A_O \beta$）を測定できる

図E　ループ・ゲインの簡易測定法

す．実測にも適した簡易測定法と，正確なシミュレーションを行えるミドルブルック法を紹介します．

▶簡易測定法

図Eにループ・ゲイン$A_O \beta$の簡易測定法を示します．入力信号をV_xとすると，V_xは$-A_O \beta$倍されてV_yになります．したがって，V_xとV_yを測定すれば$A_O \beta$を知ることができます．

V_gはフローティング信号源です．実際の測定器は通常，片側の電位はグラウンドなので，このように信号源を挿入することは難しいです．トランスを利用して信号を注入する方法もありますが，フローティング・グラウンドが採用されているエヌエフ回路設計ブロックの周波数特性分析器（FRA）を使用すると簡単に測定システムを実現できます．

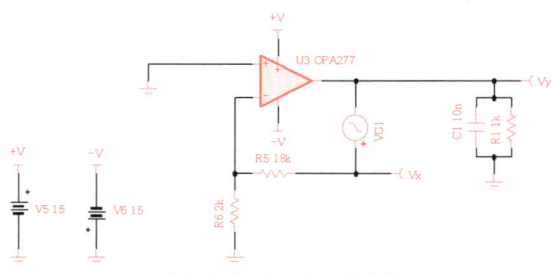

回路シミュレータであれば安心して図Eのように信号源V_gをつなげます．図F(a)にシミュレーション回路を示します．回路シミュレータにはDesign Soft社のTINAを使いました．テキサス・インスツルメンツが無償提供しているTINA-TIでも実行可能です．

テキサス・インスツルメンツのOPA277のマクロモデルを使ってシミュレーションしてみます．ゲインは10倍にしました．また，負荷として0.01μFのコンデンサと1kΩの抵抗を並列接続したものをつなぎました．

シミュレーション・ソフト上でAC解析を実行し，
$LoopGain = V_y / V_x$
を計算してグラフ化した結果を図F(b)に示します．求まった$A_O \beta$は180°位相が反転していますから，グラフの180°を0°と読み替える必要があります．すると，90°の位相遅れを維持した後，高域で徐々に位相が-180°になっていくようすがわかります．シミュレーシ

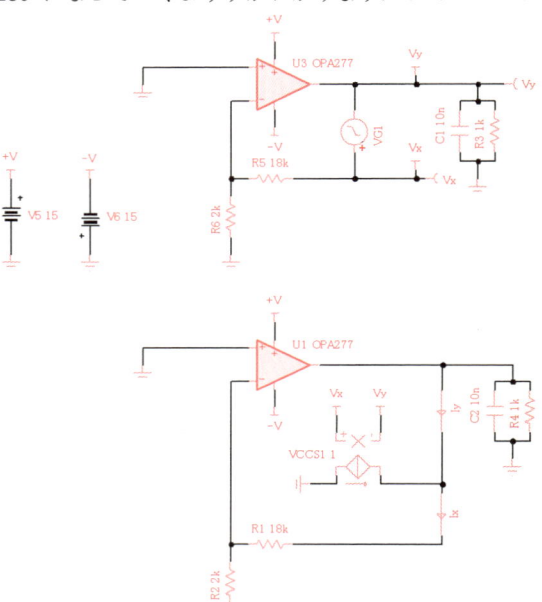

(a) シミュレーション回路

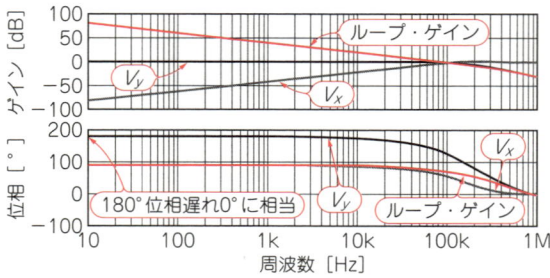

(b) 結果（位相余裕：70.15°，ゲイン余裕：27.93dB）

図F　簡易測定法によるループ・ゲインのシミュレーション画面
シミュレーション・ソフトはDesign Soft社のTINA．

(a) シミュレーション回路

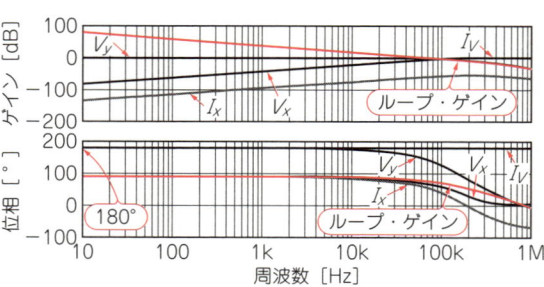

(b) 結果（位相余裕：70.26°，ゲイン余裕：27.29dB）

図G　ミドルブルック法によるループ・ゲインのシミュレーション結果

※本章のシミュレーション・データはトランジスタ技術ウェブ・ページ（http://toragi.cqpub.co.jp/tabid/184/Default.aspx）からダウンロード頂けます．2009年2月号のコーナーの特集記事コーナーから．

ョン・ソフトのマーカ機能によって位相余裕とゲイン余裕を読み取った結果，それぞれ70.15°，27.93 dBになりました．この回路の負帰還は十分に安定だと判断できます．

▶より正確なミドルブルック法

簡易測定法は，測定器によるループ・ゲイン $A_O\beta$ の実測にも適した方法ですが，いくつかの問題点があります．それは，V_x 側のインピーダンスが V_y 側よりも低くなると誤差が大きくなるという問題です．実際のOPアンプでは，周波数が高くなるにつれOPアンプの出力インピーダンスが上昇し始めます．また，出力レール・ツー・レールOPアンプと言われるタイプでは，低周波領域でのインピーダンスも大きくなっています．したがって，OPアンプの出力インピーダンスが大きな周波数では誤差が大きくなってしまいます．

より正確なシミュレーションを行う方法が，これから述べるミドルブルック法です．ミドルブルック法では，同期の取れた電圧源と電流源，二つの信号源を使用します．ループ・ゲイン $A_O\beta$ の算出に必要なパラメータは，簡易測定法と同じ V_x, V_y のほか，電流量である I_x, I_y です．これらの測定結果を元に計算によってループ・ゲイン $A_O\beta$ を算出します．

図G(a)にミドルブルック法によりループ・ゲイン $A_O\beta$ をシミュレーションするための回路を示します．

このシミュレーションにはVCCS（電圧制御電流源）を使います．残念ながら無償提供されているTINA-TIにはVCCSが含まれていません．ここでは製品版のTINAを使ってシミュレーションを実行しました．電流信号源は，電圧信号源と同期の取れた（同相の）信号を発生させる必要があるため，V_x と V_y の電圧からVCCSによって電流に変換します．VCCSのトランスコンダクタンス g_m の値は1に設定しておきます．

シミュレーション・ソフト上でAC解析を実行し，下記のような計算を行って LoopGain を求めます．

$T_v = V_y / V_x$
$T_i = I_y / I_x$
$LoopGain = (T_v \times T_i - 1) / (2 + T_v + T_i)$

LoopGain の特性カーブを求めた結果を図G(b)に示します．位相余裕，ゲイン余裕はそれぞれ70.26°，27.29 dBになりました．図F(b)の結果と比較すると若干異なります．正確なのはミドルブルック法のほうです．

回路シミュレータTINAの操作方法は，文献(11)(p.72)を参照してください．文献(11)は，日本テキサス・インスツルメンツのウェブ・サイトからダウンロードできます．

（初出：「トランジスタ技術」2009年2月号 特集第5章）

カンブリア紀の進化大爆発と学校での勉強

Column

第1部では，学校の教科書が開発現場でも役立つことを紹介してきました．学校の授業を生命の歴史にたとえるなら，それは先カンブリア紀にあたると思います．

5億4300万年前のカンブリア紀に生物は爆発的に進化，多様化したと言われています．カンブリア紀の生物は，外見（生物学では形質と言います）こそ多様化しているものの，生物内部の基礎構造はカンブリア紀よりも前の先カンブリア紀に完成していたとも言われています．生物としての基礎が出来上がったところで，カンブリア紀に大きな淘汰圧（自然淘汰を強いる圧力）が加わり，生物は多様な形質を持つに至ったのでしょう．カンブリア紀における生物の進化は爆発的だったため，種は突然発生することもあるという「断続平衡説」が生まれました．

しかし回路技術者の立場からは，ネオ・ダーウィニズムの学者が言う「進化の連続性」も「断続平衡説」も同じではないのか？と思います．カンブリア紀の進化大爆発は，パルス波形のようなものではないかと思うのです．変化が急激な場合，サンプリング周波数の遅いディジタル・オシロスコープでは，パルス波形の立ち上がりを十分に捉えることができず，突然電圧が跳ね上がるように見えます．でも，本当のパルス波形は連続です．進化のスピードが劇的な場合，化石調査では変化を捉えきれないのではないか？という気もします．

学校での勉強は，先カンブリア紀に生物が着実に内部構造を進化させていったのと似ていると思います．基礎さえ確立すれば，そのあとは爆発的に多様なことに挑戦できます．学校での勉強は，将来の可能性を多様化するために必要な下準備のような気がするのです．

学校の勉強が役立つことを知り，皆さんが少しでも電子工学に興味を持ってくれたら嬉しく思います．

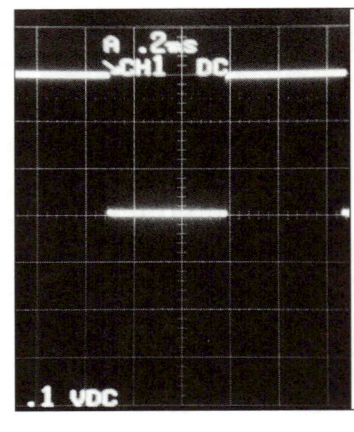

第6章 入出力バッファ回路を作る

現実の部品は考えなくてはいけないことがいっぱい！

今まで学んできたことのまとめとして，オシロスコープのプローブが接続できる周波数補正回路つきの入力バッファ回路と出力インピーダンスが一定の減衰回路を持つ出力バッファ回路を実験します．製作する回路はゲイン1倍のバッファ回路です．バッファ回路をやめて増幅回路に変更してみると，さらに勉強になるでしょう．回路に必要な性能が得られない場合のデバッグについても紹介します．

第5章では，OPアンプ回路の基本から負帰還の基礎とシミュレーションによる安定性の確認方法まで早足で復習してきました．これまでの内容で，必要最低限のアナログ回路設計を行うことは可能です．

教科書と実務の大きな違いを一つ挙げるとすれば，回路設計の現場では最初にICの選定を行うことがあります．ICの選定や周辺部品を選ぶときは教科書には載っていない現実の部品に関する知識が必要になります．

第1部の最後の仕上げとして，今まで勉強してきた知識を使って，第3章で出てきた，オシロスコープのプローブを入力に挿入できる高入力インピーダンス・バッファ回路と，出力減衰回路付きバッファ回路の設計を仕上げてみることにしましょう．

OPアンプICを使う前に知っておきたいこと

● 外観とピン配置

OPアンプICは写真1のような外観をしています．それぞれの端子名はほとんどの場合図1のようになっています．ときどきこれとは違ったピン配置になっているICがありますから，必ずデータシートを見てピ

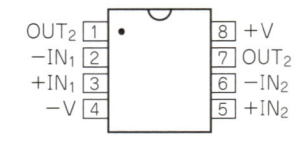

写真1 OPアンプICの外観

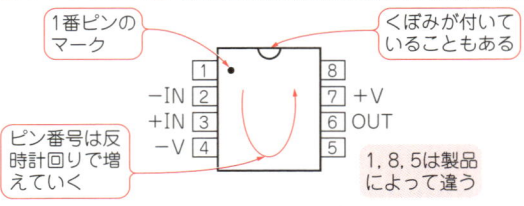

- 1番ピンのマーク
- くぼみが付いていることもある
- ピン番号は反時計回りで増えていく
- 1, 8, 5は製品によって違う

(a) 1個入りOPアンプIC

```
OUT₂ [1]     [8] +V
-IN₁ [2]     [7] OUT₂
+IN₁ [3]     [6] -IN₂
 -V  [4]     [5] +IN₂
```

(b) 2個入りOPアンプIC

(c) 端子の割り付け
- −IN：反転入力端子
- +IN：非反転入力端子
- OUT：出力端子
- −V：電源端子（負電圧）
- +V：電源端子（正電圧）

図1 OPアンプICの端子配置

用語

▶パスコン

電源ラインのインピーダンスを下げるために取り付けられたコンデンサのこと．
学校の教科書では登場しない用語だが，現場の技術者がパスコンといった場合は，このような電源-グラウンド間をバイパスするコンデンサを指している．

▶異常発振

発振器は発振させるためのものであるが，発振器ではない回路が発振してしまうのは機能不良である．このような想定外の発振現象を総称して異常発振と呼んでいる．異常発振は，システムに想定外の信号を出現させることにほかならないため，システム・ダウンの引き金になったり測定器であれば測定誤差増大の原因となる．
異常発振とは，煙センサが煙を感知したわけでもないのに，警報を出してしまうようなものである．

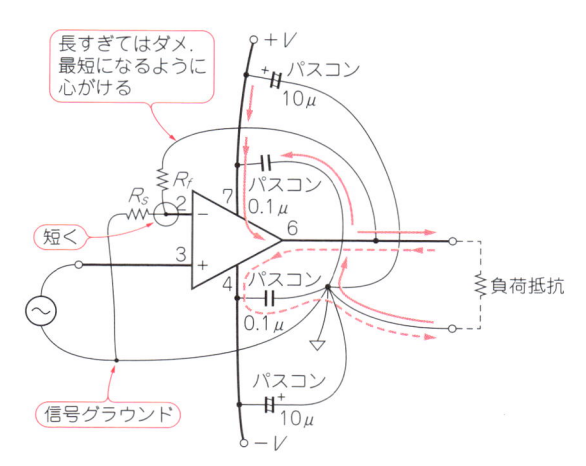

図2 OPアンプ回路の配線方法
負荷抵抗に流れる電流が信号グラウンドに流れ込まないようにする．

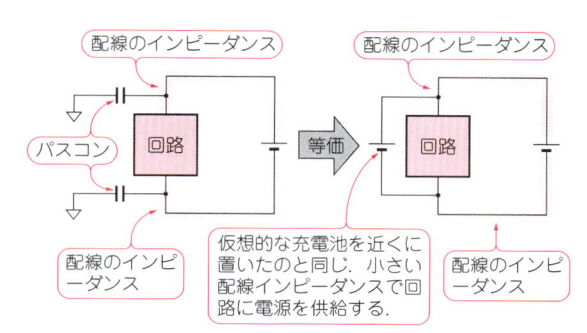

図3 パスコンは配線のインピーダンスの影響を受けない仮想的な充電池と同じ

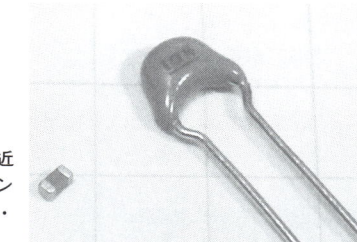

写真2
OPアンプの電源ピン近くに接続するパスコン用の積層セラミック・コンデンサ

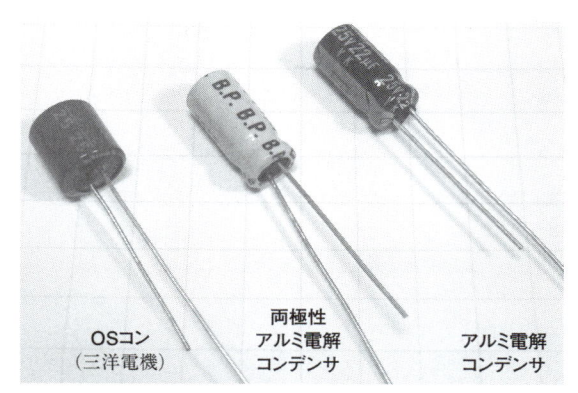

写真3 回路全体のパスコンに使うコンデンサ

ン配置を確認してから使うようにします．

● OPアンプ回路の配線

図2に実際のOPアンプ回路の配線のようすをイラストで描いてみました．この図を元に回路を作るときの基本を確認します．

▶電源が必要

教科書には「OPアンプICには電源を加えること」とは書いてなかったりしますが，OPアンプには電源が必要です．さらに，動作可能な電源電圧範囲はOPアンプによって決まっています．昔ながらのOPアンプは±15 Vで動作させるのが普通でしたが，現在のOPアンプは±15 Vの電源電圧を加えると壊れてしまうものもあります．

OPアンプの動作電源電圧範囲には，次のように2通りの書き方があります．
　①＋32 Vまで動作可能
　②±16 Vまで動作可能

OPアンプにしてみれば，どちらも同じことです．OPアンプには0 V（グラウンド）の端子はありません．正電源端子と負電源端子にかかる電位差がOPアンプの動作可能電圧範囲内であれば良いのです．

▶電源にはパスコンを入れる

OPアンプの電源ピンの近くには必ずパスコン^{用語}を入れておくようにします．これは，図3に示すように，回路側から電源ラインをみたときのインピーダンスを下げてなるべく理想的な電圧源で動作させるためです．
100 MHz以上の信号を増幅できる高周波信号用の

用語

▶バイアス電流

バイポーラ接合トランジスタが動作するにはベース電流が必要である．また電界効果トランジスタでもゲート漏れ電流が流れている．OPアンプの入力端子には，これらのベース電流やゲート電流が流れている．
この微小なベース電流やゲート電流をバイアス電流と呼んでいる．

▶誘導雑音

電磁気学で学ぶ静電誘導，磁気誘導，電磁誘導によって誘起された雑音のこと．
電磁気学的な相互作用によって信号ラインに進入してくる雑音のことを総じて誘導雑音と呼んでいる．

OPアンプの場合は0.01μFくらいの積層セラミック・コンデンサをOPアンプの電源ピンの近くに入れます．一般的には0.1μFくらいの積層セラミック・コンデンサを入れておけば十分です．このパスコンに使うコンデンサの外観を**写真2**に示します．

パスコンには，10μ～100μFのアルミ電解コンデンサや，電解質に液体ではなく固体の有機半導体を使ったOSコン（三洋電機の商品名），導電性高分子を使った低*ESR*（等価直列抵抗）タイプの電解コンデンサなどを入れておけばさらに良いでしょう．外観を**写真3**に示します．

写真3の真ん中のコンデンサは両極性型のアルミ電解コンデンサです．コンデンサ表面のチューブにB.P.（Bipolar）と書かれているので，これで判断します．通常のアルミ電解コンデンサやOSコンには極性がありますが，B.P.タイプのアルミ電解コンデンサには極性はありません．電源のパスコンには極性のある通常のアルミ電解コンデンサやOSコンを使用します．

▶ 帰還抵抗の配線は短くする

OPアンプの回路を作るときは帰還抵抗の配線をなるべく短くします．とくに反転入力端子側が短くなるように気をつけます．これは，異常発振しにくくしたり，よけいなノイズを拾ったりしないための対策です．

配線長の目安として，数十MHz以上のOPアンプ回路では帰還抵抗の配線はできるだけ短くなるようにし，1cm以下，長くても2cm（1インチ）以下になるようにします．

＋入力端子側の配線も短いほうが良いのですが，反転増幅回路ではグラウンドになっているはずですし，非反転増幅回路でもインピーダンスの低い信号源につながっているはずですので反転入力端子ほど神経を使わなくてもOKです．

▶ 配線が長いとよけいなノイズを拾いやすい理由

インピーダンスの高い箇所の配線がむき出しだと，誘導雑音を拾いやすくなります．すべての回路は見えないコンデンサ（浮遊容量やストレ・キャパシタと呼ばれる）でノイズ源と結合されているからです．

ノイズ源とOPアンプの入力は浮遊容量によってACカップリング（高域通過フィルタ）で結合されていると考えることができます．抵抗値が大きいほど低域しゃ断周波数が低くなりますから，より多くの雑音を拾いやすくなります．

▶ 配線が長いと**異常発振**^{用語}しやすい理由

配線が長くなると，その配線長に応じて時間遅れが生じます．この時間遅れは位相遅れに相当します．配線が長すぎると位相が遅れるためにAppendix Bで説明した負帰還安定性を損なう原因になります．

定数を決める

● 目標仕様

高入力インピーダンス・バッファ回路と出力減衰回路付きバッファ回路の仕様は以下のとおりとします．

▶ 高入力インピーダンス・バッファ回路

電源電圧：± 2.5 V
定格入力電圧：1 V_{RMS}
入力インピーダンス：1 MΩ
周波数特性：DC ～ 1 MHz以上（− 3 dB）
全高調波ひずみ率^{用語}：0.001%以下（1 kHz）

▶ 出力減衰回路付きバッファ回路

電源電圧：± 2.5 V
定格入力電圧：1 V_{RMS}
出力インピーダンス：600 Ω（負荷抵抗600 Ωを駆動可能であること）
周波数特性：DC ～ 1 MHz以上（− 3 dB）
全高調波ひずみ率：0.001%以下（1 kHz）

● 使うOPアンプの種類を選ぶ

▶ 電源電圧から選ぶ

電源電圧が± 2.5 Vなので，5 V電源で動作可能な製品を選びます．

▶ 周波数特性から選ぶ

周波数特性が1 MHz（− 3 dB）ですから，*GBW*が1 MHz以上の製品を選ぶことにします．OPアンプ増幅回路の周波数特性は，

$$f_{close} = GBW\beta$$

用語

▶ 全高調波ひずみ率（*THD*）

基本波の実効値と，高調波ひずみ成分の実効値の比を取った値．

基本波の実効値：V_1 [V_{RMS}]
第2次高調波の実効値：V_2 [V_{RMS}]
第3次高調波の実効値：V_3 [V_{RMS}]
…

とすると，全高調波ひずみ率：*THD* [%] は，

$$THD\ [\%] = \frac{\sqrt{V_2^2 + V_3^2 + V_4^2 + V_5^2\cdots}}{V_1} \times 100$$

となる．*THD*は［dB］で表される場合もあり，その場合は，

$$THD\ [dB] = 20\log\left(\frac{\sqrt{V_2^2 + V_3^2 + V_4^2 + V_5^2\cdots}}{V_1}\right)$$

となる．自作の計測器で測定した場合には，第何次の高調波までで計算したかを示しておく．

*THD*と似た値に，*THD* + *N*があるが，これは雑音電圧も含めて測定した値である．*THD*は各高調波の実効値を測定する必要があるため，FFTなどによって周波数成分を分解してから高調波のみを取り出し算出する必要がある．

で決まります(Appendix B参照).ボルテージ・フォロワ回路の帰還率 $\beta = 1$ 倍ですので,$f_{close} = GBW$ になります.バッファ回路の周波数特性は GBW で決まります.

▶ **入力インピーダンスの大きさを加味する**

入力インピーダンスが $1\,M\Omega$ と高いので,バイアス電流[用語]の大きなバイポーラOPアンプは候補から外すことにします.バイアス電流が $1\,M\Omega$ の抵抗に流れ込むことで入力に直流電圧が発生し,これが直流の誤差成分となるからです.JFETかCMOS OPアンプが候補になります.また,全高調波ひずみ率の仕様が 0.001% 以下ですので,高調波ひずみの小さい高性能OPアンプを選ぶことにします.

▶ **条件を満たすOPアンプを探す**

以上のような条件を満たすOPアンプはメーカのウェブ・サイトで検索するとたくさん見つけることができます.今回は比較的新しい製品であるOPA376(テキサス・インスツルメンツ)を使うことにしました.主な仕様と特徴は次のとおりです.CMOS OPアンプでありながら低周波の雑音が小さく全高調波ひずみ率も比較的小さいので,今回の回路にはもってこいです.

▶ **OPA376の主な仕様と特徴**

動作電源電圧:$2.2\,V \sim 5.5\,V$

雑音:$7.5\,nV/\sqrt{Hz}$

 $0.1\,Hz \sim 10\,Hz$ の雑音電圧:$0.8\,\mu V_{P-P}$

GBW:$5.5\,MHz$

全高調波ひずみ率+雑音:0.0003%(周波数 $1\,kHz$,出力 $1\,V_{RMS}$ 時)

バッファ回路を製作する前に決めておくこと

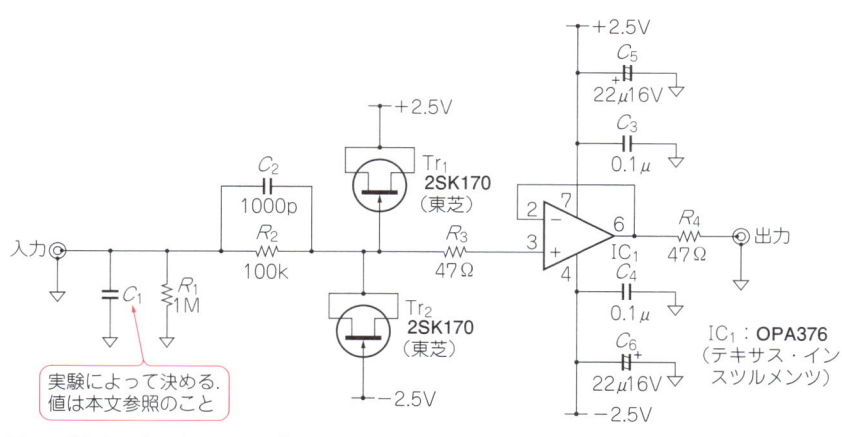

製作して定数を検討する高入力インピーダンス・バッファ回路を図4に,出力減衰回路付きバッファ回路を図5に示します.部品定数のほとんどは第5章で決めましたので,そのときに決めなかった部分について説明します.

● **高入力インピーダンス・バッファ回路**

▶ **OPアンプの過電圧保護回路**

Tr_1 と Tr_2 には,JFET(接合型電界効果トランジスタ)を使います.今回は手持ちの2SK170を使うことにしました.これは第2章の定電流回路で使ったのと同じものです.

▶ **OPアンプの発振防止と過電圧入力に対する保護する抵抗**

R_3 は経験的に数十 $\Omega \sim 1\,k\Omega$ の範囲内で選べば良い

図4 試作する高入力インピーダンス・バッファ回路

[用語]

▶ **同軸ケーブル**

写真Aの,同心円上に中心導体と外部導体を持った「同軸」構造のケーブルのこと.

外部導体が網目構造になっていたり,網目構造の内側にアルミ箔を併用していたりする.外部導体に銅パイプを使ったケーブルは,セミリジット・ケーブルと呼ばれる.

故意に電磁界を漏洩させるように作られた同軸ケーブルも存在し,漏洩ケーブルと呼ぶ.地下構内における携帯電話の中継などに利用されている.

同様な構造をもつものに写真Aのシールド・ケーブルがある.シールド・ケーブルは外部導体が網目構造になっておらず中心導体によって発生した電磁界がケーブルの外部に漏れやすい.

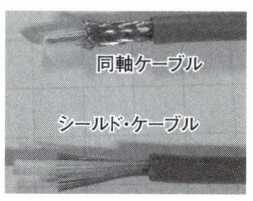

写真A 同軸ケーブルとシールド・ケーブル

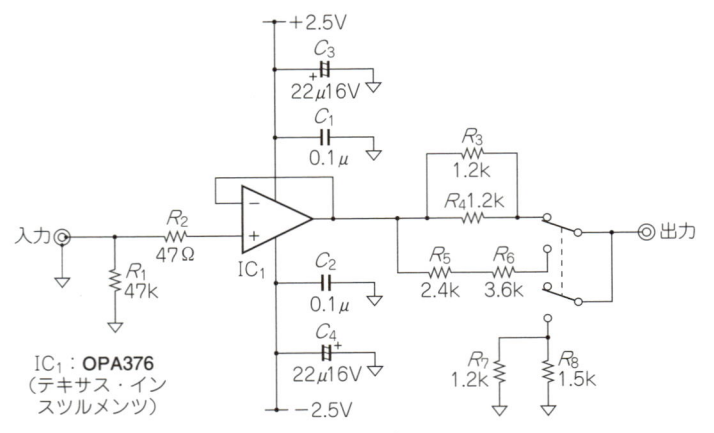

図5 試作する出力減衰回路付きバッファ回路

でしょう．今回は47 Ωにしましたが，この抵抗値に根拠はありません．100 Ωでも470 Ωでも大丈夫でしょう．

▶ **OPアンプの出力インピーダンスの決定と容量性負荷が付いたときの負帰還の安定性を改善する抵抗**

R_4 は数十Ω～数百Ωの抵抗が一般に使われます．経験的に47 Ω程度の抵抗を入れておけば問題はないと思われますので，暫定的に47 Ωとしておいてゲイン-周波数特性の実験結果を元に判断することにします．

▶ **使った抵抗の種類**

抵抗の種類は，特に精度が必要な回路ではないので，安価な手持ちの炭素皮膜抵抗を使うことにしました．

▶ **パスコン**

OPアンプのパスコンは，0.1 μFの積層セラミック・コンデンサと22 μFのタンタル電解コンデンサを使うことにします．22 μFのタンタル電解コンデンサの耐圧は実際にコンデンサ両端にかかる電圧の2倍，できれば3倍もあれば十分です．したがって，10 Vでも問題ないのですが，今回は手持ちの関係から16 V耐圧のものを使っています．

● **出力減衰回路付きバッファ回路**

▶ **回路の入力インピーダンスを決める抵抗**

R_1 はオーディオ周波数帯の回路では特に規定がない限り数十k～100 kΩ程度の入力インピーダンス値が選ばれることが一般的です．そこで，今回は47 kΩにしておきます．

▶ **OPアンプの発振防止と過電圧入力に対する保護する抵抗**

R_2 は，高入力インピーダンス・バッファの R_3 と同じように考えて47 Ωにしておきます．

▶ **出力減衰回路の部品定数**

第4章で計算したとおりの値にします．出力減衰回路の抵抗には，精度が要求される場合があります．精度が必要な場合は誤差±1％以下の金属皮膜抵抗や薄膜チップ抵抗を使います．精度が要求されない場合は安価な炭素皮膜抵抗で十分です．今回の試作では手持ちの炭素皮膜抵抗を使いました．

▶ **パスコン**

OPアンプのパスコンには高入力インピーダンス・バッファ回路と同じ値と種類のものを使います．

高入力インピーダンス・バッファ回路の調整と特性評価

■ C_1 の定数を決める

● **オシロスコープのCAL端子を利用する**

最初に，C_1 の値が適切かどうか確認します．この調整にはオシロスコープが必要です．

試作した回路を**写真4(a)**に示します．入力インピーダンスが1 MΩと高いので，このまま実験すると**誘導雑音**用語の影響を受けてしまいます．このため，高インピーダンス部分を**写真4(b)**のように銅テープで覆うことにしました．本来なら，シールド・ケースに入れて実験したほうが良いと思われます．

▶ **プローブの減衰量が1/10倍のときの値を確認**

C_1 の値は，回路を**図6**のようにオシロスコープに接続して確認します．入力にオシロスコープのパッシブ・プローブを接続してプローブの減衰量を1/10倍に設定しておきます．この状態で，プローブの先をオシロスコープのCAL端子に接続するとオシロスコープにパルス波形が現れます．この波形が**図7(d)**に示す適切な状態になるようにプローブのトリマ・コンデンサを絶縁ドライバで調整します．

このトリマ・コンデンサは一般には**図7(a)**に示したようにプローブのBNCコネクタの部分に付いていることが多いのですが，**写真5**のような箇所に付いて

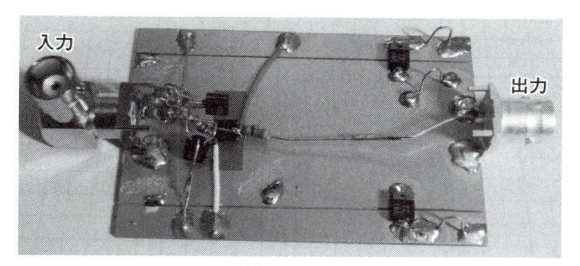

(a) 回路基板

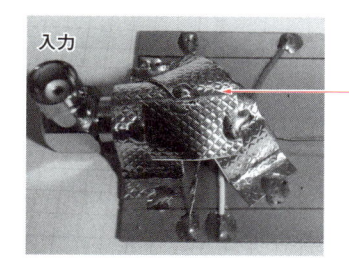

(b) 実験時は高インピーダンス部分は誘導雑音に対するシールドを施す

1MΩ抵抗付近を銅テープで簡易的にシールド

写真4 高入力インピーダンス・バッファ回路をバラックで試作したようす

いるものもあるようです．

もし，トリマ・コンデンサを調整しても波形が適切な状態にならない場合は，C_1の値を大きくしたり小さくしたりして，トリマ・コンデンサで波形品質を調整できるようにします．

▶プローブの減衰量が1倍のときの値を確認

トリマ・コンデンサの調整が終わったら，プローブの減衰量を1倍に変更して同じように波形を観測し波形品質に問題がないことを確認します．

実際に図4の回路を実験してみたところ，C_1を完全に除去した状態が最適のようでした．そこで，回路図からC_1を削除することにします．

次にプローブの減衰量を1倍にしたところ，波形が補正不足の状態になってしまいましたので，C_2の値を1000 pFから0.01 μFに変更しました．最終的には減衰量1倍でも**写真6**のような波形が得られました．図8に変更した箇所を図示します．

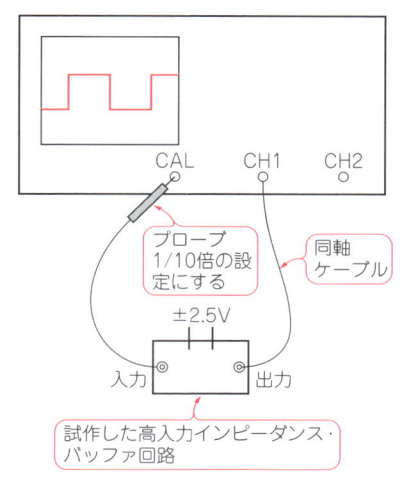

プローブ1/10倍の設定にする
同軸ケーブル
±2.5V
入力　出力
試作した高入力インピーダンス・バッファ回路

図6 C_1はオシロスコープを使って調整する

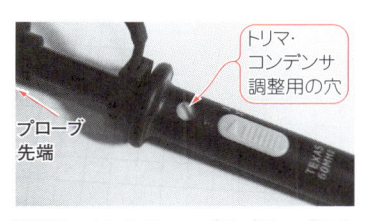

BNCコネクタ
プローブ内部のトリマ・コンデンサ調整用の穴

(a) オシロスコープのパッシブ・プローブ

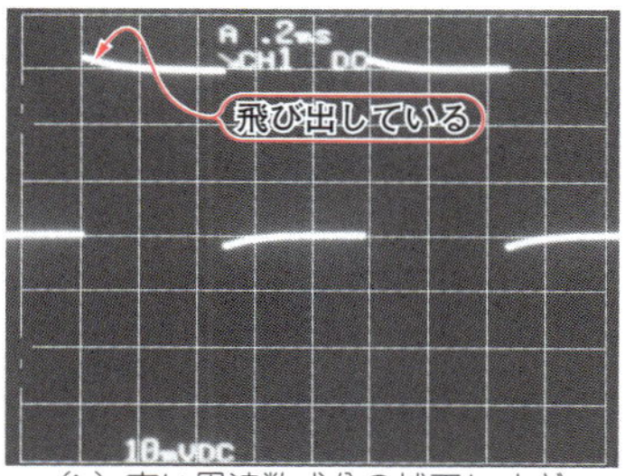

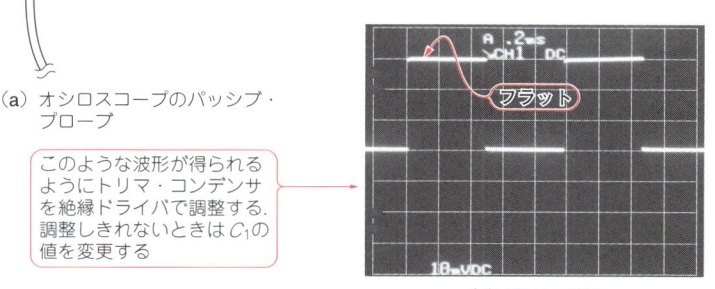

このような波形が得られるようにトリマ・コンデンサを絶縁ドライバで調整する．調整しきれないときはC_1の値を変更する

トリマ・コンデンサ調整用の穴
プローブ先端

写真5 オシロスコープのプローブによってトリマ・コンデンサの位置が違うことがある

(b) 高い周波数成分の補正しすぎ　飛び出している

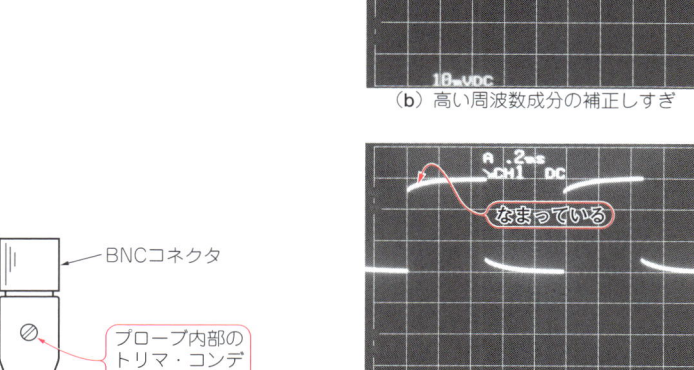

(c) 高い周波数成分の補正不足　なまっている

(d) 適切な状態　フラット

図7 C_1とオシロスコープの調整方法（10 mV/div，0.2 ms/div）

高入力インピーダンス・バッファ回路の調整と特性評価　67

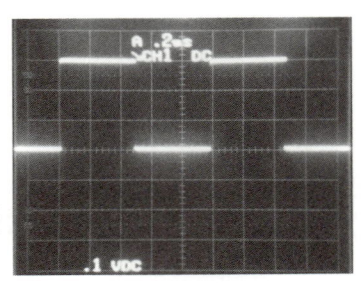

写真6
1倍に切り替えても波形に問題ない(0.1 V/div, 0.2 ms/div)

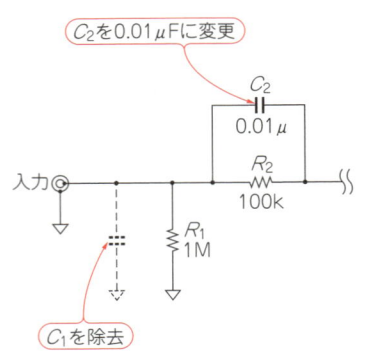

図8 図4の回路の入力段から変更した箇所
- C_2を0.01μFに変更
- C_1を除去

● ゲイン-周波数特性は問題が無いことを確認

図9のように試作した回路をネットワーク・アナライザに接続してゲイン-周波数特性を測定しました．結果は図10に示したとおりです．5 MHz付近で若干のピークを持っていますが，このピークは1 dB以下です．1倍の状態でも1/10倍の状態でも周波数特性はほどんど同じですので，入力減衰回路の調整に問題が無いことがわかります．

● 全高調波ひずみ率が異常に悪いことを確認

低ひずみ発振器とひずみ率計を使って図11のようにして全高調波ひずみ率を測定しました．結果は，0.003%でした．これは，OPアンプの性能から考えると1桁も悪い値です．

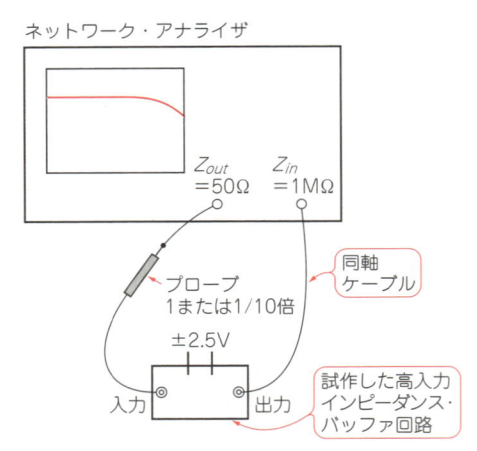

図9 ゲイン-周波数特性の測定方法

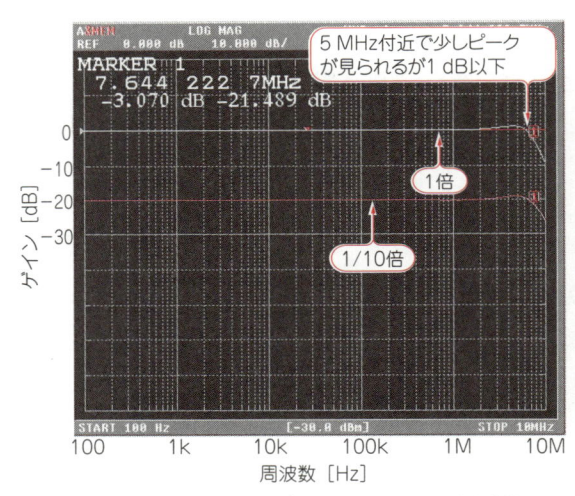

図10 図4の高入力インピーダンス・バッファ回路を製作して測定したゲインの周波数特性

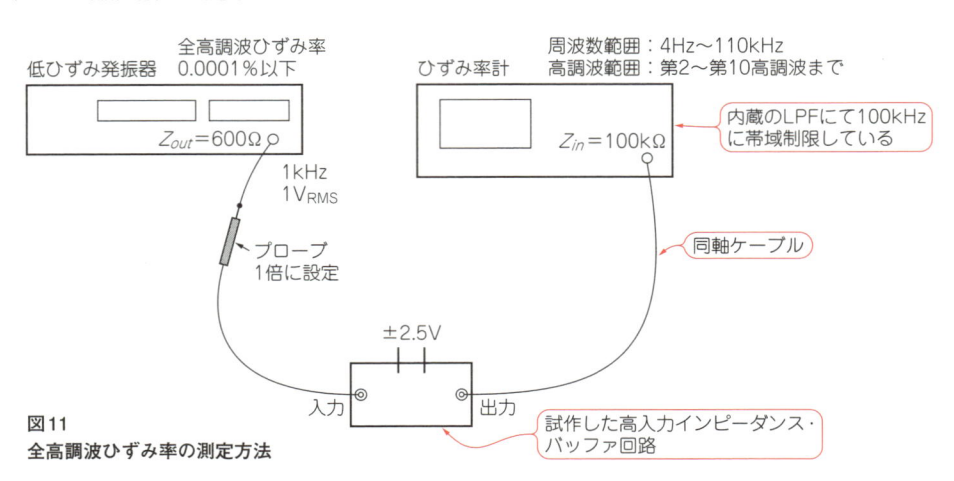

5 MHz付近で少しピークが見られるが1 dB以下

図11 全高調波ひずみ率の測定方法

周波数範囲：4Hz～110kHz
高調波範囲：第2～第10高調波まで
内蔵のLPFにて100kHzに帯域制限している

■ 全高調波ひずみ率を悪化させている原因を探す

● 高誘電率コンデンサ C_2 が原因ではなかった

最初に気になったのが，C_2 の積層セラミック・コンデンサです．このコンデンサは手持ちの関係で高誘電率のものを使いました．高誘電率のコンデンサは，両端にかかる電圧が変化すると容量が変化します．この容量が変化することによって信号の振幅が変調(振幅変調)されるので，これにより高調波ひずみが発生する可能性があります．そこで，C_2 を取ってみました．しかし，ひずみ率は改善されません．

● インピーダンスから見たインピーダンスのミスマッチも原因ではない

▶対策したら発振した

そこで気になったのが JFET の保護用として挿入している R_2 (100 kΩ) の抵抗です．OP アンプの入力段の設計に依存するのですが，図12(a)のように OP アンプの－側と＋側から見たときのインピーダンスを同じ値にしておかないと，高調波ひずみ率が悪化する製品があります．この対策は簡単で，一般的には図12(b)のように抵抗を挿入してインピーダンスを揃えます．

そこで，図13のように R_5 として 100 kΩ の抵抗を追加したのですが，この抵抗を挿入したことによって OP アンプが発振気味になってしまいました．発振気味だと判断できたのは，回路にパルス波形を入力して出力波形を観測したときに立ち上がり／立ち下がりエッジ部分に細かな高周波振動が見られたためです．

帰還抵抗の値が大きすぎると，図14に示すように帰還抵抗と OP アンプの入力容量によって生じる RC 1 次回路のしゃ断周波数が低くなります．このような RC 1 次ロー・パス・フィルタ回路は，しゃ断周波数において位相が 45°遅れるということを第3章で学びました．つまり，R_f が大きくなると，より低い周波数で位相が遅れ始めることを意味します．この位相遅れによって先に述べた負帰還安定性が損なわれるため発振しやすくなります．

図12 ひずみ率悪化の原因を OP アンプから見たインピーダンスのミスマッチと疑ったが違うようだ

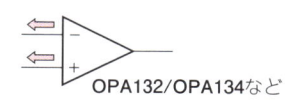

(a) OP アンプ側から見て－端子と＋端子のインピーダンスをそろえないとひずみ率が悪化する OP アンプがある

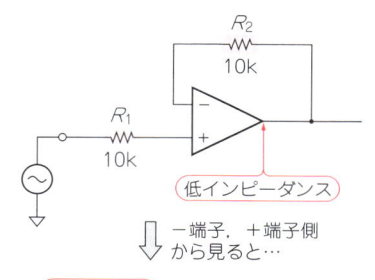

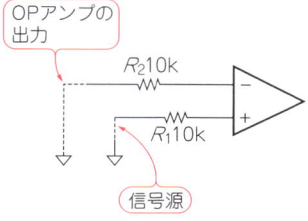

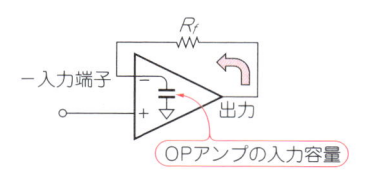

(b) 抵抗を挿入する代表的な対策方法

図14 R_f が大きくなると発振しやすくなるのは高域しゃ断周波数が下がりより低い周波数で位相が遅れ始めるため

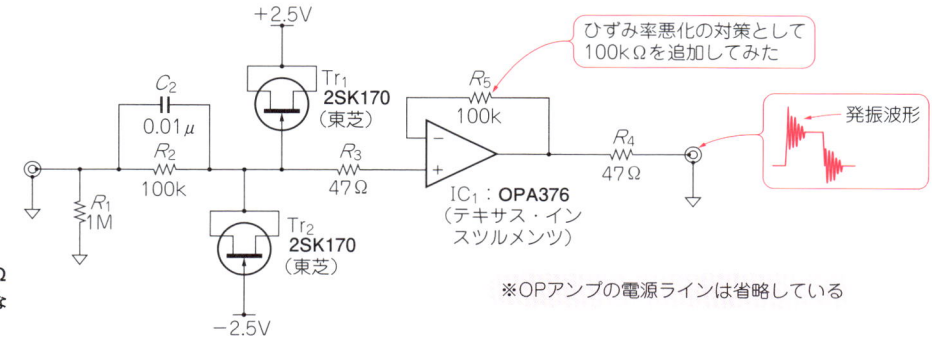

(a) 出力端子側から見ると…

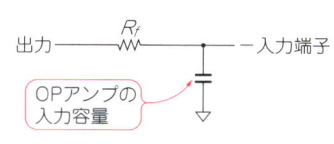

(b) 第3章で出てきた RC 1 次のロー・パス・フィルタが見える…

図13 帰還抵抗 R_5 に抵抗 100 kΩ を加えたが発振気味になってしまった

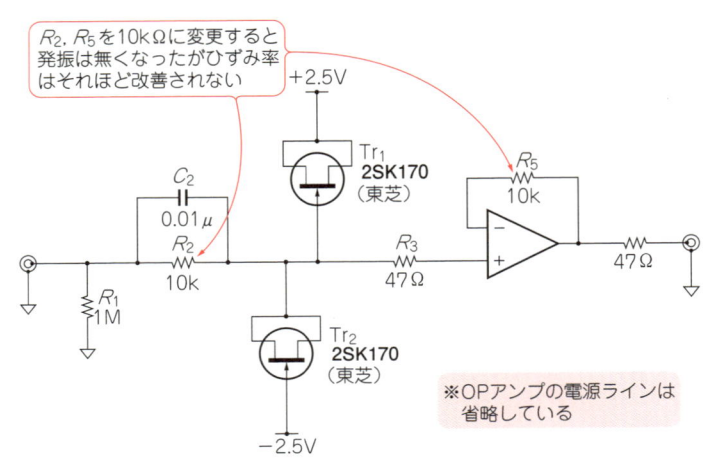

R_2, R_5を10kΩに変更すると発振は無くなったがひずみ率はそれほど改善されない

図15 JFET保護用の抵抗R_2と追加した帰還抵抗R_5をそれぞれ10kΩに下げたがひずみ率は改善しない

※OPアンプの電源ラインは省略している

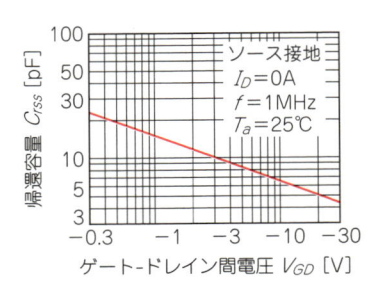

図16 JFET 2SK170は端子間電圧が0.7V程度変化すると端子間容量は5pF以上変化する（データシートより引用）

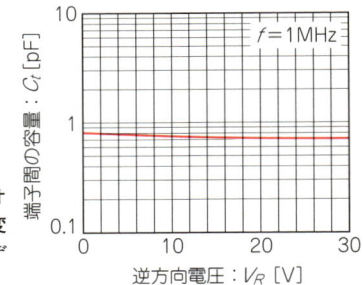

図17 スイッチング・ダイオード1SS133の容量変化は0.1pFと小さい（データシートより引用）

▶ **発振は止まったが高調波ひずみは改善せず**

そこで，図15のようにR_2とR_5を10kΩに変更してみました．過電圧に対する保護範囲が狭くなる（50V程度までの過電圧しか保護できなくなる）のですが，やむを得ません．R_2とR_5を10kΩに変更したところ，発振気味の傾向は収まったのですが，高調波ひずみ率は0.0026％とあまり改善されませんでした．

● **$C_2 // R_2$をバイパスさせればOKであることを確認**

次に，C_2とR_2をショートさせてしまうと全高調波ひずみ率は0.0004％になることが確認できました．

● **ダイオードの端子容量の変動が原因だった**

▶ **JFETによるダイオードは端子間容量の電圧依存性が大きい**

図16に，2SK170のドレイン-ゲート間容量（帰還容量）がゲート-ドレイン間電圧でどのように変化するかを示します．JFETをダイオード接続している場合は，このグラフの2倍程度の値になっていると考えられます．つまり，電圧が0.7V変化すると10pF程度の容量変化が起こると考えることができます．

R_2の100kΩとJFETの端子間容量によってロー・パス・フィルタができます．しかも，このロー・パス・フィルタの高域しゃ断周波数は入力信号の振幅によって変化します．これは，自らの振幅によって自らの振幅を変化させていることにほかなりません．これが原因となって波形がひずみ，THD（全高調波ひずみ率）が悪化していると考えられます．

▶ **端子間容量の変化が小さいダイオードを使う**

対策としては，帰還容量C_{rss}の小さなJFETに変更することです．しかし，手持ちのJFETがほかになかったため，上記の内容を検証するために，端子間容量の小さなスイッチング・ダイオードに置き換えてみることにしました．使用したスイッチング・ダイオードは，ロームの1SS133です．逆方向電圧の変化による端子間容量の変化をグラフにしたのが図17です．グラフから分かるように，10Vの電圧変化があったとしても容量変化は0.1pF程度です．

このダイオードを使用して，図18のように2SK170によるダイオード部分を1SS133に置き換えてみました．この回路のTHDを測定したところ，0.0004％とTHDが大幅に改善されることが分かりました．

■ **最終的な回路の特性を確認**

スイッチング・ダイオード1SS133の逆方向電流（リーク電流）が比較的大きいため，100kΩのR_2に逆方向電流が流れ，JFETによるダイオードを使った場合よりもオフセット電圧が大きくなります．しかし，オフセット電圧は外付けの調整回路によって補正することもできますから，高調波ひずみ率の悪化に比べれば良いでしょう．

最終的に，過大な差動入力電圧に対する保護も兼ねた図19の回路を作り実験してみました．オシロスコープによってパルス応答を最適化した後に測定したゲイン-周波数特性を図20に示します．図10の特性よりもゲインのピークが若干大きくなってしまいましたが，それでも2dB程度のピークです．また，1倍のときと1/10倍のときの周波数特性の違いもほとんどありません．

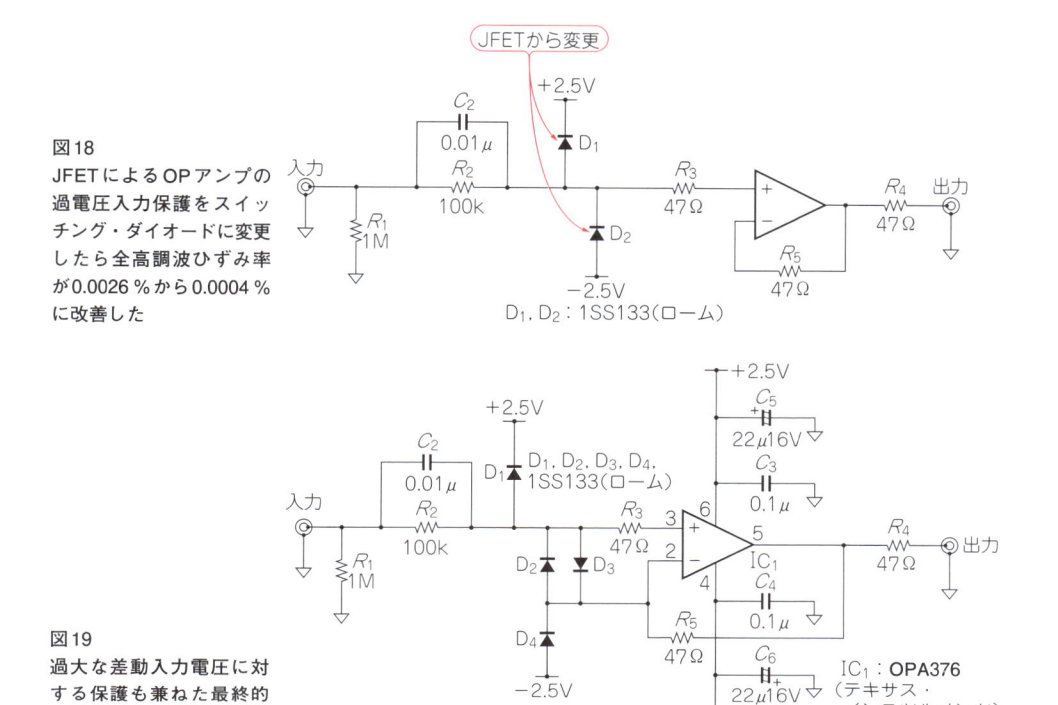

図18 JFETによるOPアンプの過電圧入力保護をスイッチング・ダイオードに変更したら全高調波ひずみ率が0.0026％から0.0004％に改善した

図19 過大な差動入力電圧に対する保護も兼ねた最終的に製作した回路

気になる THD の実測結果は0.0003％でした．これは，要求仕様を十分に満たすものです．

出力減衰回路付きバッファ回路の特性評価

● 評価条件

図5の回路を実際に試作したようすを**写真7**に示します．特性の確認は高入力インピーダンス・バッファ回路と同じようにして行いました．この回路では入力信号を分圧する必要がないため，信号の入力にはオシロスコープのプローブではなく普通の特性インピーダンス50Ωの同軸ケーブル^{用語}を使いました．この点のみが違うだけで方法は**図9**，および**図11**と同じです．

オシロスコープのプローブを1倍にして使ってもかまいませんが，誤ってプローブの設定を1/10倍にすると，プローブ内部の9MΩと回路の入力抵抗47kΩによって約1/192に信号が分圧されてしまいます．

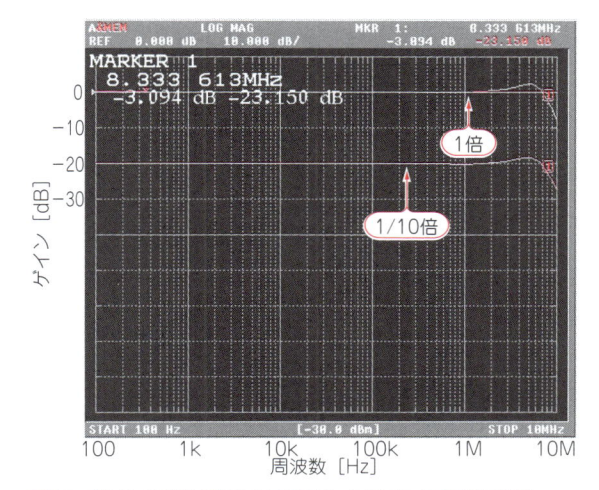

● 評価結果

▶ゲイン-周波数特性…問題なし

ゲイン-周波数特性を測定した結果を**図21**に示します．減衰量にかかわらずほぼ同じ周波数特性が得られていますので問題ありません．

図20 図19の回路を製作して測定したゲインの周波数特性
1倍，1/10倍で周波数特性はほとんど変化しない．

写真7 出力減衰回路付きバッファ回路をバラックで試作したようす

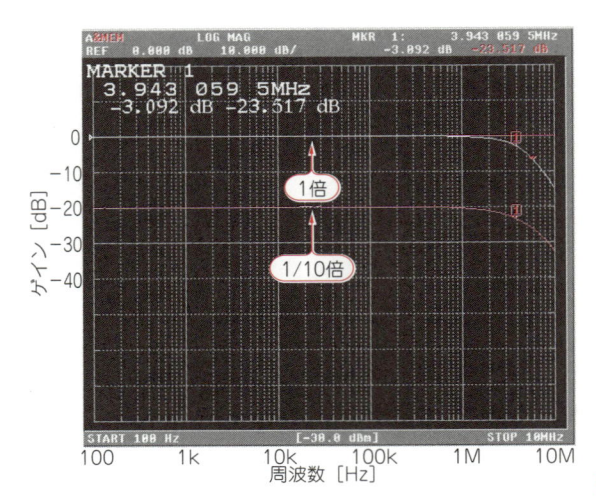

図21 図5の出力減衰回路付きバッファ回路のゲイン周波数特性

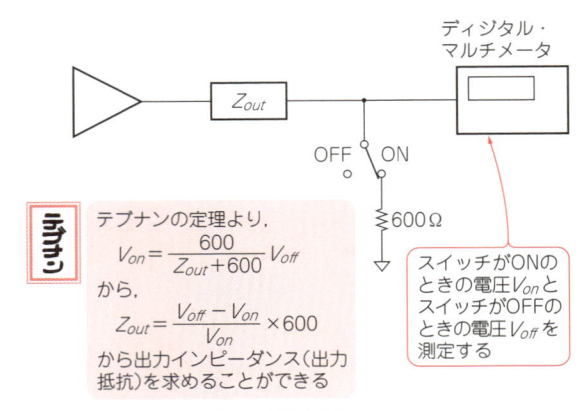

図22 出力インピーダンスの測定方法

テブナンの定理より，
$$V_{on} = \frac{600}{Z_{out}+600} V_{off}$$
から，
$$Z_{out} = \frac{V_{off} - V_{on}}{V_{on}} \times 600$$
から出力インピーダンス（出力抵抗）を求めることができる

スイッチがONのときの電圧V_{on}とスイッチがOFFのときの電圧V_{off}を測定する

▶全高調波ひずみ率…問題なし

周波数1 kHz，振幅1 V_{RMS}の信号を入力し，出力減衰回路の設定を1倍にしたときの全高調波ひずみ率は，0.0002%でした．これは設計仕様を十分に満足する値です．

出力減衰回路は抵抗だけで構成されているため，この部分で大きな高調波ひずみが生じることはありません．したがって，出力減衰回路の設定を1/10倍にしたときの測定は省略しました．

▶出力インピーダンス…問題なし

周波数1 kHz，振幅1 V_{RMS}の信号を回路に入力し，1 kHzの交流電圧を測定可能なディジタル・マルチメータで出力電圧を測定しました．負荷抵抗を接続しない場合と600 Ωの負荷抵抗を接続した場合の二つの出力電圧を測定し，その結果から出力インピーダンスを計算しました．図22に測定原理を示します．この測定原理はテブナンの定理の応用です．

減衰量0 dBの場合，
負荷抵抗を接続した場合：V_{on} = 0.49107 V
負荷抵抗を接続しなかった場合：V_{off} = 0.98703 V
だったので，

$$Z_{out} = \frac{99.462 - 49.654}{49.654} \times 600$$
$$= 606 \, \Omega$$

です．一方，減衰量20 dBの場合，
負荷抵抗を接続した場合：V_{on} = 49.654 mV
負荷抵抗を接続しなかった場合：V_{off} = 99.462 mV

$$Z_{out} = \frac{0.98703 - 0.49107}{0.49107} \times 600$$
$$= 602 \, \Omega$$

です．どちらもほぼ600 Ωの出力インピーダンスになっていますので，設計に問題がないことが確認できました．

（初出：「トランジスタ技術」2009年2月号特集第6章）

第1部の参考・引用*文献

● 数学
(1) 石井聡；電子回路設計のための電気／無線数学，2008年，CQ出版社．
(2) 渋谷道雄；マンガでわかるフーリエ解析，2006年，オーム社．

● 電気回路
(3) 川上正光，当麻善弘，古尾谷公子；基礎電気回路例題演習，2003年，コロナ社．
(4) 水野博之監修；アナログ信号処理技術，1994年，日経BP社（絶版）．
(5) 藤田泰弘；基本 電気・電子回路，2008年，誠文堂新光社．

● 電子回路
(6) 安藤繁；電子回路 –基礎からシステムまで–，1995年，培風館．
(7) 石橋幸男；アナログ電子回路演習 –基礎からの徹底理解–，1998年，培風館．

● 負帰還
(8) Sol Rosenstark, 奥沢熈訳；フィードバック増幅器の理論と解析，1987年，現代工学社．
(9) 杉江俊治，藤田政之；フィードバック制御入門，2007年，コロナ社．
(10) 水上憲夫；自動制御，1993年，朝倉書店．
(11) 川田章弘；電子回路シミュレータTINAを使用した負帰還安定性の検討，JAJA097, Texas Instruments Japan (http://focus.tij.co.jp/jp/lit/an/jaja097/jaja097.pdf).

● OPアンプ応用回路
(12) 馬場清太郎；OPアンプによる実用回路設計，トランジスタ技術SPECIAL増刊，2004年，CQ出版社．
(13) 本多平八郎；作りながら学ぶエレクトロニクス測定器，2001年，CQ出版社（絶版）．

● 半導体工学
(14) 竹内淳；高校数学でわかる半導体の原理，講談社ブルーバックス，2007.
(15) Betty L. Anderson, Richard L. Anderson, 樺沢宇紀訳；半導体デバイスの基礎（上，中，下），2008年，シュプリンガー・ジャパン．

※参考文献の各書籍について筆者の一言コメントを本社ウェブ・ページ (http://toragi.cqpub.co.jp/) で公開する予定です．

Supplement ツールに頼らず手も動かそう
第2部, 第3部の読み方

　第2部では, OPアンプを使ったアクティブ・フィルタ回路の設計について解説します. 第1部でアナログ回路の基礎を理解した人が, フィルタ回路をインスタント・ラーメンを作るような感覚で設計できることを目指しています.

　OPアンプ回路を学習して最初に設計する応用回路のほとんどは, 増幅回路と, それに類似した回路だと思います. 増幅回路以外の応用回路をアナログ回路ビギナが設計するとしたら何か? を考えてみました. 思い浮かんだのがアクティブ・フィルタ回路です. そこで, 第2部では, OPアンプを使った各種フィルタ回路をインスタント設計する方法を紹介します.

　半導体メーカなどから便利なフィルタ設計ツールが提供されています. これらのツールを使えば, フィルタ回路の知識がなくても回路定数が得られます.

　しかし, 設計ツールが行っているであろう計算内容を理解しないで, ツールで得られた回路定数をやみくもに使うのは, お勧めできません. その理由は, フィルタ回路を試作し, その特性を微調整しなくてはならないときに手が付けられなくなるからです.

　第2部では手計算とフィルタ設計ツールを併用して解説しています. 実験回路には, フィルタ設計ツールを使用して得られた素子定数を使っていますが, これは電子回路シミュレーションの結果から, 手計算よりツールが算出した値のほうが, より適切だと判断したからです. 手計算で回路定数を微調整する例を図Aに示します.

● 計算ツールと手計算を併用して設計する

　手計算による方法も, 単純な一方向の計算ではなく, 算出された値を前の式に戻して素子定数を再計算するという方法を使っています. 手計算であっても, なるべく計算誤差を減らすようなこの計算方法は, 設計ツールが採用している収斂計算に近い方法だと思われます. 手計算方法を知っておけば, フィルタ回路の素子定数を微調整する必要がある場合に, どの回路定数を変更すれば良いか判断できるようになります.

● 回路設計を知ったうえで専用ICを使おう

　第3部では, 第2部で触れなかったスイッチ・キャパシタ・フィルタICなど, 各種フィルタ専用IC (機能IC) について紹介しています. プリント基板の実装面積が限られていたり, マイコン制御でフィルタ特性を変更したい場合に, このようなフィルタ専用ICが使えるかもしれません.

　　　　　　＊　　　　　＊

　フィルタ回路は, 回路理論的に確立された分野で, その設計法を本当に理解するには複素関数論の知識が必要です.

　しかし, 本書ではフィルタ理論の詳細には触れていません. なぜなら, アナログ回路に興味を持ってもらう初期の段階で, このような難しい理論は不要だと思ったからです. ただし, まったく理論に触れないのも良くないので, Appendix DでチェビシェフLPFの正規化表の求め方について簡単に紹介することにしました. フィルタ理論の一端が垣間見えると思います.

　フィルタ回路の専門家になりたい人にとっては, 本書の説明はあまり役に立たないかもしれません. フィルタ理論を研究している学生や若手技術者は, 回路網理論やフィルタ理論の成書を参照してください.

　私の希望は, アナログ回路ビギナの方がインスタント設計を卒業して, いつしかより深くアナログ回路に興味を持ちフィルタ回路の専門書に目を通す日が来ることです (といっても, フィルタ理論は難解ですけど……).

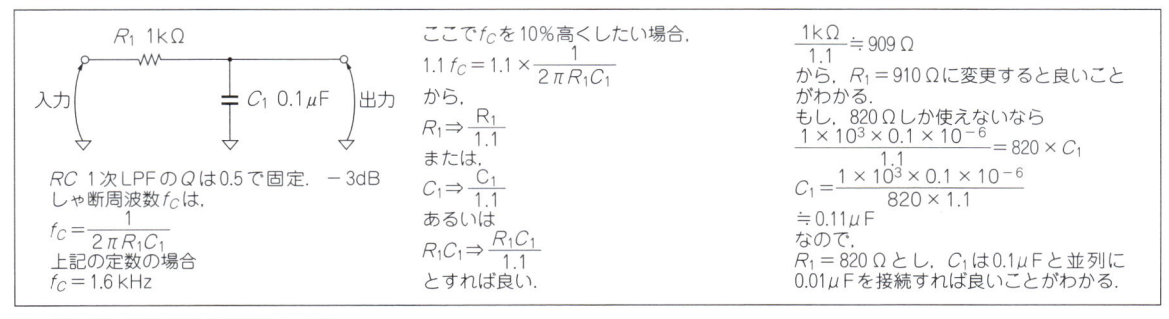

R_1 1kΩ, C_1 0.1μF

RC 1次LPFのQは0.5で固定. $-3\mathrm{dB}$
しゃ断周波数f_Cは,
$$f_C = \frac{1}{2\pi R_1 C_1}$$
上記の定数の場合
$f_C = 1.6\mathrm{kHz}$

ここでf_Cを10%高くしたい場合,
$1.1 f_C = 1.1 \times \frac{1}{2\pi R_1 C_1}$
から,
$R_1 \Rightarrow \frac{R_1}{1.1}$
または,
$C_1 \Rightarrow \frac{C_1}{1.1}$
あるいは
$R_1 C_1 \Rightarrow \frac{R_1 C_1}{1.1}$
とすれば良い.

$\frac{1\mathrm{k}\Omega}{1.1} \fallingdotseq 909\,\Omega$

から, $R_1 = 910\,\Omega$に変更すると良いことがわかる.
もし, 820Ωしか使えないなら
$\frac{1 \times 10^3 \times 0.1 \times 10^{-6}}{1.1} = 820 \times C_1$
$C_1 = \frac{1 \times 10^3 \times 0.1 \times 10^{-6}}{820 \times 1.1}$
$\fallingdotseq 0.11\,\mu\mathrm{F}$
なので,
$R_1 = 820\,\Omega$とし, C_1は0.1μFと並列に0.01μFを接続すれば良いことがわかる.

図　手計算で回路定数を微調整する例

第2部 速習！アナログ・フィルタ設計入門

Introduction Ⅱ　シグナル・チェーンが理解できる技術者をめざす
もっとアナログ回路を設計できるようになろう

みなさんは，回路設計をするとき，回路を先に考えますか？それとも信号を先に考えますか？

これは，回路設計以前の問題ですが，とてもたいせつな問題です．なぜたいせつなのかというと，それは，何が目的で，何が手段なのかを考えていることになるからです．

答えを言ってしまうと，電子回路の目的は信号を処理することです．その代表的な処理には，増幅やフィルタリングがあります．信号の周波数成分の分析（どんな周波数の成分が，どのくらいのレベルで含まれているのかを分析すること）は，極端に言えば，フィルタリングの応用です．

電子回路の目的は，信号を処理することですが，一方で電子回路を使用する目的も存在するはずです．このように「上流の目的は何か？」を考えていくことで，最終的に，「やりたいこと」という頂点に到達します．

この頂点の「やりたいこと」から，下流の「手段」へと進んでいく設計手法を「トップ・ダウン設計」と言います．現在の種々の大規模システム設計は，多くの場合，このトップ・ダウン設計という思想に基づいて行われています．回路設計という行為が，ただ技術力を誇示したいためだけの自己満足になってしまわないように気をつけたいものです．

● アナログ回路とディジタル回路

液晶テレビや，DVDレコーダなどのディジタル家電や携帯電話に代表される世の中の便利な製品には，ディジタル回路技術が使われています．

ディジタル回路技術全盛の現代において，アナログ回路技術の存在意義は何でしょうか？

逆説的な質問ですが，みなさんは，ディジタル回路とは何だと思いますか？

私は，ディジタル信号の本質が理解できている人は，アナログ回路がたいせつなことを理解できている人だと思っています．なぜなら，一般的なディジタル回路もその中を流れている電気信号はアナログだからです．

ディジタルというのは概念であって，ディジタルな信号というのは自然界には存在しません．言うなれば，ディジタル回路もアナログ回路も同じ電子回路であり，これらは自然の法則に従って動いているのです．

電子回路は，物理学の原理・原則に基づいて動作します．物理学は，自然の摂理を表現するための学問です．つまり，古典物理学で表現されるような自然界で生じているマクロ現象がアナログなのですから，当然，自然界の信号であるディジタル信号もアナログなのです．

自然界のマクロな現象って何？と思った人は，ちょっと考えてみてください．みなさんの中で「時間」は指折り数えるように刻まれていますか？

そんなことはないでしょう．「時間」は，私たちの意識の外で滑らかに連続的に流れているものです．これこそが，まさにアナログなのです．

自然界のマクロな現象はアナログですから，ディジタル回路技術が使われている製品のなかからアナログ回路技術が無くなることは当分の間はないでしょう．

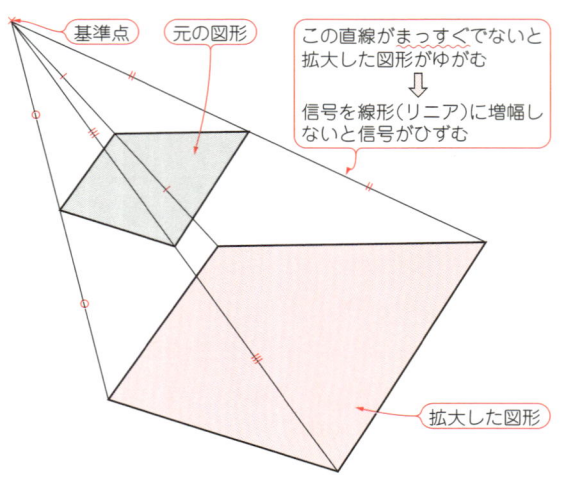

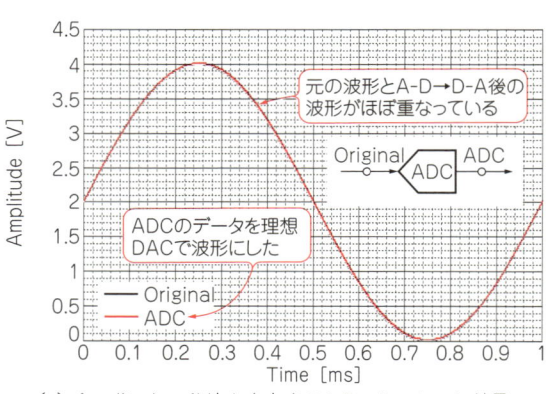

図1　信号増幅のポイントは相似な図形の作り方と似ている

図2[(4)]　入力振幅が小さくなると本来の波形が保たれない
（a）Amplitude＝4Vとしたときのシミュレーション結果

なぜなら，ディジタル信号を正確に伝送する技術や，自然界のアナログ信号をディジタル信号に変換する技術や，ディジタルに変換する前に行うアナログ信号処理などは，いずれもアナログ回路技術なくしては語れないからです．

アナログ回路とはどんな回路か

● アナログ回路は繊細な回路

アナログ回路では，0.1 Vと0.12 Vは別の電圧として取り扱うと言いました．言い替えると，アナログ回路はディジタル回路よりも感度が高く繊細ということになります．繊細ということは，雑音に弱くて悪いことしかないんじゃないか？と思いそうです．しかし，繊細ということは，言い替えれば，それだけ小さな信号を扱うことができるということです．

詩の心を理解するには，繊細な心が必要です．おおざっぱで鈍感な人は，おそらく四季の移り変わりに応じて，空気の匂いが変わるなんて言われてもピンとこないでしょう．

繊細な感性は，決して無意味ではないのと同じように，繊細な信号を感じ取れる，繊細な回路も必要なのです．アナログ回路はその繊細さゆえに，微小信号を扱うことができます．そのかわり，雑音や高調波ひずみといった目的とする信号以外の成分をいかに少なくするかという技術が問われます．

ディジタルでは，機能が重視されることが多いのですが，アナログでは質が重視されるのです．

● 増幅とは

増幅とは，外部から供給されたエネルギーを使って，信号の振幅を大きくすることです．従って，トランスのように，入力信号のエネルギー（電圧×電流）の比率を変えて出力信号を得るような場合は，増幅とは言いません．

また，信号を増幅するときの基本的なポリシーは，波形の形や周波数成分が変わらないように，信号だけを大きくすることです．これは，みなさんが中学生のときに数学で習った「相似な図形」をイメージしてもらえば良いでしょう．

念のため，図1に相似な図形の作り方を示します．図1の二つの図形は，辺の長さが2倍になっているだけで，対応する角の大きさは変わりません．つまり，対応する相似な図形は，元の図形と比較して，対応する辺の比や角度が変わっていては駄目なのです．増幅するときのポリシーも基本的にはこれと同じです．

さて，増幅とは何かについては，なんとなくでもイメージできたかと思います．

● 雑音よりも信号を大きくするためには増幅回路が必要になる

みなさんは，周囲の騒音が大きな環境で会話する必要があるとき，どうしますか？

たぶん，声を大きくすると思います．アナログ回路の一つである増幅回路が必要な理由も，これとまったく同じです．

つまり，なぜ増幅回路が必要なのかというと，伝えるべき信号を雑音よりも大きくする必要があるからです．自然界に普遍的に存在する雑音（熱雑音）もありますが，A-Dコンバータから原理的に発生する量子化雑音と呼ばれる雑音も存在します．ここで少し，量子化雑音について考えてみましょう．

● 増幅しないとたいせつな信号が雑音まみれになる

A-Dコンバータ（ADC）による変換をイメージ波形として見ることで，「増幅しなければ信号が雑音にまみれてしまう」ということをより具体的に体験できます．

Excelで作ったシミュレーション・ツールで，8ビットの理想ADCをシミュレーションしてみます．入

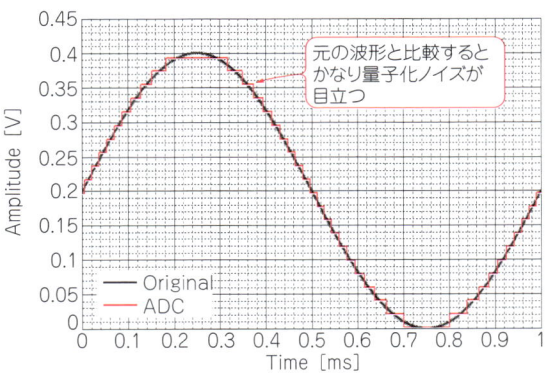

(b) Amplitude＝0.4Vとしたときのシミュレーション結果

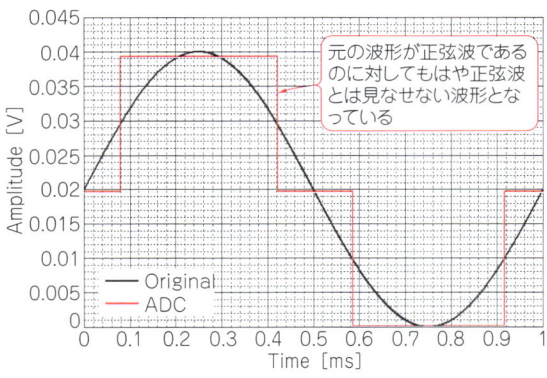

(c) Amplitude＝0.04Vとしたときのシミュレーション結果

力信号の振幅Amplitudeの値をいろいろと変化させてみて，そのときADCが出力するデータの表す波形を確認することができます．

Amplitude = 4 V，0.4 V，0.04 Vと変化させた場合のシミュレーション結果を図2(a)～(c)に示しました．

図2の結果から分かるように，ADCへの入力振幅が小さくなるほど波形がガタガタになっていることが分かります．一方，振幅が大きければ，波形は滑らかになっています．これらの波形から，ADCに入力する前に信号を増幅しておかないと，信号がガタガタ成分(量子化雑音)まみれになってしまうことが，直感的に理解できるのではないでしょうか．

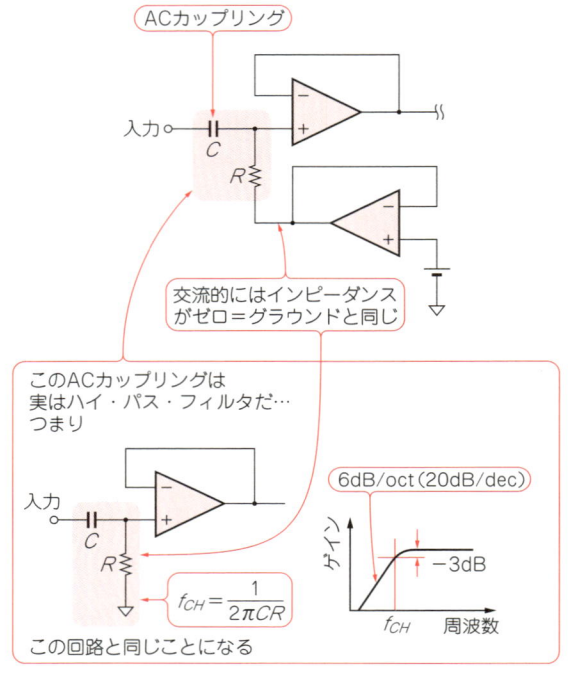

フィルタリングでできること

第2部と第3部のテーマであるフィルタは，日本語では濾波器と言います．うまい言葉をあてたなと学生時代に思ったものです．水をきれいにするフィルタを濾過器と言ったりしますから，この「濾波」という言葉には，複数の波(信号)から，必要な波(信号)を取り出すという意味が含まれていることが分かります．

▶ACカップリングもフィルタの一種

フィルタというと，難しい回路だと思う人もいるかもしれません．しかし，図3のような直流(DC)成分を信号から切り離すカップリング・コンデンサも，実はフィルタです．

なぜかというと，図3のように，このようなカップリング・コンデンサはハイ・パス・フィルタとして機能しているからです．

つまり，カップリング・コンデンサはDC成分を取り除くフィルタなのです．

▶重ね合わさった二つの信号を切り離すことができる

上記のカップリング・コンデンサの例でも分かると思いますが，フィルタには信号を分ける機能があります．

そして，この機能を使って，必要の無い周波数成分を削ぎ落とすことができます．このように必要ない周波数成分を削ぎ落とすことを帯域制限と言います．この帯域制限は，A-Dコンバータ回路で必要になったりします．

▶1ペアの配線で二つの信号を同時に送る

フィルタの基本的な考え方が分かると，いろいろ応用することができます．

図4を見てください．FMラジオの受信プリアンプを作って屋外に設置したとします．このとき，信号ライン以外に，回路を動かすための電源ラインも必要ですから，配線は，信号+電源+GNDの3本必要だと思ってしまいそうです．

でも，先ほどのACカップリングがフィルタであっ

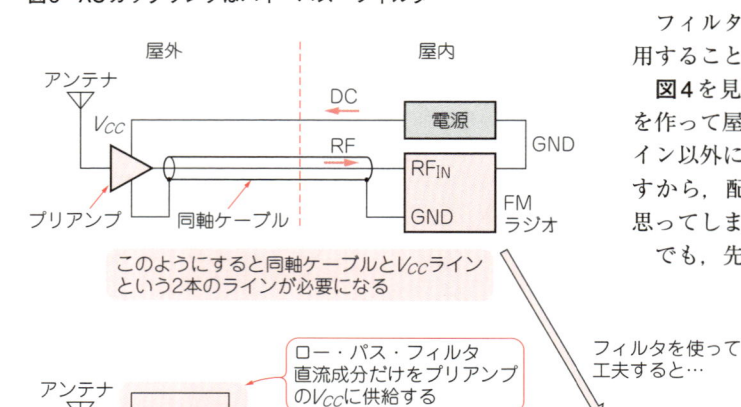

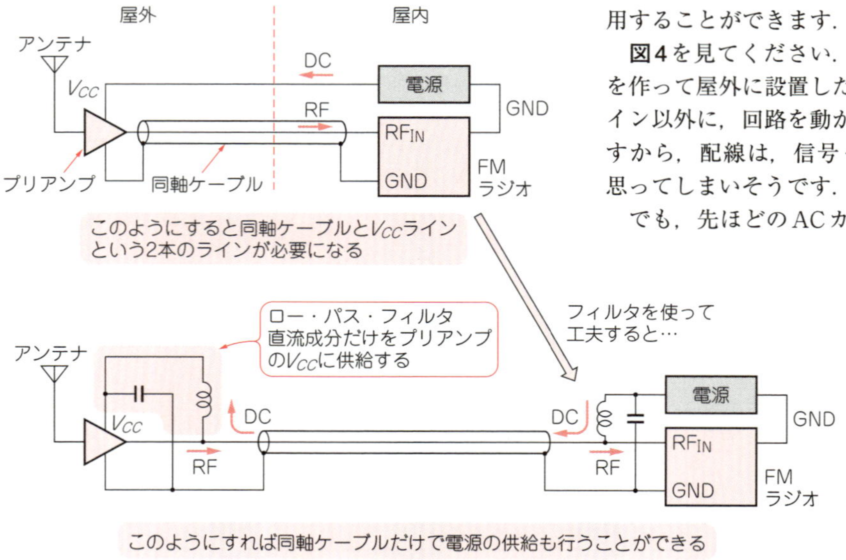

図3 ACカップリングはハイ・パス・フィルタ

図4 フィルタを使って配線数を減らすことができる

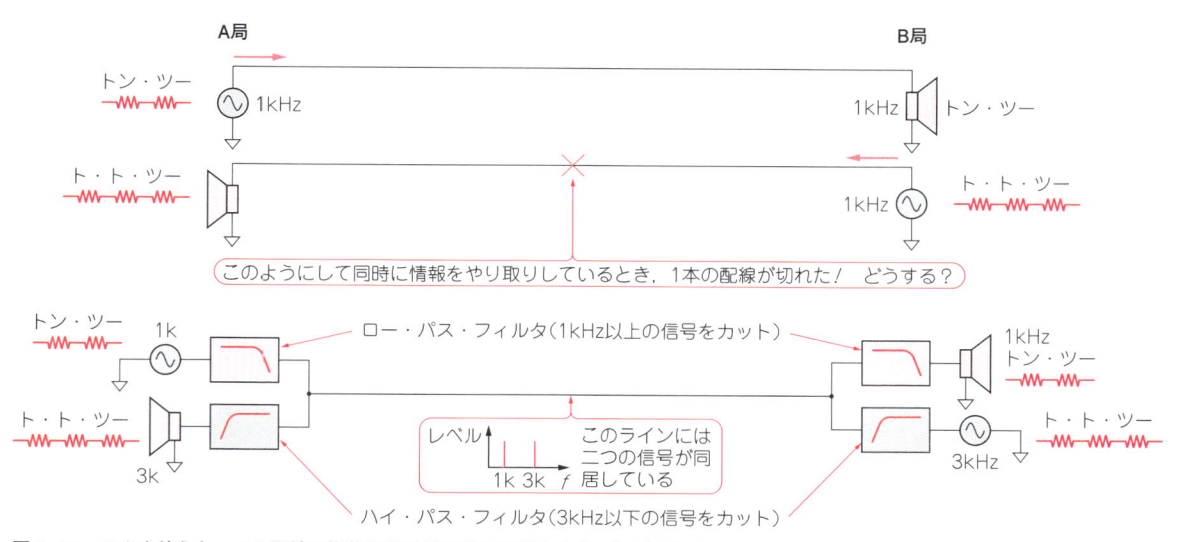

図5 フィルタを使うと一つの配線に複数の信号(情報)を同居させることができる
これは、周波数多重(FDM：Frequency Division Multiplexer や FDMA：Frequency Division Multiple Access)の考え方の基本である。

たことを思い出すと，信号と電源を共通のラインで供給できるはずです．

具体的には，図4の下側のようにすることで，信号とDC信号を一つのラインで供給できます．こうしておけば，1本の同軸ケーブルを接続するだけで，屋外の受信プリアンプを動かすことができます．

次に，一つの信号ラインで二つのモールス信号を伝えるアイデアを紹介します．これは，図5のように，二つの周波数の信号を使うことで実現することができます．図5に記載したように，信号ラインには二つの信号が混合された状態で伝わっているのですが，出力にあるフィルタで二つの信号が分離されます．その結果，図5のように，それぞれのフィルタ出力には，それぞれの異なる信号が再現されます．

● 増幅＋フィルタリング＝信号を整えること

現在では，アナログ信号をアナログ信号のまま処理して出力することはまれです．従って，増幅やフィルタリングという信号処理は，A-D変換の前やD-A変換の後で行われることが多くなっています．

A-D変換前のアナログ信号処理は，A-D変換に見合うように信号を整えていることになります．逆にD-A変換は，アナログに変換されたディジタル信号を，外界のアナログ的な現象になじむように整えていることになります．

例えば，エアコンを想像していただければ分かりやすいかもしれません．エアコンは，設定した室温になるように動いています．温度はアナログ信号ですから，このアナログ信号をセンサで検出して，ディジタル・データに変換します．そして，マイコンなどでディジタル信号処理し，出力としてコンプレッサ(モータ)を

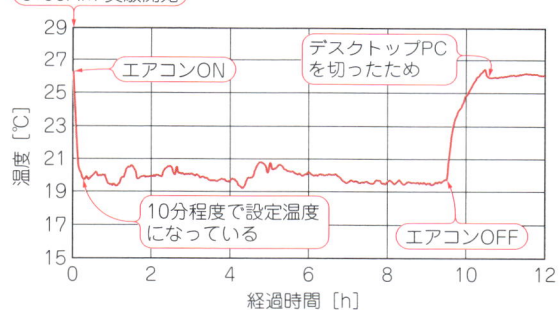

図6 エアコンを冷房(20℃)に設定し温度変化を記録した結果

駆動しています．モータ駆動はアナログですから，エアコンの中では，アナログ→ディジタル→アナログという信号処理がなされていることになります．

図6のグラフでは，エアコンが動作している間の温度がほぼ20℃付近になっていますが，これらはまさに，アナログ→ディジタル→アナログという信号処理の賜物です．

シグナル・チェーンが理解できる技術者が求められている

このような信号の流れを「シグナル・チェーン」と言います．

シグナル・チェーンを理解するには，アナログ回路，A-D/D-A変換回路，ディジタル回路という幅広い知識と経験を身に付ける必要があります．もともと，高周波回路を中心に仕事をしてきた浅学非才の私では，とても一生のうちでは身に付けられないほどの幅広さです．

私自身，まだまだ勉強中の身です．みなさんも私と

いっしょに勉強するような気持ちで本書を読んでいただければ幸いです．

(初出：「トランジスタ技術」 2008年7月号特集イントロダクション)

アナログの不得意なところはディジタルを使う　Column

● **データの記録・保存，そして演算が簡単にできる**

ディジタルの良いところ，もっと強く言えば，ディジタルが望まれるところはどこでしょうか？

ディジタルが得意なのは，数値(信号)の演算や保存です．音楽CDのディジタル・コピーが問題になるのは，この利点があるからです．

簡単に説明すると，アナログ回路では，0.1Vと0.12Vは別の電圧と考えます．しかし，ディジタル回路では，この二つの電圧は両方とも0V(Lowレベル)として取り扱ったりします．これが何を意味するのかというと，0.1Vの電圧に，0.02Vの雑音が乗っていても問題にならないということです．アナログ回路では，0.02Vの雑音は，雑音として存在することになるのですが，ディジタル回路では雑音として認識されません．そもそも，0.1Vという電圧すら認識されません．つまり，ディジタル回路は鈍感なのです．

このように，保存や複製のときに雑音が入ることなく情報を伝達できるのは，ディジタルの大きな利点でしょう．そのため，図Aのような温度を記録する装置を考える場合は，温度を電圧に変換し，A-D変換した後はすべてディジタルで取り扱うのが良いと思います．

● **リニアライズを演算で行える**

図A(b)では白金測温抵抗体という温度センサを使用しています．このようなアナログ現象をとらえるセンサは，一般的にノンリニア(非線形)な特性を持っています．

しかし，測定値はリニア(線形)な値であることが要求されるので，リニアリティ補正(非線形データを線形化する補正)が必要になります．このような補正のことをリニアライズと呼び，センサ回路ではたいせつな補正演算です．

30年以上前であれば，リニアライズはアナログ回路によって行っていました．しかし，マイコンなどの普及が進んだ現在では，リニアライズはマイコンによる演算で行うべきでしょう．数値演算であれば，回路素子定数の温度変動による影響を考える必要もなく，常に一定の演算結果が得られます．

アナログ回路はたいせつな技術に違いはないのですが，周囲温度などの影響を受けやすく，データ(電圧や電流など)の演算も容易ではありません．つまり，データを演算・保存する用途には適さない技術です．

以上のことから，数値の演算やその値を保存する技術としては，ディジタルが好ましいということになります．

なお，お遊びですが，「私は，すべてアナログでやるんだ！」という奇特な人は，アナログ・メータ式の温度計を作ることもできます．その際は，図A(b)の回路のA-Dコンバータ以降部分を削除し，回路の出力にアナログ式の電圧計をつなぐだけです．そして，温度を細かく変えながら，メータに温度目盛りをふれば完成です．

しかし，目盛り板の材質にもよりますが，その目盛りは周囲温度などの条件によって膨張収縮するはずですし，読み取り誤差も存在します．また，温度変化を記録するにも，人がメータを読み取り，紙に記入したりパソコンに入力するなどしなくてはいけません．自動的にパソコンに取り込むのではなく，人間がパソコンにデータを入力するということになります．

従って，自動測定を考えたときは，ディジタル技術が無くては話になりません．

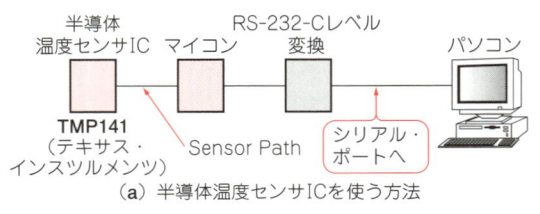

図A　室温の変化をパソコンで記録する方法

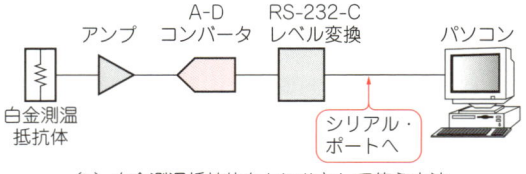

(a) 半導体温度センサICを使う方法
半導体温度センサIC(TMP141 テキサス・インスツルメンツ) → マイコン → RS-232-Cレベル変換 → パソコン(シリアル・ポートへ)

(b) 白金測温抵抗体をセンサとして使う方法
白金測温抵抗体 → アンプ → A-Dコンバータ → RS-232-Cレベル変換 → パソコン(シリアル・ポートへ)

第7章 チャレンジ！ロー・パス・フィルタの設計

高域で減衰するフィルタ回路を作るために　**ステップ1**

フィルタ設計の第1歩は，フィルタ仕様を定義することです．フィルタ回路を実現するためには信号の性質に応じていろいろな方法があります．フィルタ回路を設計するうえで必要になる最低限の知識を復習し，最後にOPアンプを使った代表的なフィルタの一つであるバターワース型ロー・パス・フィルタ回路を設計します．

ロー・パス・フィルタが設計できればフィルタの8割は問題ない

A-Dコンバータ(ADC)の前段や，D-Aコンバータ(DAC)の後段に追加するフィルタ(アンチエイリアシング・フィルタや，スムージング・フィルタ)には，多くの場合，ロー・パス・フィルタ(LPF)が使用されます．

現実には，LPFではなく，バンド・パス・フィルタ(BPF)が使用されることもあります．しかし，8割はLPFだと思ってもらってよいでしょう．従って，LPFが設計できれば，低周波アナログ回路で要求されるフィルタ回路の8割は設計できると思います．

また，実際に使われているOPアンプを使ったLPFの8割は，これから説明するVCVS型や多重帰還型と呼ばれる回路で実現されています．

つまり，第2部で説明するフィルタ回路の設計手順をマスタすれば，みなさんが必要とするアクティブ・フィルタ回路の6割は設計できることになります．

アナログ回路入門者であれば，世の中で必要なアクティブ・フィルタ回路の6割が設計できれば十分でしょう．もし，みなさんが，さらに高度なフィルタ回路設計を要求される立場(つまり，電子回路設計のプロ)になった暁には，この章の最後の参考文献(p.95)などでさらに知識を深めてください．

特に，第2部では取り扱わないOPアンプを使用したフィルタ回路として有名なのは，周波数依存負性抵抗(FDNR：Frequency Dependent Negative Resistance)回路を使用した*LC*シミュレーション型アクティブ・フィルタがあります．

FDNR型アクティブ・フィルタ回路は，高次のフィルタを精度良く容易に構成できるたいへん有用なアーキテクチャです．このフィルタ回路の設計方法については，必要に応じて，参考文献(1)(p.95)などを参照してください．

フィルタの種類

● フィルタとは必要な信号だけを取り出すもの

電子回路でいうフィルタ(filter)とは，ノイズなどのいろいろな成分が混ざった信号の中から「必要な信号」だけを取り出すための機能ブロックのことです．

ノイズ成分を含む信号の中から必要な信号だけを取り出す技術にはいろいろなものがあります．具体例を挙げると，自己相関関数を利用してノイズ成分を除去する方法や，ロックイン・アンプに使われているような同期検波によって必要な信号成分を検出する方法などです．

しかし，もっとも古典的な技術は，必要な信号と不必要な信号(ノイズ)を周波数軸上で分けて考え，信号が含まれている周波数帯域の成分だけを取り出すという方法でしょう．

そのようなわけで一般に，アナログ回路の分野でフィルタ回路と呼ばれるものは，広い周波数帯域の中からある特定の周波数成分だけを通過させることのできる回路のことを言います．ただし例外的に，振幅を変化させず位相だけを変化させるオール・パス・フィルタ(APF)というフィルタもあります．

● 信号の周波数帯によって実現方法が変わる

周波数を選択するフィルタには，いくつかの実現方法があります．大きく分けると次の三つになります．

▶ **集中定数型フィルタ**

代表例は，コイルやコンデンサを使った*LC*フィルタや，抵抗やコンデンサを使った*RC*フィルタなどです．機械的な振動を利用したものも含めると，AMラジオやFMラジオなどの中間周波数フィルタによく使われているセラミック・フィルタや，通信機器に使われているクリスタル・フィルタなどもあります．

集中定数型フィルタは数十kHzの低周波から数百MHzの高周波まで幅広く使われています．

フィルタの種類　79

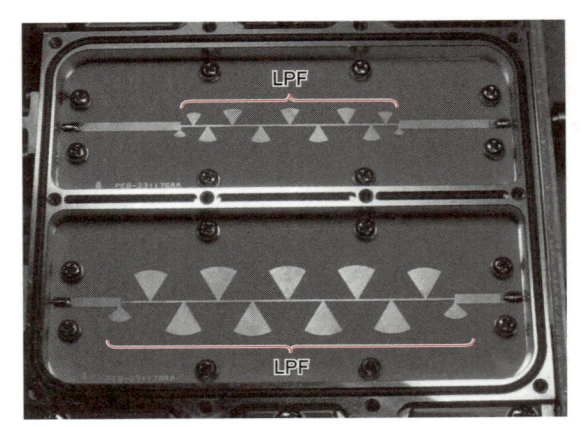

写真1(5) 分布定数型フィルタの例
上：6 GHz LPF，下：3 GHz LPF．

▶分布定数型フィルタ

代表例はマイクロストリップ線路を利用したものでしょう．本誌の読者のなかには，もしかするとなじみのないフィルタだと感じる人がいるかもしれませんので，**写真1**にマイクロ波フィルタの例を示しておきました．パターンの細くなっているところがコイルの働きをしていて，扇形のところ（ラジアル・スタブという）がコンデンサや直列共振回路の働きをするようになっています．

このようなフィルタが使われるのは数GHz以上の周波数帯域です．数GHzの周波数帯で使われるフィルタには，このほかにも表面弾性波を利用したSAW（Surface Acoustic Wave）フィルタや誘電体共振器を使った誘電体フィルタ，そしてYIG（Yttrium Iron Garnet）フィルタなどがあります．

ちなみに，低位相雑音特性が必要な高性能スペクトラム・アナライザの局部発振器には，このYIGを使用したYTO（YIG Tuned Oscillator）が使用されています．

▶アクティブ・フィルタ

アクティブ・フィルタの代表例は，OPアンプやトランジスタを使ったものでしょう．使用される周波数帯域は，直流〜数MHzです．

フィルタ回路を設計するための基礎知識

ここで，アナログ回路の知識がない人（または忘れた人）のために，フィルタ回路を設計するにあたっての最低限必要な知識をごく簡単に復習しておきます．

アナログ回路屋でもないのに，アナログ・フィルタ回路が必要になったら…とても困ると思います．もし，回りにアナログ回路屋がいればしめたものです．頼めば設計してくれるかもしれません．

さて，下記の問題は，私が社会人2年生のときに作成したフィルタ回路に関する新入社員研修用の問題の一つです．

> 問：自分が配属された部署で，同期のA君に「ちょっと，10 kHzのロー・パス・フィルタを作ってくれないか？」と頼まれました．あなたは，このA君からの情報だけで，設計することができるかどうか考えてみてください．また，あなたなら，他人にフィルタの設計を依頼するとき，最低限どういった情報（仕様）を伝えるか答えてください．

● 周波数特性を表現しよう

すぐに回答できた人は，以降の説明は不要でしょう．分からなかった人は，まず，**図1**を見てください．

ロー・パス・フィルタ（LPF），ハイ・パス・フィルタ（HPF），バンド・パス・フィルタ（BPF），そしてバンド・エリミネーション・フィルタ（BEF）の周波数特性が示されています．

さらに図を詳しく見ると，f_C, A_C, f_S, A_S といったパラメータが記入されていることに気が付くと思います．この，通過域のコーナ周波数f_Cとその点でのゲインA_C，そして阻止域のエッジ周波数f_Sとその点でのゲイン（減衰量）A_Sというのが，フィルタ仕様を伝えるうえでの最低限の情報になります．

フィルタの仕様を伝えるときは，まず最初に**図1**のような特性図を描いて，フィルタに必要な周波数特性を大まかに伝えるようにします．

● 通過させる信号の素性

図1の周波数特性を伝えることは，まず第一にやらなくてはならないことですが，それ以外にも伝えることがあります．それは，フィルタを通過させる信号の素性です．

例えば，パルス信号など，時間軸で観測したときの波形そのものが重要な場合はそのことを伝えなくてはなりません．正弦波信号の高調波ひずみの除去がメインならそう伝えます．

もし，ディジタル変調のかかった広帯域信号を通過させるなら，その変調方式や変調帯域幅，そして必要なEVM（Error Vector Magnitude）を伝えておくと良いでしょう．群遅延特性の仕様まで伝えることができれば最適です．

● 入出力インピーダンスも伝えよう

要求される仕様によっては，LCフィルタで実現しなければならない可能性もあります．従って，入出力インピーダンスの仕様も必要になります．もし，LCフィルタを使ってもよいけれど，入力は高インピーダンスで出力は低インピーダンスでなければ困るというのなら，フィルタの入出力にバッファ・アンプを入れ

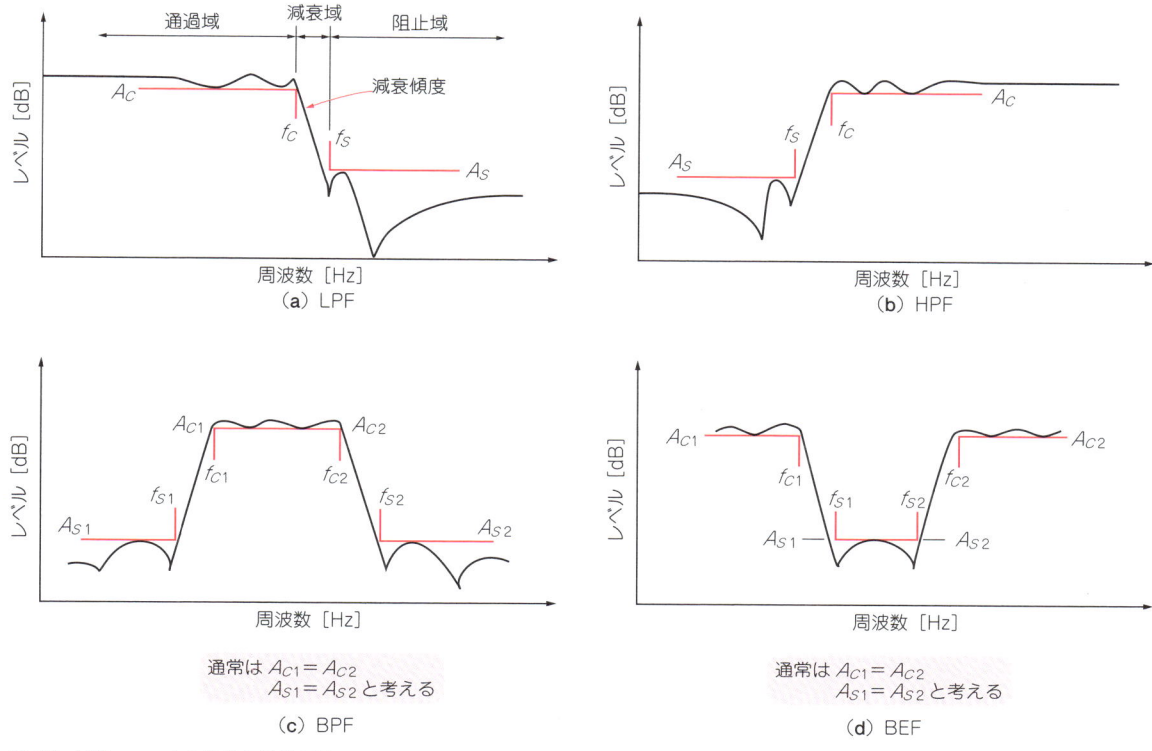

図1[5] **各種フィルタの特性と仕様項目**
フィルタ仕様は通過域のコーナ周波数f_CとゲインA_C, 阻止域のエッジ周波数f_Sと減衰量A_Sで表現する.

(a) LPF / (b) HPF / (c) BPF （通常は$A_{C1}=A_{C2}$, $A_{S1}=A_{S2}$と考える） / (d) BEF （通常は$A_{C1}=A_{C2}$, $A_{S1}=A_{S2}$と考える）

る必要があります.

フィルタ回路は, 要求仕様によって回路規模も大きく変化します. 従って, 設計依頼する場合は, 実装面積の問題など周辺回路との関連もありますので, 設計者と依頼者は連絡を密に取る必要があるでしょう.

● **いろいろなフィルタ特性**

アナログ・フィルタにはいろいろな伝達関数（フィルタ特性）があります. これらの特性についての詳細は, とても本書の手に負えるものではありませんので, 本章最後の参考文献(5)などを参照してください. ここでは, フィルタ・ユーザとして最低限知っておきたい各フィルタ特性の特徴を, ごく簡単に見ていくことにします.

▶ **バターワース特性**

ワグナー特性とも呼ばれます. 通過域がもっとも平坦で無難な特性であるために, あまり厳しい特性要求がないところで使用されます.

周波数-群遅延特性が平坦ではないため, 遮断周波数付近の周波数成分を含むパルス波形を通すと波形がひずみます.

▶ **チェビシェフ特性**

通過域にリプルをもたせることで減衰特性（減衰傾度）を急峻にしたものです. 一般にリプル量を多くするほど減衰特性は急峻になりますが, そのぶん群遅延特性も乱れることになります.

群遅延特性の変動が大きいため, パルス波形を通すと波形がひずみます. 正弦波信号の高調波ひずみを取り除くときなどによく使われます. A-Dコンバータのアンチエイリアス・フィルタに使われることもあります.

▶ **逆チェビシェフ特性**

チェビシェフ特性は, 通過域にリプルをもたせていましたが, 逆チェビシェフ特性では阻止域にリプルをもたせています. そのため通過域特性はフラットになります.

紹介した5種類のフィルタ特性のなかでは, 使われることが少ないタイプです.

▶ **ベッセル特性**

トムソン特性とも呼ばれます. 通過域において, 周波数-群遅延特性が平坦なので, パルス波形を通しても波形がひずみません. そのため, パルス回路によく使われます. ただし, 減衰特性はなだらかなので, 高調波ひずみを取り除くといった効果はあまり得られません.

パルス波形観測時の帯域制限（時間軸でのノイズ成分の除去やスムージング）に使われます. また, セトリング時間が短いため, 高速セトリングが要求される

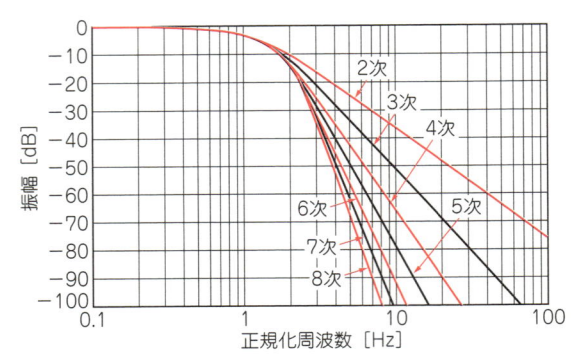

図2 ベッセル型LPFの振幅-周波数特性
このような正規化フィルタの特性を設計の参考にする．

測定回路などでも使用されます．

▶連立チェビシェフ特性（エリプティック特性）

カウエル（カウア）特性とも呼ばれます．日本でも，最近の文献を見ると，連立チェビシェフ特性ではなく英語のままエリプティック特性と書かれていたりします．減衰域にノッチを入れることによって，チェビシェフ特性よりも減衰傾度を急峻にしたフィルタです．

正弦波信号の2次高調波ひずみ成分などを除去したい場合や，現実的な次数のチェビシェフ・フィルタでは十分な減衰性能が得られない場合などに使われます．

フィルタ設計の第1歩

● フィルタに必要な次数の算出

図1に示した特性が決まったら，フィルタ特性の選択と次数の決定をします．

▶ベッセル・フィルタ

ベッセル・フィルタの次数は，図1の仕様から数式で簡単に求めることができません．従って，ベッセル・フィルタに必要な次数決定は，振幅特性を見ながら少しずつ次数を上げて判断することになります．

フィルタ設計のたびにこの作業をするのは煩雑だと思いますので，一度，2次～8次程度までの正規化フィルタを設計しておき，図2のような特性図を持っておくとよいでしょう．もし，設計プログラムを作成しようと思う場合は，図2の特性データをテーブル形式で持っておき，図1の仕様を満足する次数をサーチするような方法でインプリメントするのがもっとも簡単だと思います．

▶バターワース・フィルタ

図1のf_C, f_S, およびA_C, A_Sから，次式によって必要な次数Nを決定できます．

$$N = \text{INT}\left[\frac{\log\left(\frac{10^{A_S/10}-1}{10^{A_C/10}-1}\right)}{2\log\left(\frac{f_S}{f_C}\right)} + 0.5\right] \cdots\cdots (1)$$

数式に含まれるINT[ ]は，求まった値を整数に丸めることを意味しています．表計算ソフトウェアExcelの関数にINT()があるので，便宜的にこの表現を使っています．これ以降の式でも同様です．

▶チェビシェフ・フィルタ／逆チェビシェフ・フィルタ

図1のf_C, f_S, A_C, A_Sから，フィルタの次数Nを次式で求めます．

$$N = \text{INT}\left[\frac{\frac{1}{2}\cosh^{-1}\left(\frac{10^{A_S/10}-1}{10^{A_C/10}-1}\right)}{\cosh^{-1}\left(\frac{f_S}{f_C}\right)} + 0.5\right] \cdots\cdots (2)$$

▶エリプティック・フィルタ

図1のf_C, f_S, A_C, A_Sから，フィルタの次数Nを次式で求めます．

$$N = \text{INT}\left[\frac{\log(r)}{\log(q)} + 0.5\right] \cdots\cdots\cdots\cdots (3)$$

$q = M + 2M^5 + 15M^9 + 150M^{13} + \cdots$
$r = N + 2N^5 + 15N^9 + 150N^{13} + \cdots$

$$M = \frac{1}{2}\frac{1-(1-k^2)^{\frac{1}{4}}}{1+(1-k^2)^{\frac{1}{4}}}$$

$$N = \frac{1}{2}\frac{1-(1-L^2)^{\frac{1}{4}}}{1+(1-L^2)^{\frac{1}{4}}}$$

$$k = \frac{f_C}{f_S}, \quad L = \sqrt{\frac{10^{A_C/10}-1}{10^{A_S/10}-1}}$$

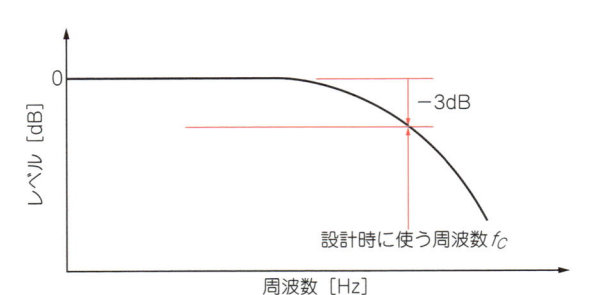

図3[5] フィルタの伝達関数とf_Cの定義
フィルタの伝達関数によって通過域のコーナ周波数でのゲインが異なる．

(a) バターワース・フィルタやベッセル・フィルタ

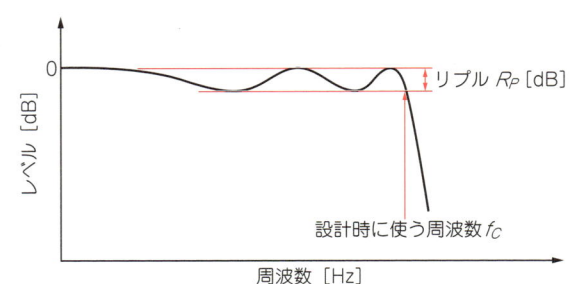

(b) チェビシェフ・フィルタやエリプティック・フィルタ

● **コーナ周波数はゲインが－3dBになる周波数とは限らない**

ところで，フィルタは必ず遮断周波数（－3dBカットオフ周波数）を元に設計するものだと思っていませんか？もしそう思っているなら，これまでに出てきたコーナ周波数は，－3dBカットオフ周波数のことだと思ってしまいそうです．

図3を見てください．バターワース・フィルタやベッセル・フィルタでは，設計時に使う周波数f_Cは，振幅特性で－3dBとなる周波数と一致します．しかし，チェビシェフ・フィルタやエリプティック・フィルタでは，f_Cは規定したリプルの大きさR_P［dB］だけ減衰する通過域のエッジ周波数を示しているのです．初心者は特に勘違いしやすいので，このことは覚えておくとよいでしょう．

数表を使った ロー・パス・フィルタ設計の基礎

基本的なアクティブ・フィルタ回路は，2次のフィルタ回路と1次のCRフィルタ回路を組み合わせて構成します．ロー・パス・フィルタ（LPF）を作るための回路方式はいくつもあるのですが，最初はVCVS型（Sallen-Key型）を考えればよいでしょう．次に覚えておくとよいのが多重帰還型（MFB型）です．

ゲイン1倍のVCVS型2次LPFの回路を図4に示します．そして，図5は多重帰還型2次LPFの回路です．

ゲインを1倍以外に設定してLPFを設計することもできます．しかし，入門としてはゲイン1倍の設計ができれば十分なので，ここではゲイン1倍のLPFを考えます．任意のゲインのLPFを設計するには，本章最後の参考文献を参照してください．

● **フィルタ・タイプを決める**

ここでは，A-Dコンバータの前に必要となるアンチエイリアス・フィルタを題材にします．アンチエイリアス・フィルタの目的は，折り返し成分の除去です．

また，このフィルタ回路に通過させる信号はモノラル音声信号なので，群遅延特性があまりフラットでなくても大きな問題にはならないでしょう．

これは，私たち人間の聴覚が，モノラル音の位相変化について鈍感なためです．普通の人は，位相が乱れて音響信号の波形が崩れていても，そのパワー・スペクトラムが同じであれば，同じ音に聞こえます．ただし，人間の耳は左右の位相差については敏感ですから，ステレオ信号での位相の乱れは大きな問題になります．

簡単な回路構成で作れることを考えると，バターワース・フィルタかチェビシェフ・フィルタが候補です．ツールによる検討の結果，5次のバターワース・フィルタで十分な性能が得られそうでしたので，今回はバターワース・フィルタを使うことにしました．

バターワース・フィルタは，とてもバランスの取れたフィルタ回路なので，最初に検討すべき回路です．もし，バターワース・フィルタで実現できないような特性であれば，他の伝達関数を検討します．

次数の決め方

同じフィルタ・タイプなら次数が大きいほど減衰傾度が急峻になりますが，回路が複雑です．

次数を決めるには，フィルタに必要な周波数特性が分かっている必要があります．ここでは，SAR（逐次比較）型ADC回路用のアンチエイリアス・フィルタと考えて，必要な周波数特性を考えてみます．

ADCのサンプリング周波数を50kHzとすると，ナイキスト周波数は25kHzになります．従って，図6

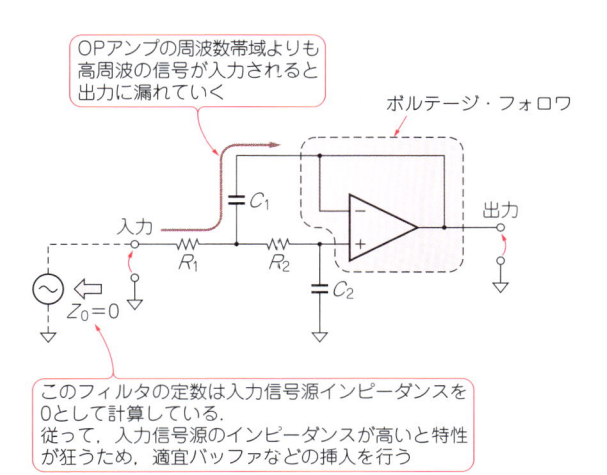

図4　VCVS型2次LPF（アクティブLPFの基本要素）

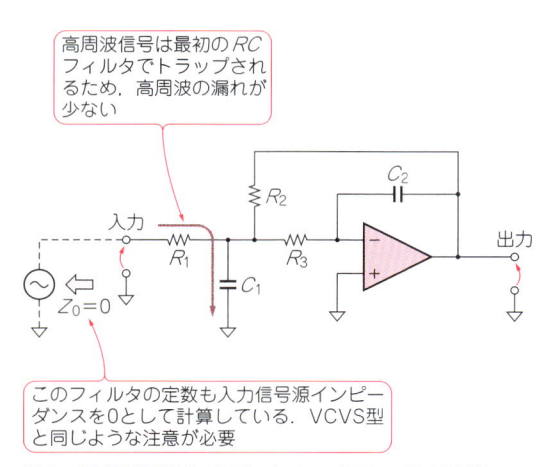

図5　多重帰還型2次LPF（アクティブLPFの基本要素）

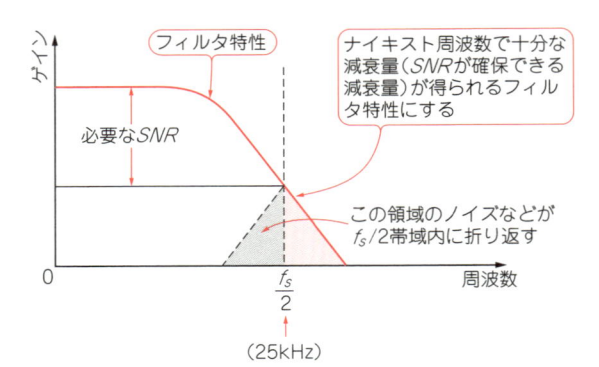

図6⁽⁴⁾ アンチエイリアス・フィルタに必要な特性の考えかた

のように，この25kHzでADCの理想SNRが得られるようなフィルタを設計すれば良いことになります．

● まずはナイキスト周波数で必要な減衰量を求める

ここで，ADCの分解能nを8ビットとすると，入力信号が正弦波であるときの理想SNR R_{SN} [dB]は，

$$R_{SN} = 6.02\,n + 1.76 \cdots\cdots\cdots\cdots (4)$$
$$= 6.02 \times 8 + 1.76$$
$$= 49.92\,\text{dB}$$

です．SNRの値から，25kHzで−50dB程度の減衰量が得られれば良いことになります．

● 必要な減衰量の別の考え方

上記の考え方がイマイチ分かりにくいという場合は，次のように考えても良いと思います．

ADCモジュールにフル・スケール振幅V_{FSR}を持つ信号が入力されたと考えます．この信号のレベルが，(1/2)LSB以下の振幅に減衰すれば，ADCの入力感度（変換に影響するレベル）以下となりますから，入力信号がディジタルに変換されることはなくなります．そこで，次の条件を考えることができます．

$$V_{FSR} \times 10^{-A_S/20} \leq \frac{1}{2}\text{LSB}$$

ただし，A_S：フィルタの減衰量，n：ADCのビット数

この式を変形して両辺の対数をとると，

$$A_S \geq 20\log\left(\frac{V_{FSR}}{\frac{1}{2}\text{LSB}}\right)$$

ここで，

$$\text{LSB} = \frac{V_{FSR}}{2^n - 1}$$

なので，

$$A_S \geq 20\log\{2(2^n - 1)\} \cdots\cdots\cdots\cdots (5)$$

となります．

この式で，ADCの分解能を8ビット，つまり$n=8$とすると，

$$A_S \geq 20\log\{2(2^8 - 1)\} \approx 54.2\,\text{dB}$$

です．式(5)で求めると，式(4)で求めた結果よりも少し大きな減衰量が必要なことになってしまいますが，考え方自体は分かりやすいのではないでしょうか？

実際には，V_{SFR}が量子化雑音レベル以下となれば良いため，式(4)で求めれば十分ということになります．

● 実際にはもう少し小さな減衰量ですむ

さらに現実的に考えれば，式(4)のような理論的なSNRではなく，実際に使用するADCで得られるSINAD [dB]より大きな減衰量となるように次数を決定すれば十分です．

● 減衰量から次数を求める

バターワース・フィルタに必要な次数Nは，−3dBカットオフ周波数f_C [Hz]と遮断域の周波数f_S [Hz]，減衰量A_S [dB]から，次式で求めることができます．

$$N = \text{INT}\left[0.5 + \frac{\log\left(\frac{10^{A_S/10} - 1}{0.99526}\right)}{2\log(f_S/f_C)}\right] \cdots\cdots (6)$$

ただし，$A_S > 0$とする（例：f_Sでのゲイン：−20dBの場合は，$A_S = 20$とする）

式(6)で，INT[ ]は整数に丸めることを意味しています．

ここで，$f_C = 7.8\,\text{kHz}$, $f_S = 25\,\text{kHz}$, $A_S = 50\,\text{dB}$として計算すると，

$$N \approx \text{INT}\left[0.5 + \frac{\log\left(\frac{10^{(50/10)} - 1}{0.99526}\right)}{2\log\left(\frac{25}{7.8}\right)}\right]$$

$$\approx \text{INT}\left[0.5 + \frac{\log\left(\frac{99999}{0.99526}\right)}{2\log(3.205)}\right]$$

$$\approx \text{INT}\left[0.5 + \frac{5.002}{2 \times 0.5058}\right]$$

$$\approx \text{INT}\,[0.5 + 4.945]$$
$$\approx \text{INT}\,[5.445]$$
$$= 5$$

となります．従って，設計するLPFの次数は5とします．

● フィルタは次数の低い順に並べる

次に，図4のVCVS型2次LPF回路を元に定数を計算していきます．設計するフィルタは5次なので，回路は図7のようになります．このように，1次や2次のフィルタを並べて高次のフィルタを作るときのポイントは，Qの低い順に並べることです．Qが低い順というのは，言い換えるとゲインが小さいということで

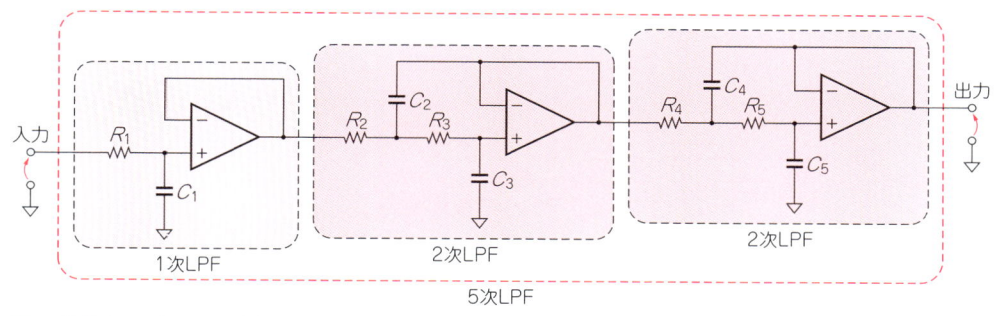

図7 設計する5次LPF回路（VCVS型）

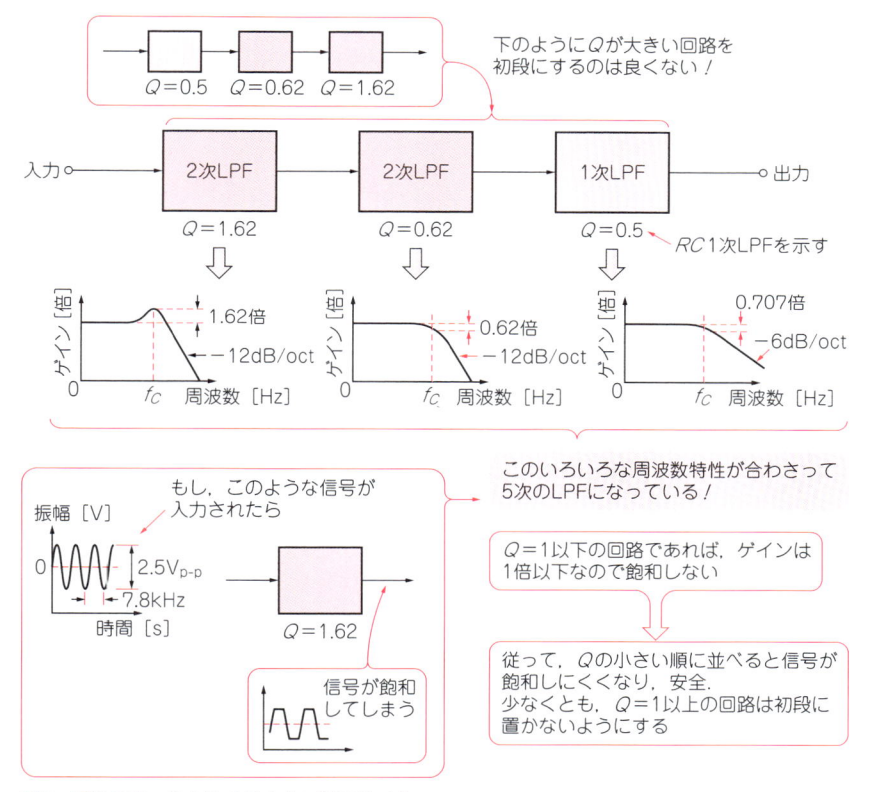

図8 高次のフィルタはQの小さい順に並べる

す．

　なぜ，このようにQが低い順に並べるのかというと，信号が飽和しないようにするためです．図8を見てください．入力される信号にはLPFの通過帯域ぎりぎりの信号や，帯域外の信号が多く含まれている可能性があります．もし，最初に高次のLPFを置いてしまうと，最初のLPFで信号がひずんでしまいます．このひずみによって高調波が発生し，その高調波は後段へと伝わっていきます．後段もLPFですから，当然，高調波はある程度減衰します．しかし，残留高調波ひずみとして出力に現れてしまうことは防ぎようがありません．

　従って，信号がひずんでしまわないように，最初には低次のLPFを置きます．こうしておけば，帯域外の周波数成分をある程度減衰してから後段に伝えることになるため，信号がひずんでしまう可能性は低くなります．

　しかしながら，通過帯域外信号のレベルがOPアンプで取り扱える信号レベル（電源電圧）よりも大きな場合には，信号はひずんでしまいます．これは，アクティブ・フィルタの欠点の一つです．もし，インパルス性の大きな雑音などが入力される可能性のある場合は，アクティブ・フィルタの前に，必ず図9のようなパッシブ・フィルタを設けるようにすべきでしょう．

次数の決め方　85

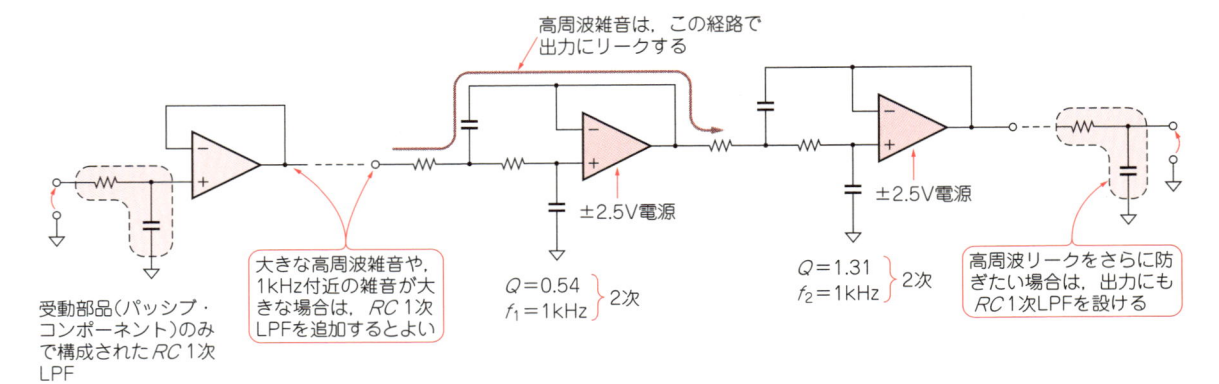

図9 高周波の雑音対策で RC 1次 LPF を追加することもある

- 高周波雑音は，この経路で出力にリークする
- 大きな高周波雑音や，1kHz付近の雑音が大きな場合は，RC 1次LPFを追加するとよい
- $Q=0.54$, $f_1=1$kHz (2次)
- $Q=1.31$, $f_2=1$kHz (2次)
- ±2.5V電源
- 高周波リークをさらに防ぎたい場合は，出力にも RC 1次LPFを設ける
- 受動部品（パッシブ・コンポーネント）のみで構成された RC 1次 LPF

表1[(1)] バターワース LPF の正規化表

		f_n		Q_n
2次	f_1	1.0	Q_1	0.707107
3次	f_1	1.0	Q_1	0.5
	f_2	1.0	Q_2	1.000000
4次	f_1	1.0	Q_1	0.541196
	f_2	1.0	Q_2	1.306563
5次	f_1	1.0	Q_1	0.5
	f_2	1.0	Q_2	0.618034
	f_3	1.0	Q_3	1.618034
6次	f_1	1.0	Q_1	0.517638
	f_2	1.0	Q_2	0.707107
	f_3	1.0	Q_3	1.931852
7次	f_1	1.0	Q_1	0.5
	f_2	1.0	Q_2	0.554958
	f_3	1.0	Q_3	0.801938
	f_4	1.0	Q_4	2.246980
8次	f_1	1.0	Q_1	0.509796
	f_2	1.0	Q_2	0.601345
	f_3	1.0	Q_3	0.899976
	f_4	1.0	Q_4	2.562915

● 数表を使って計算する

手計算でフィルタ定数を決めるときは，**表1**のような数表を使うと簡単です．このような数表のことを**正規化表**と言います．ここで設計するフィルタはバターワース・フィルタですが，同じような回路構成でベッセル型やチェビシェフ型を設計することも可能です．

図10(a)～(c) に各ステージのフィルタ定数の計算過程を示しました．また，**図10(d)**（p.88）は，2次 LPF の設計手順のまとめになります．

使用する OP アンプを選ぶ

実際にフィルタ回路を製作するときは，適切な OP アンプを選ぶ必要があります．この OP アンプの選定は，フィルタ回路の設計のなかでとてもたいせつな作業です．もし，OPアンプの選定を間違うと，設計どおりのフィルタ特性を得ることができません．

そこで，フィルタ回路の製作に失敗しないように，フィルタ回路に使う OP アンプの選び方を簡単に説明

(a) 反転増幅回路
$G = -\dfrac{R_2}{R_1}$
$\beta = \dfrac{R_1}{R_1+R_2}$
$G = -\dfrac{R_2}{R_1}\left(1-\dfrac{1}{A_{open}\beta}\right)$

(b) 非反転増幅回路
$G = 1+\dfrac{R_2}{R_1}$
$\beta = \dfrac{R_1}{R_1+R_2}$
$G = 1+\dfrac{R_2}{R_1}\left(1-\dfrac{1}{A_{open}\beta}\right)$

(c) ボルテージ・フォロワ
$G = 1$
$\beta = 1$
$G = \left(1-\dfrac{1}{A_{open}\beta}\right)$

オープン・ループ・ゲイン A_{open} と帰還率 β を考慮するとゲイン G [倍] の式は以下のようになる

各式中の $\dfrac{1}{A_{open}\beta}$ はゲイン誤差と呼ばれる

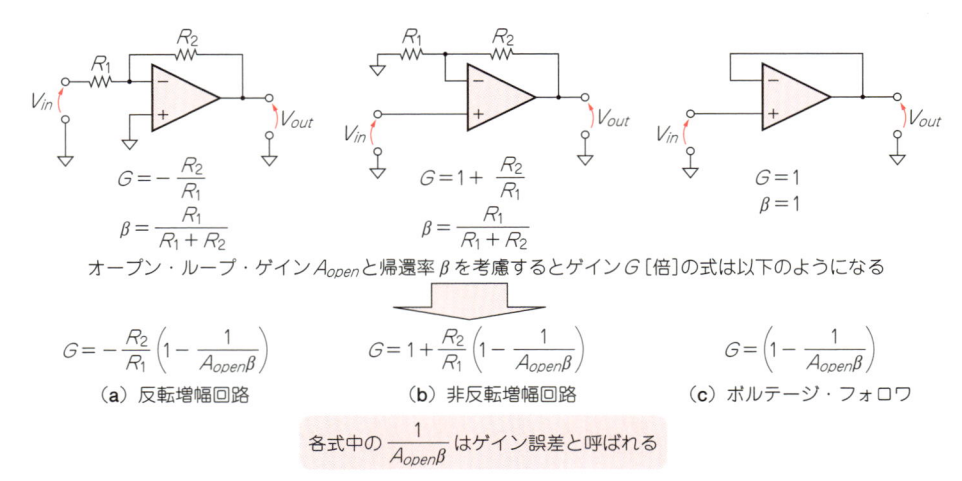

図11[(4)] 実際の OP アンプではゲイン誤差が発生する

(a) 1段目の1次LPFを設計する

表1から
　　$f_1 : 1.0,\ Q_1 : 0.5$
なので, RC1次LPFを設計する.

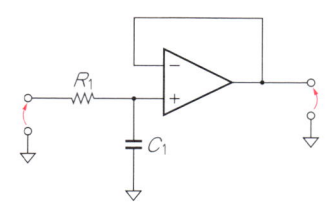

上記の回路の遮断周波数f_Cは

$$f_C = \frac{1}{2\pi C_1 R_1}$$

となる.

■ ステップ1:R_1を決める
フィルタの入力インピーダンスZ_{in}〔Ω〕は,

$$|Z_{in}| = \sqrt{R_1^2 + \left(\frac{1}{\omega C_1}\right)^2}$$

なのでR_1を小さくしすぎると, f_C付近の入力インピーダンスが低くなる.

これにより, 入力信号源のドライブ能力が小さいと, 正常に回路を駆動できなくなる可能性がある.

そこで, 経験的に$R_1 = 10$kΩとする.

■ ステップ2:C_1を決める

$$C_1 = \frac{1}{2\pi f_C R_1}$$

を計算する.

ここで, 5次LPFの設定周波数f_0は7.8kHzなので,
　　$f_C = f_1 \cdot f_0 ≒ 1.0 \times 7.8 \times 10^3$

よって

$$C_1 ≒ \frac{1}{2\pi \times 1.0 \times 7.8 \times 10^3 \times 10 \times 10^3}$$
　　$≒ 2.0$ nF

E6系列で丸めて,
　　$C_1 = 2200$ pF
に決定する.

■ ステップ3:R_1を再計算する
ここでR_1の値を再計算する.

$$R_1 = \frac{1}{2\pi f_C C_1}$$
$$≒ \frac{1}{2\pi \times 1.0 \times 7.8 \times 10^3 \times 2.2 \times 10^{-9}}$$
　　$≒ 9.3$ kΩ

E24系列で丸めて
　　$R_1 = 9.1$ kΩ
とする.

以上のような反復計算により,
　　$R_1 = 9.1$ kΩ
　　$C_1 = 2200$ pF
と決める.

(b) 2段目の2次LPFを設計する

表1から
　　$f_2 : 1.0,\ Q_2 = 0.618034$
である.
ここで, 下記の2次LPFの定数を決める.

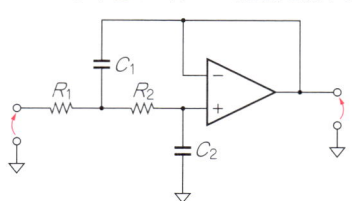

設計式
　　$R_f = R_1 = R_2$
　　$C_f = \dfrac{1}{2\pi f_C R_f}$
　　$C_1 = 2QC_f$
　　$C_2 = \dfrac{C_f}{2Q}$

■ ステップ1:$R_f = R_1 = R_2$を決める
10kΩに仮決定する.
■ ステップ2:C_1, C_2を決める

$$C_f = \frac{1}{2\pi f_C R_f}$$

ここで（表1のf_2の値）
　　$f_C = 1.0 \times 7.8 \times 10^3$とすると,

$$C_f ≒ \frac{1}{2\pi \times 1.0 \times 7.8 \times 10^3 \times 10 \times 10^3}$$
　　$≒ 2.0$ nF

よって
　　$C_1 = 2QC_f$
　　　$≒ 2 \times 0.618034 \times 2.0 \times 10^{-9}$
　　　$≒ 2.47$ nF

E6系列で丸めて
　　$C_1 = 3300$ pF
とする. ここでC_fを再計算すると,

$$C_f = \frac{C_1}{2Q}$$
$$≒ \frac{3.3 \times 10^{-9}}{2 \times 0.618034}$$
　　$≒ 2.67$ nF

このC_fでC_2を計算すると,

$$C_2 = \frac{C_f}{2Q}$$
$$≒ \frac{2.67 \times 10^{-9}}{2 \times 0.618034} ≒ 2.16 \text{nF}$$

E6系列で丸めて,
　　$C_2 = 2200$ pF
とする.
■ ステップ3:$R_f = R_1 = R_2$を再計算する

$$C_f = \sqrt{C_1 C_2}$$
$$≒ \sqrt{3.3 \times 10^{-9} \times 2.2 \times 10^{-9}}$$
　　$≒ 2.69$ nF

従って

$$R_f = \frac{1}{2\pi f_C C_f}$$
$$≒ \frac{1}{2\pi \times 1.0 \times 7.8 \times 10^3 \times 2.69 \times 10^{-9}}$$
　　$≒ 7.59$ kΩ

E24系列で丸めて,
　　$R_f = R_1 = R_2 = 7.5$ kΩ
とする.

(c) 3段目の2次LPFを設計する

表1から
　　$f_3 : 1.0,\ Q_3 : 1.618034$
である.
ここで, (b)と同様に下記の2次LPFの定数を決める.

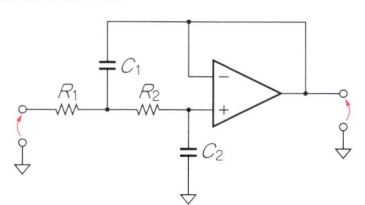

設計式
　　$R_f = R_1 = R_2$
　　$C_f = \dfrac{1}{2\pi f_C R_f}$
　　$C_1 = 2QC_f$
　　$C_2 = \dfrac{C_f}{2Q}$

■ ステップ1:$R_f = R_1 = R_2$を決める
10kΩに仮決定する.
■ ステップ2:C_1, C_2を決める

$$C_f = \frac{1}{2\pi f_C R_f}$$

ここで（表1のf_3の値）
　　$f_C = 1.0 \times 7.8 \times 10^3$とすると,

$$C_f ≒ \frac{1}{2\pi \times 1.0 \times 7.8 \times 10^3 \times 10 \times 10^3}$$
　　$≒ 2.0$ nF

よって
　　$C_1 = 2QC_f$
　　　$≒ 2 \times 1.618034 \times 2.0 \times 10^{-9}$
　　　$≒ 6.47$ nF

E6系列で丸めて,
　　$C_1 = 6800$ pF
とする. ここでC_fを再計算すると,

$$C_f = \frac{C_1}{2Q}$$
$$≒ \frac{6.8 \times 10^{-9}}{2 \times 1.618034}$$
　　$≒ 2.10$ nF

このC_fでC_2を計算すると,

$$C_2 = \frac{C_f}{2Q}$$
$$≒ \frac{2.10 \times 10^{-9}}{2 \times 1.618034}$$
　　$≒ 649$ pF

E6系列で丸めて,
　　$C_2 = 680$ pFとする.
■ ステップ3:$R_f = R_1 = R_2$を再計算する

$$C_f = \sqrt{C_1 C_2}$$
$$≒ \sqrt{6.8 \times 10^{-9} \times 680 \times 10^{-12}}$$
　　$≒ 2.15$ nF

従って

$$R_f = \frac{1}{2\pi f_C C_f}$$
$$≒ \frac{1}{2\pi \times 1.0 \times 7.8 \times 10^3 \times 2.15 \times 10^{-9}}$$
　　$≒ 9.49$ kΩ

E24系列で丸めて
　　$R_f = R_1 = R_2 = 9.1$ kΩ
とする.

図10 VCVS型LPFのフィルタ定数の計算過程

使用するOPアンプを選ぶ

設計手順

$R_f = R_1 = R_2$ を適当に決める

$C_f = \dfrac{1}{2\pi f_C R_f}$ より C_f を算出する.
ここで，$f_C = f_n f_0$ [f_n：正規化表(**表1**)のスケーリング係数, f_0：設計周波数]

$C_1 = 2Q_n C_f$ より C_1 を算出する[Q_n：正規化表(**表1**)のQ値]

C_1 をE系列で丸める

$C_f = \dfrac{C_1}{2Q_n}$ より C_f を再計算

$C_2 = \dfrac{C_f}{2Q_n}$ より C_2 を算出する（C_f は再計算値）

C_2 をE系列で丸める

C_1，C_2 の丸め誤差によっては，$C_f = \sqrt{C_1 C_2}$ により再度 C_f を算出する

$R_f = \dfrac{1}{2\pi f_C C_f}$ より $R_f = R_1 = R_2$ を再計算，E系列で丸める

R_1，R_2，C_1，C_2 が求まる

$R_f = R_1 = R_2$
$C_f = \dfrac{1}{2\pi f_C R_f}$
ただし，
$f_C = f_n f_0$

正規化表の f_n の値
フィルタ全体の設計周波数（バターワース，ベッセルなら－3dB遮断周波数と一致）

$C_1 = 2Q C_f$
$C_2 = \dfrac{C_f}{2Q}$

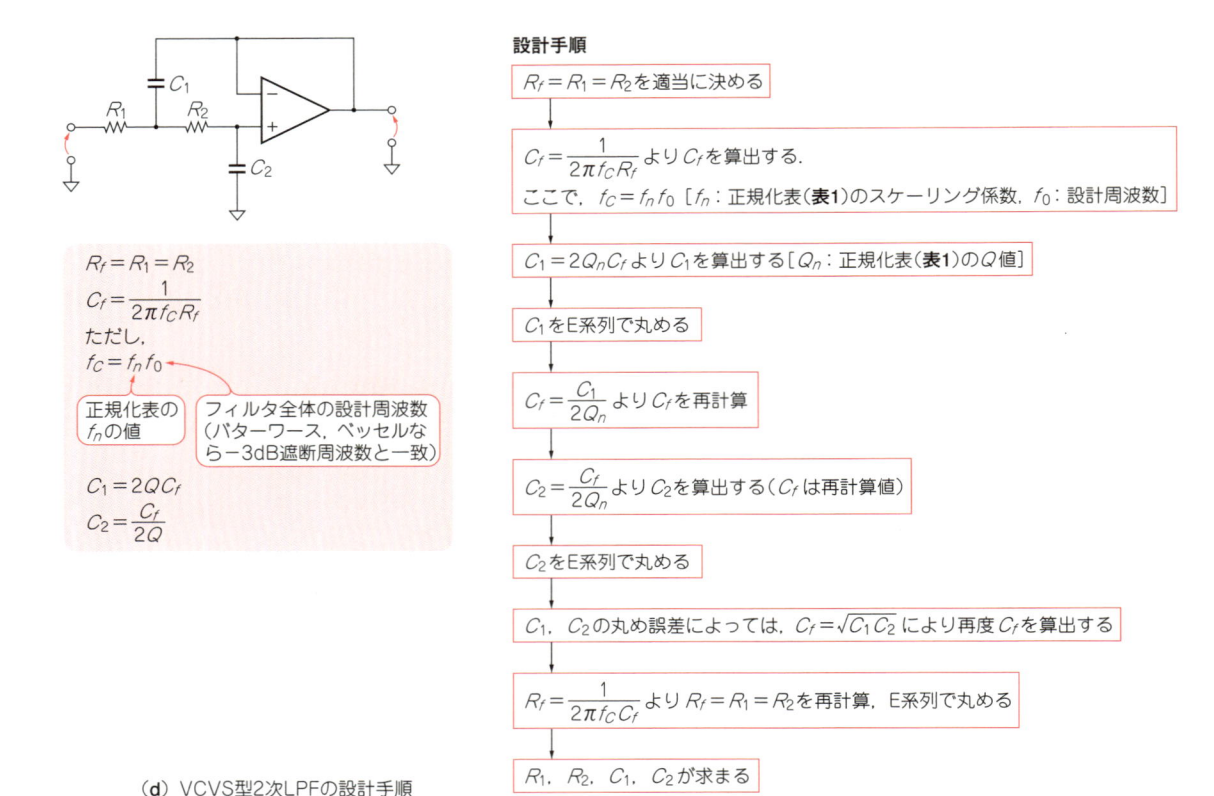

（d）VCVS型2次LPFの設計手順

図10 VCVS型LPFのフィルタ定数の計算過程（つづき）

● アンプのゲイン誤差（$1/A_{open}\beta$）に注目する

ゲイン誤差を考慮したOPアンプのゲインを求める式を**図11**（p.86）に示します.

図11の式から分かるように，$1/A_{open}\beta$ はゲイン誤差の大きさを示すことになります．$A_{open}\beta$ が大きな領域では，誤差は小さいのですが，この値が小さくなるとゲイン誤差が発生します．正規化表の値や後述するシミュレータFilterProでの定数設計は，この $A_{open}\beta$ が十分に大きく，ゲイン誤差がないとして計算しています．従って，使用するOPアンプを適切に選ばないとゲイン誤差が無視できなくなり，設計どおりのフィルタ特性が得られません．

そのため，フィルタに使用するOPアンプは，ゲイン誤差が十分に小さくなるように選びます．具体的には，ゲイン誤差が1％以下となるように選ぶと良いでしょう．

● VCVS型LPFに使うOPアンプを選ぶ

VCVS型LPFの場合，OPアンプに必要なGB積 GBWは各段の設計周波数 f_{Cn} と Q から簡易的に以下の式によって決定すればよいでしょう［参考文献(7)より］．

なお，各段の設計周波数 f_{Cn} は，正規化表の f_n の値と，フィルタ全体の設計周波数 f_0 から，以下の式で求めます．

$f_{Cn} = f_n \times f_0$

Q が1よりも大きいステージの場合：
$GBW \geq G \times f_{Cn} \times Q_n^3 \times 100$

Q が1以下のステージの場合：
$GBW \geq G \times f_{Cn} \times 100$

Q が0.5の1次LPFステージについては，
$GBW \geq G \times f_{Cn} \times 0.5 \times 100$

式中のゲインGは，各ステージのフィルタのゲイン［倍］です．今回設計したフィルタの場合は1になります．

Qの値が3乗で f_n にかかりますので，Qが1よりも大きなステージに使用されるOPアンプは，このあと説明する多重帰還型よりも大きなGB積が必要になることが分かります．つまり，Qの大きなフィルタについては，多重帰還型と比較してVCVS型は作りにくいということです．

ここで，設計したVCVS型LPF（遮断周波数7.8 kHz）に必要なOPアンプのGB積GBWを計算してみます．

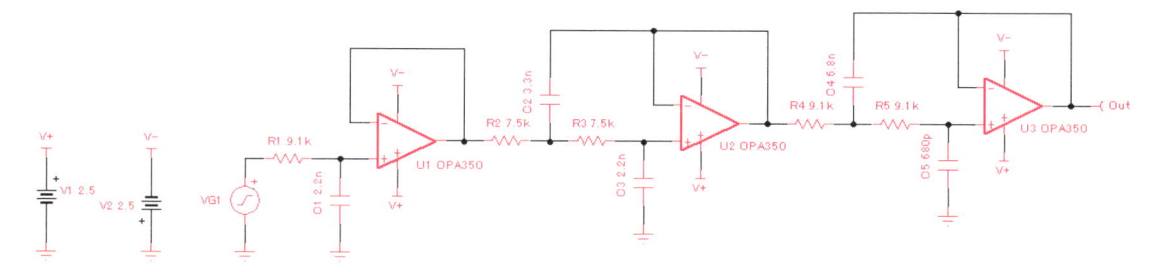

図12 設計を完了した回路（シミュレーション回路）

1段目：
$$GBW_1 \geq G \times f_{Cn} \times 0.5 \times 100$$
$$= 1 \times 1.0 \times 7.8 \times 10^3 \times 0.5 \times 100$$
$$= 390 \text{ kHz}$$

2段目：
$$GBW_2 \geq G \times f_{Cn} \times 100$$
$$= 1 \times 1.0 \times 7.8 \times 10^3 \times 100$$
$$= 780 \text{ kHz}$$

3段目：
$$GBW \geq G \times f_{Cn} \times Q_n^3 \times 100$$
$$= 1 \times 1.0 \times 7.8 \times 10^3 \times 1.618034^3 \times 100$$
$$\fallingdotseq 3.30 \text{ MHz}$$

従って，使用するOPアンプは，GB積4 MHz以上のものを選びます．今回は，GB積38 MHzのOPA350（テキサス・インスツルメンツ）を使用します．

シミュレーションで特性を確認する

OPアンプを選定し，最終的に設計の終わった回路（シミュレーション回路）を図12に示します．この回路の周波数特性をシミュレーションした結果を図13に示します．抵抗やコンデンサの誤差がまったくないときの特性は，図13(a)のようになります．ゲインのピークが+0.2 dB程度生じていますが，これは計算値をまるめた影響であると思われます．図13(b)は，抵抗やコンデンサに誤差があることを想定したときのシミュレーション結果です．抵抗の誤差を±1%，コンデンサの誤差を±5%とすると，ゲイン・ピークは最悪で+0.4 dB程度生じる可能性があり，また，遮断周波数も7.3 kHzから8.3 kHz程度までばらつく可能性があります．これが問題になるようでしたら，製作時にフィルタの調整を必要とします．また，コスト削減のためフィルタの調整は省略したいという場合は，このばらつきを考慮したうえでシステム設計を行います．

以上のように，数表を利用すればLPFの設計を簡単に行うことができます．入門レベルであれば，バターワース，ベッセル，チェビシェフ型の3種類のフィルタが設計できれば問題ないと思います．

そこで，第8章，第9章では，これらのLPF回路設計に挑戦します．

● 使用する抵抗やコンデンサの精度

フィルタ回路に使用する部品は精度や温度特性の良いものが必要です．そこで，最低でも抵抗は±1%精度の金属皮膜抵抗，コンデンサにも±1%精度のポリプロピレン・フィルム・コンデンサやPPSフィルム・コンデンサを使用します．

抵抗やコンデンサのばらつきによってフィルタの周波数特性がどの程度変化してしまうのかについては，素子感度解析と呼ばれる手法や，回路シミュレータに

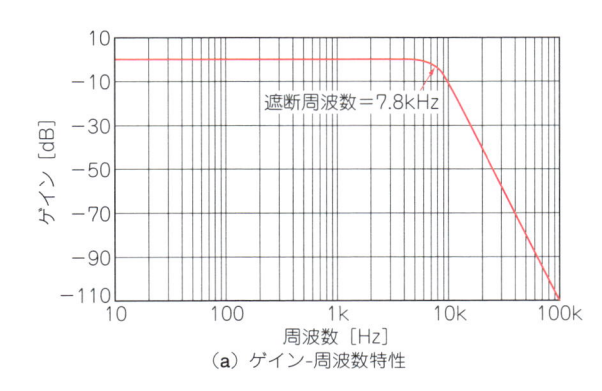

(a) ゲイン-周波数特性

(b) ワースト・ケース・シミュレーション．抵抗に±1%，コンデンサに±5%の誤差が生じると仮定

図13 ゲイン-周波数特性のシミュレーション

よるモンテカルロ・シミュレーションによって判断することができます．

多重帰還型も同じように設計できる

図5に示した多重帰還型LPFを設計するときも，同じように数表からQやf_nの値を選べばOKです．図14に，これから設計・試作する多重帰還型の5次LPF回路を示します．

また，図15(a)，(b)に2段目と3段目のフィルタ定数の設計方法を示しました．また，VCVS型と同様に図15(c)に設計手順をまとめたものを示します．なお，1段目の設計方法は，図10(a)に示したVCVS型と同じです．

● 多重帰還型LPFに使うOPアンプを選ぶ

多重帰還型LPFは，以下の式によりOPアンプに必要なGB積GBWを計算します．

$$GBW \geq 100 \times G \times f_{Cn} \times Q_n$$

ここで，Gは，各ステージのLPFのゲインになります．今回紹介する設計例では，すべて$G=1$です．従って，$100 \times f_{Cn} \times Q_n$を計算して求まった値以上のGB積$GBW$を持つOPアンプを選択します．

1段目：
$$GBW_1 \geq 100 \times 1 \times 1.0 \times 7.8 \times 10^3 \times 0.5$$
$$= 390 \text{ kHz}$$

2段目：
$$GBW_2 \geq 100 \times 1 \times 1.0 \times 7.8 \times 10^3 \times 0.618034$$
$$\fallingdotseq 482 \text{ kHz}$$

3段目：
$$GBW_3 \geq 100 \times 1 \times 1.0 \times 7.8 \times 10^3 \times 1.618034$$

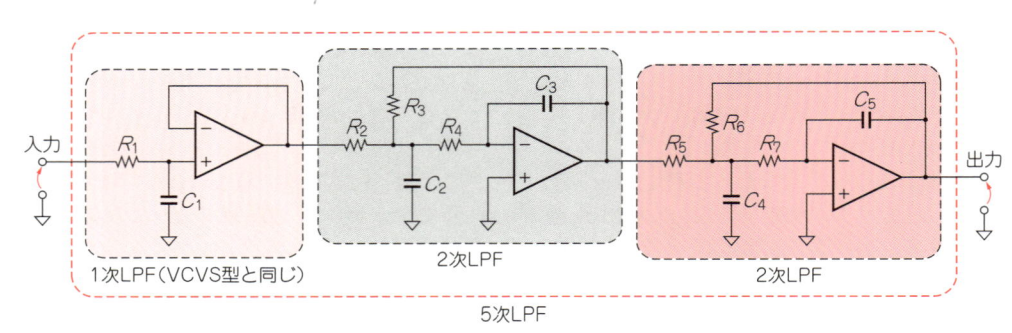

図14 設計し試作する5次LPF回路（多重帰還型）

表1から
f_2：1.0，Q_2：0.618034
である．
ここで，下記の2次LPFの定数を決める．

設計式
$R_f = R_1 = R_2 = R_3$
$C_f = \dfrac{1}{2\pi f_C R_f}$
$C_1 = 3QC_f$
$C_2 = \dfrac{C_f}{3Q}$

■ ステップ1：$R_f = R_1 = R_2 = R_3$を決める
10 kΩに仮決定する．

■ ステップ2：C_1，C_2を決める
$C_f = \dfrac{1}{2\pi f_C R_f}$
ここで（表1のf_2の値）
$f_C = 1.0 \times 7.8 \times 10^3$とすると
$C_f \fallingdotseq \dfrac{1}{2\pi \times 1.0 \times 7.8 \times 10^3 \times 10 \times 10^3}$
$\fallingdotseq 2.0$ nF
よって
$C_1 = 3QC_f$
$\fallingdotseq 3 \times 0.618034 \times 2.0 \times 10^{-9}$
$\fallingdotseq 3.71$ nF
E6系列で丸めて，
$C_1 = 4700$ pF
とする．ここで，C_fを再計算すると，
$C_f = \dfrac{C_1}{3Q}$
$\fallingdotseq \dfrac{4.7 \times 10^{-9}}{3 \times 0.618034}$
$\fallingdotseq 2.53$ nF
このC_fでC_2を計算すると，
$C_2 = \dfrac{C_f}{3Q}$
$\fallingdotseq \dfrac{2.53 \times 10^{-9}}{3 \times 0.618034}$
$\fallingdotseq 1.36$ nF
E6系列で丸めて，
$C_2 = 1500$ pF
とする．

■ ステップ3：$R_f = R_1 = R_2 = R_3$を再計算する
$C_f = \sqrt{C_1 C_2}$
$= \sqrt{4.7 \times 10^{-9} \times 1.5 \times 10^{-9}}$
$\fallingdotseq 2.66$ nF
このC_fによってR_fを計算する．
$R_f = \dfrac{1}{2\pi f_C C_f}$
$\fallingdotseq \dfrac{1}{2\pi \times 1.0 \times 7.8 \times 10^3 \times 2.66 \times 10^3}$
$\fallingdotseq 7.67$ kΩ
E24系列で丸めて
$R_f = R_1 = R_2 = R_3 = 7.5$ kΩ
とする．

(a) 2段目の2次LPFを設計する

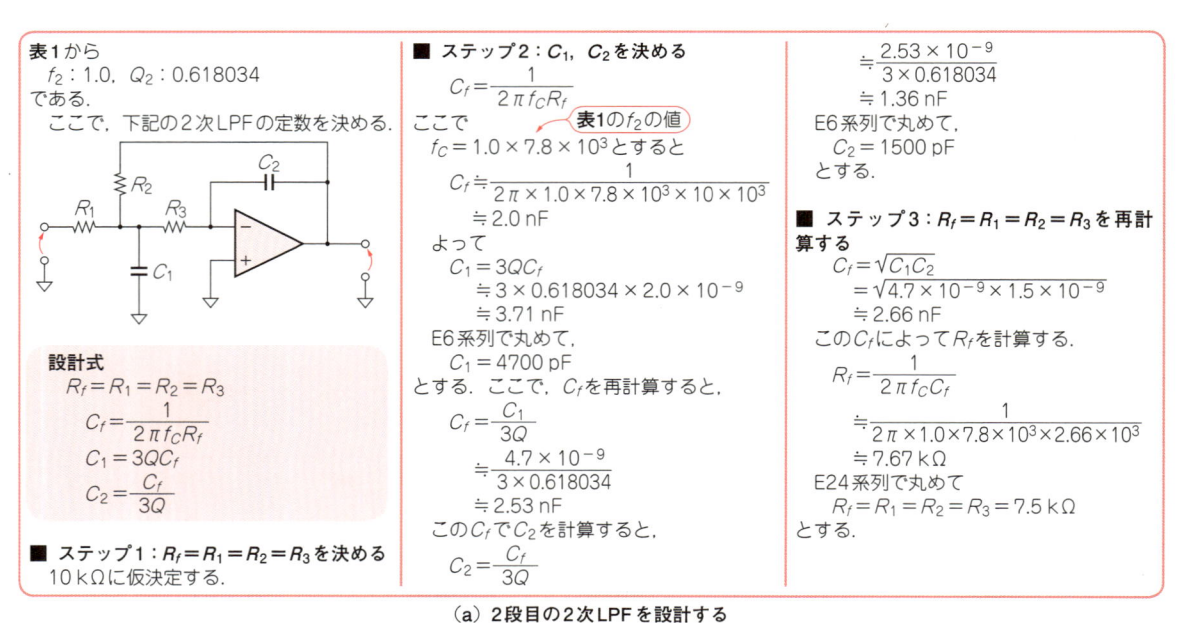

図15 多重帰還型LPFのフィルタ定数の計算過程

表1から
$f_3 : 1.0, \ Q_3 : 1.618034$
である.
　ここで，(a)と同様に，下記の2次LPFの定数を決める.

設計式
$R_f = R_1 = R_2 = R_3$
$C_f = \dfrac{1}{2\pi f_C R_f}$
$C_1 = 3QC_f$
$C_2 = \dfrac{C_f}{3Q}$

■ステップ1：$R_f = R_1 = R_2 = R_3$を決める
10 kΩに仮決定する.

■ステップ2：C_1, C_2を決める
$C_f = \dfrac{1}{2\pi f_C R_f}$

ここで（表1のf_3の値）
$f_C = 1.0 \times 7.8 \times 10^3$とすると，
$C_f = \dfrac{1}{2\pi \times 1.0 \times 7.8 \times 10^3 \times 10 \times 10^3}$
$\fallingdotseq 2.0 \ \text{nF}$
よって
$C_1 = 3QC_f$
$\fallingdotseq 3 \times 1.618034 \times 2.0 \times 10^{-9}$
$\fallingdotseq 9.71 \text{nF}$
E6系列で丸めて，
$C_1 = 0.01 \ \mu\text{F}$
とする. ここで，C_fを再計算すると，
$C_f = \dfrac{C_1}{3Q}$
$\fallingdotseq \dfrac{10 \times 10^{-9}}{3 \times 1.618034}$
$\fallingdotseq 2.06 \text{nF}$
このC_fでC_2を計算すると，
$C_2 = \dfrac{C_f}{3Q}$
$\fallingdotseq \dfrac{2.06 \times 10^{-9}}{3 \times 1.618034}$
$\fallingdotseq 424 \text{pF}$

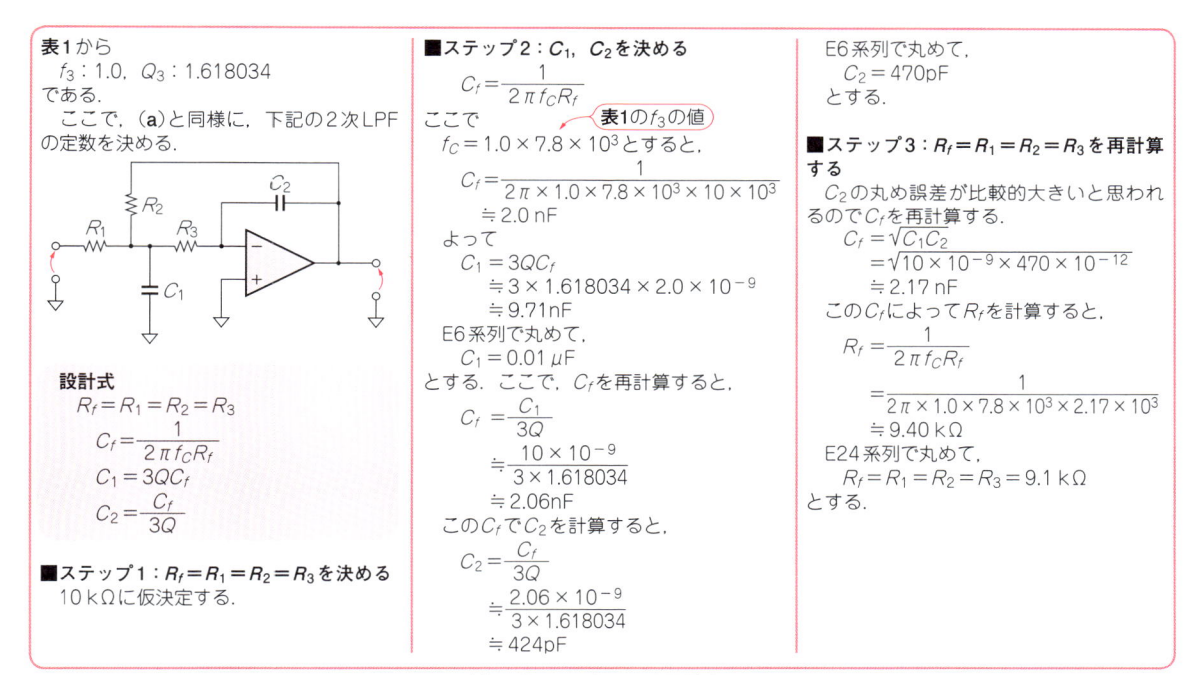

E6系列で丸めて，
$C_2 = 470 \text{pF}$
とする.

■ステップ3：$R_f = R_1 = R_2 = R_3$を再計算する
　C_2の丸め誤差が比較的大きいと思われるのでC_fを再計算する.
$C_f = \sqrt{C_1 C_2}$
$= \sqrt{10 \times 10^{-9} \times 470 \times 10^{-12}}$
$\fallingdotseq 2.17 \text{nF}$
このC_fによってR_fを計算すると，
$R_f = \dfrac{1}{2\pi f_C C_f}$
$= \dfrac{1}{2\pi \times 1.0 \times 7.8 \times 10^3 \times 2.17 \times 10^{3}}$
$\fallingdotseq 9.40 \text{k}\Omega$
E24系列で丸めて，
$R_f = R_1 = R_2 = R_3 = 9.1 \text{k}\Omega$
とする.

(b) 3段目の2次LPFを設計する

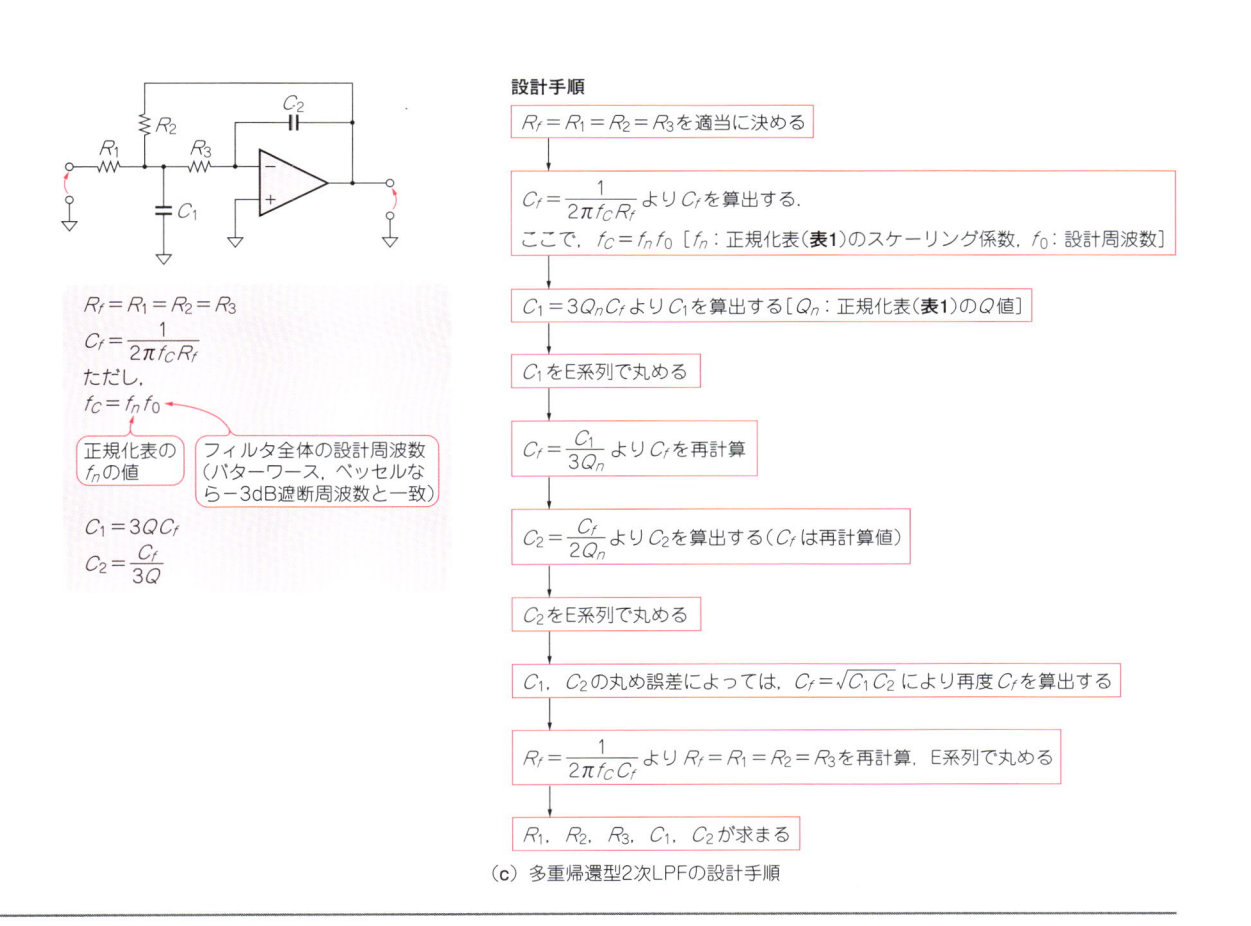

$R_f = R_1 = R_2 = R_3$
$C_f = \dfrac{1}{2\pi f_C R_f}$
ただし，
$f_C = f_n f_0$

正規化表のf_nの値
フィルタ全体の設計周波数（バターワース，ベッセルなら－3dB遮断周波数と一致）

$C_1 = 3QC_f$
$C_2 = \dfrac{C_f}{3Q}$

設計手順

$R_f = R_1 = R_2 = R_3$を適当に決める

$C_f = \dfrac{1}{2\pi f_C R_f}$より$C_f$を算出する．
ここで，$f_C = f_n f_0$ [f_n：正規化表(表1)のスケーリング係数，f_0：設計周波数]

$C_1 = 3Q_n C_f$よりC_1を算出する[Q_n：正規化表(表1)のQ値]

C_1をE系列で丸める

$C_f = \dfrac{C_1}{3Q_n}$よりC_fを再計算

$C_2 = \dfrac{C_f}{2Q_n}$よりC_2を算出する（C_fは再計算値）

C_2をE系列で丸める

C_1, C_2の丸め誤差によっては，$C_f = \sqrt{C_1 C_2}$により再度C_fを算出する

$R_f = \dfrac{1}{2\pi f_C C_f}$より$R_f = R_1 = R_2 = R_3$を再計算，E系列で丸める

R_1, R_2, R_3, C_1, C_2が求まる

(c) 多重帰還型2次LPFの設計手順

多重帰還型も同じように設計できる

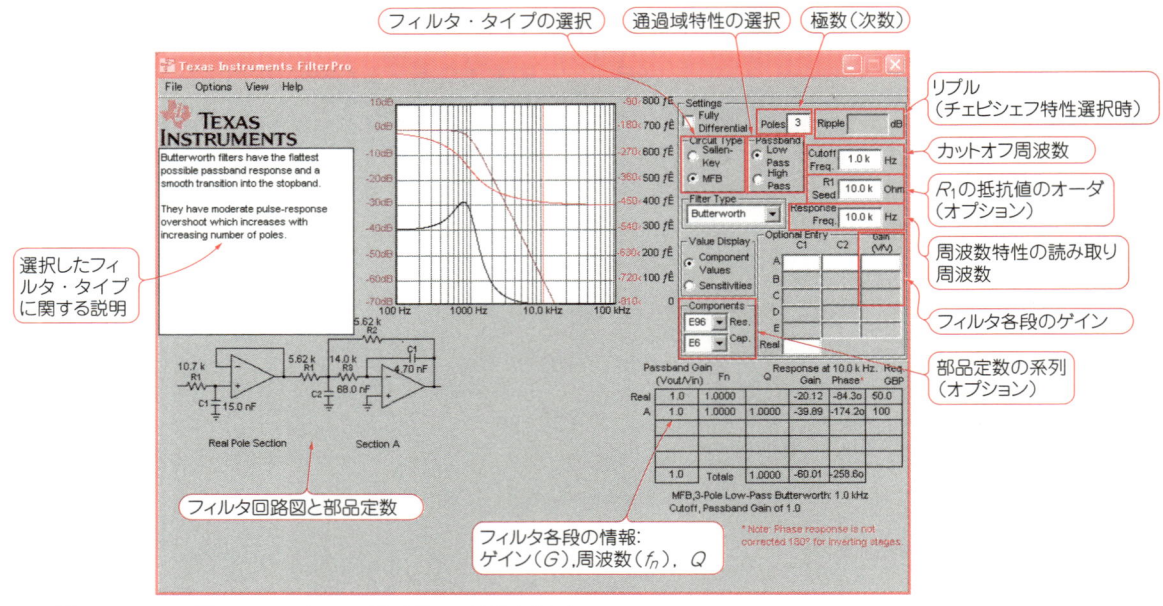

図16[(4)] FilterProの画面上にあるボタンの説明(右下の脚注も参照)

画面内の注釈:
- フィルタ・タイプの選択
- 通過域特性の選択
- 極数(次数)
- リプル(チェビシェフ特性選択時)
- カットオフ周波数
- R_1の抵抗値のオーダ(オプション)
- 周波数特性の読み取り周波数
- フィルタ各段のゲイン
- 部品定数の系列(オプション)
- 選択したフィルタ・タイプに関する説明
- フィルタ回路図と部品定数
- フィルタ各段の情報: ゲイン(G),周波数(f_n),Q

$\fallingdotseq 1.26$ MHz

OPA2350(OPA350のデュアル・タイプ)のGB積は38 MHzなので,各段に使用するOPアンプとしては十分な性能と言えます.

● **多重帰還型の利点**

▶ 素子感度が低く,低ひずみ

多重帰還型は低ひずみであるという特徴や,素子感度(抵抗やコンデンサのバラツキによる影響の受けやすさ)が低いという特徴があります.これは,素子定数に多少の誤差が含まれていても,フィルタの遮断周波数や,Qに与える影響が小さいことを意味しています.

なお,なぜ多重帰還型が低ひずみであるかというと,それは回路が反転増幅回路になっているからです.

OPアンプの入力に付けたダイオードの接合容量によって,ひずみ率が悪化することがあります.それと同じ状況がVCVS型のような非反転増幅回路(ボルテージ・フォロワ)では起こる可能性があるのです.

理由の一つは,OPアンプに内蔵されたESD保護ダイオードにあります.非反転増幅回路では,入力コモン・モード電圧が変化するため,内蔵のESD保護ダイオードに加わる電圧も当然変化します.この電圧変化によって保護ダイオードの接合容量が変調され,高調波ひずみを発生させることがあります.

また,もう一つの理由としては,OPアンプの初段の回路構成に起因するものがあります.OPアンプ初段の差動増幅回路にカスコード・ブートストラップが使用されていない場合,コモン・モード電圧によって,初段トランジスタのV_{CB}電圧が変化します.それに伴いC_{ob}(コレクタ-ベース間容量)が変化することによって,高調波ひずみが発生します.

反転増幅回路では,入力コモン・モード電圧はほぼ一定です.また,出力が飽和でもしない限り,反転入力-非反転入力端子間に大きな電圧が発生することもありません.従って,ESD保護ダイオードにかかる電圧変化も小さいほか,初段トランジスタにかかる電圧変化も小さくなるため,高調波ひずみの発生も小さくなります.

▶ 高周波信号の漏れが少ない

さらに,多重帰還型LPFは,入力部分にパッシブのRC回路網が存在するため,OPアンプの周波数帯域を越える高周波信号が入力されたとき,出力に漏れにくいという特徴があります.逆に,VCVS型LPFでは,**図4**や**図9**に示したようにOPアンプの周波数帯域よりも周波数の高い信号は,帰還パスに存在するコンデンサを経由して出力に漏れてしまいます.そういった意味でも,多重帰還型LPFは優れています.

フィルタ設計ツールの活用

これまで,フィルタ回路を手計算で設計する方法を説明してきました.しかし,現在ではいろいろなフィルタ設計ツールがフリーで公開されています.

ここでは,テキサス・インスツルメンツから提供されている「FilterPro」(**図16**)というフィルタ設計ツ

注:2013年現在のFilterProのバージョンは,ここで使用した2から3へ変更になっている.詳細はAppendix C(p.120)を参照.

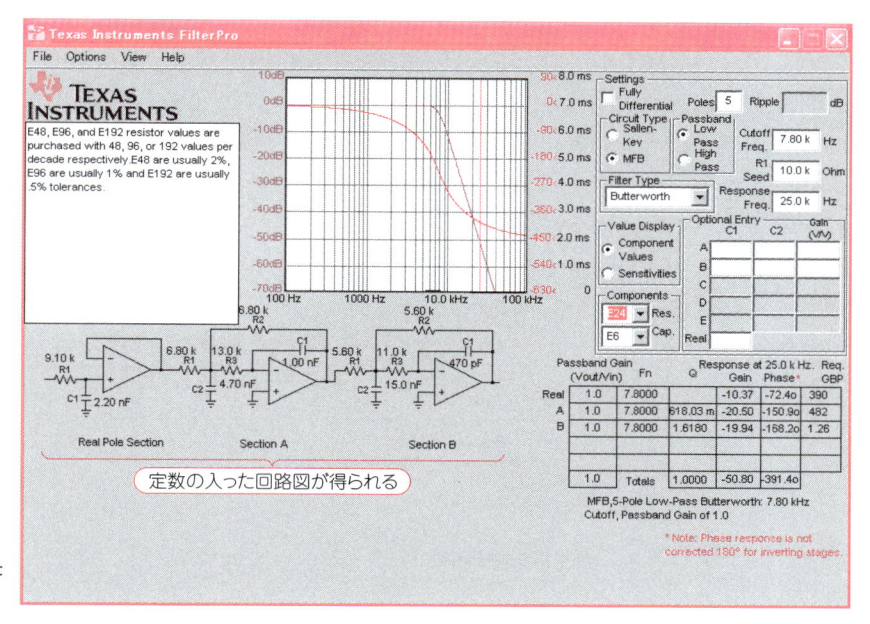

図17[(4)]
FilterProで設計した結果

ールを使用して，図15で設計したフィルタを再設計してみましょう[注].

● ツールの基本的な使い方

ここで，FilterProの使い方を簡単に説明します．各ボタンの位置については，図16を参照してください．

Settingsの**Fully Differential**は，全差動タイプのフィルタを設計したい場合にチェックを入れます．それ以外であれば，設計したいフィルタの次数を**Pole**に入力し，必要に応じて，通過域のリプルを**Ripple**に入力します．

Circuit Typeでは，**Sallen-Key**（VCVS型）タイプか，**MFB**（多重帰還型）タイプを選択します．

Passbandでは，ロー・パス・フィルタ**Low Pass**を設計するのか，ハイ・パス・フィルタ**High Pass**を設計するのかを選択します．

Filter Typeは，**Butterworth**や，**Chebyshev**や，**Bessel**などを選択することができます．

Cutoff Freq.には，カットオフ周波数を入力し，**R1 Seed**には，フィルタの初段のR_1に要求する抵抗値を指定します．**Response Freq.**には，カーソルでゲインを確認したい周波数を入力します．

また，通常の設計では，各部品の定数を知りたいと思いますから，**Value Display**は，**Component Values**を選択しておきます．

さらに，**Components**で使用する部品定数の系列を選択することができます．

抵抗やコンデンサの部品定数は，無限に存在するわけではなく，ある決まった系列に沿って製造されています．秋葉原などの部品小売店で簡単に手に入るのは，抵抗ではE24系列，コンデンサではE6系列程度のようです．

● FilterProによる設計

図17が設計した結果です．手計算で求めた結果とは値が異なりますが，これらは定数算出のアルゴリズムが異なるためです．

実際のフィルタ設計を数表と電卓で行うのは結構煩雑な作業だと思います．従って，このようなツールは設計工数短縮に役立つことでしょう．なお，実際に実験する回路は，単電源動作を考慮した図18の回路になります．これは，FilterProによって設計した定数を使用しています．

図19に図15の方法で定数設計を行った回路と，FilterProにより定数設計を行った回路の特性を比較するシミュレーション回路を示します．図20がシミュレーション結果です．結果を見て分かるように，FilterProの設計結果の方が，素子定数の丸め誤差の影響が少ないことが分かります．従って，試作はFilterProによって設計した定数によって行います．

● 特性のばらつきをシミュレーションする

試作前に，VCVS型LPFと同様に，抵抗が±1%，コンデンサが±5%ばらついたと仮定して，特性がどの程度ばらつくのかシミュレーションしてみました．結果を図21に示します．

多重帰還型LPFでは，抵抗値がばらつくことによってゲインが変動します．従って，VCVS型LPFと異なり，通過帯域ゲインのばらつきが見られます．また，ゲイン・ピークについてはVCVS型よりも大きく

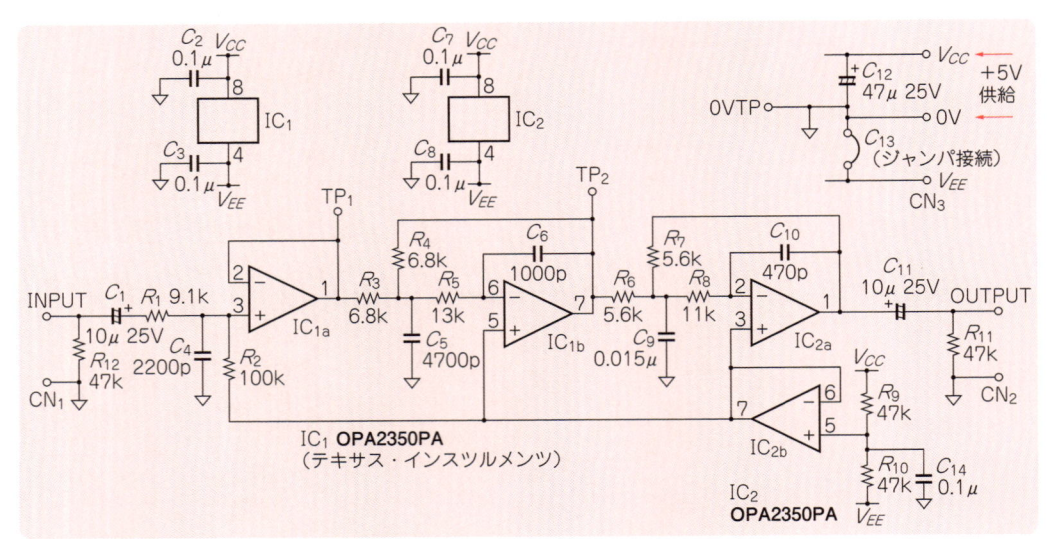

図18(4) 単電源動作を考慮した実験用多重帰還型ロー・パス・フィルタの回路

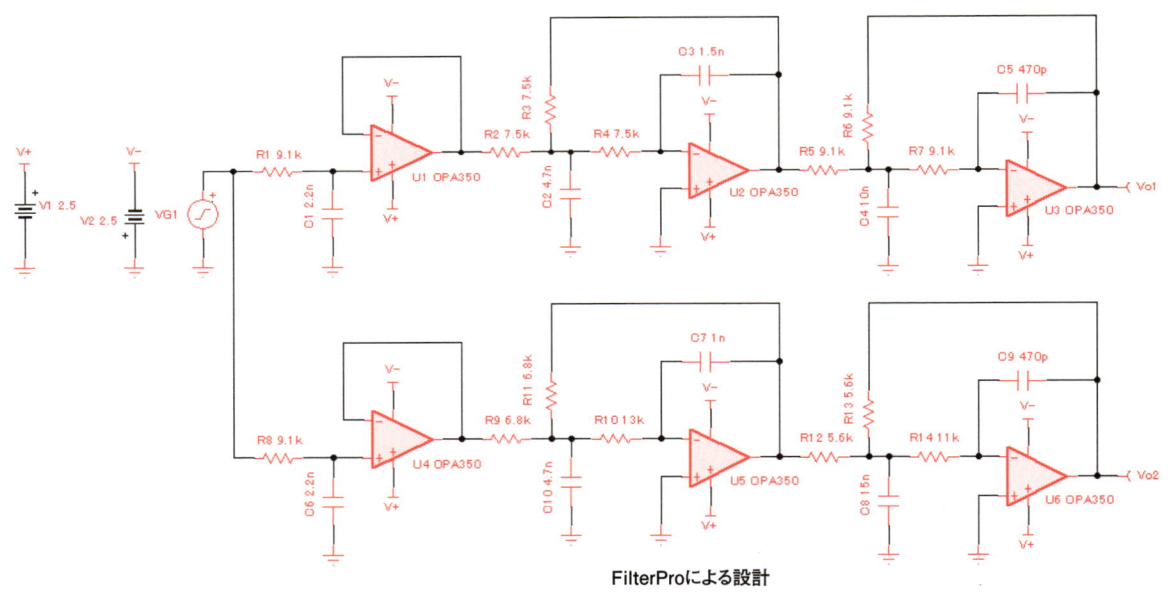

図19 数表による設計とFilterProによる設計結果を比較するためのシミュレーション回路

+0.9 dB程度になりました．しかし，遮断周波数のばらつきはVCVS型より若干小さくなりました．

● 周波数特性の測定

　実際に製作したロー・パス・フィルタの周波数特性を測定した結果は図22のようになりました．

（初出：「トランジスタ技術」 2008年7月号 特集第1章）

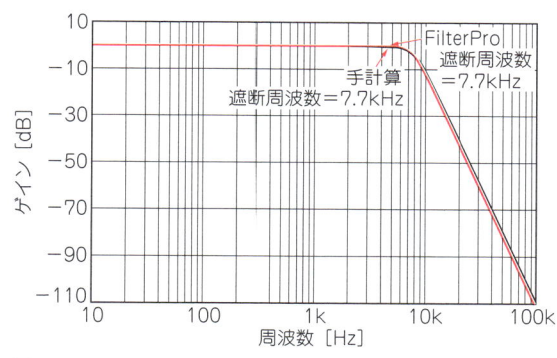

図20 FilterProによる設計結果の方が丸め誤差による特性悪化の影響が小さい

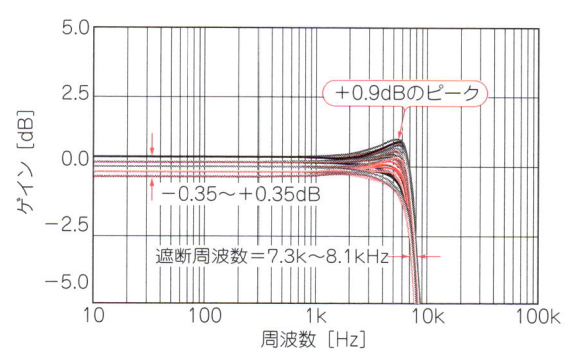

図21 ゲイン-周波数特性のシミュレーション結果(ワースト・ケース・シミュレーション)
抵抗に±1%，コンデンサに±5%の誤差が生じると仮定．

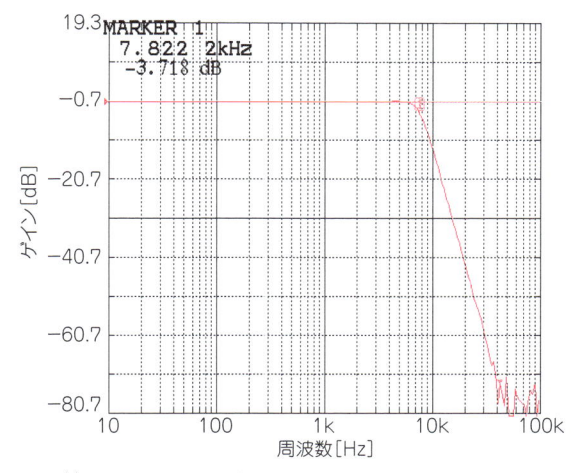

図22[(4)] 製作したロー・パス・フィルタの周波数特性
-3dBカットオフ周波数は設計どおり．

第2部の参考・引用*文献

(1) *遠坂 俊昭；計測のためのフィルタ回路設計，CQ出版社，1998年．

(2) John Bishop, Bruce Trump, R. Mark Stitt；FilterPro MFB and Sallen - Key Low - Pass Filter Design Program, SBFA001A, Application Report, Texas Instruments Inc., 2001.

(3) Arthur B. Williams, Fred J. Taylor；Electronic Filter Design Handbook, McGraw - Hill Companies, Inc., 2006, ISBN：0-07-147171-5.

(4) *川田 章弘；アナログ回路設計にTRY！，トランジスタ技術，2006年1月号，CQ出版社．

(5) Rolf Schaumann, Mac E. Van Valkenburg；Design of Analog Filters, Oxford University Press, 2001, ISBN：0-195-11877-4.

(6) Les Thede；Practical Analog and Digital Filter Design, Artech House, Inc., 2005, ISBN：1-58053-915-7.

(7) 柳沢 健，金光 磐；アクティブフィルタの設計，秋葉出版，1992年．

(8) OPA350/2350 Data Sheet, Texas Instruments Inc., 2004.

第8章 通過帯域の位相変動が小さい フィルタ回路を作るために ステップ2
ベッセル型ロー・パス・フィルタの設計

パルス信号は，時間と振幅成分に情報が含まれています．そのため，オシロスコープで観測した信号波形が変形すると情報が損なわれます．信号波形が歪まないように帯域制限をかける代表的なフィルタ回路がベッセル・フィルタです．OPアンプを使ったベッセル型ロー・パス・フィルタ回路の設計法を紹介します．

● パルス信号には位相変動の小さいフィルタが必要

位相変動が小さいことを「群遅延特性（後述）の変動が小さい」と言います．

この特性は，特にフィルタ回路にパルス信号を通過させるときにたいせつな特性になります．身近なパルス信号としては，ビデオ信号があります．

群遅延特性とは？

● 位相とは何か

位相変動の話をする前に，まず，位相とは何なのかについて復習します．

位相を一言で説明すると，信号の進んだ距離のことです．図1を見てください．「信号くん」が丸型のトラックを走っています．この円周の長さは，「2π×（半径）」ですが，正規化して「2π」と考えます．信号くんのスタート地点を0とすると，彼がこのトラックを1周すると2πの距離を進んだことになります．そして，2周すれば4π進んだことになります．

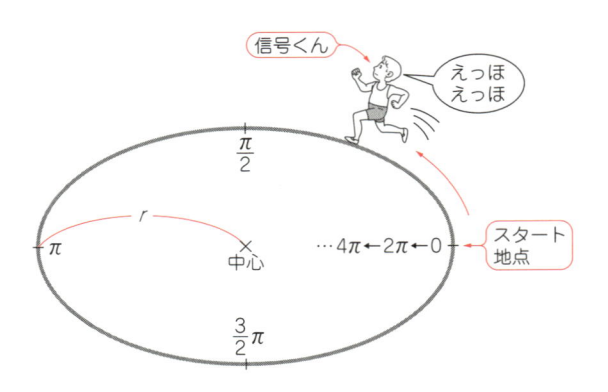

● 周波数とは何か

ここで，信号くんがトラックを1周する速さωを考えることにしましょう．速さは，距離を時間t[s]で割ればよいため，

$$\omega = \frac{2\pi}{t}$$

です．

ここで，$(1/t)$は周波数fにほかなりません．従って，この式は次のように書き換えられます．

$$\omega = 2\pi f$$

$2\pi f$は，ωと表記される角周波数です．つまり，角周波数とは信号くんがトラックを1周する速さのことなのです．

● 位相遅延とは何か

位相遅延という概念について考えてみます．先ほど，

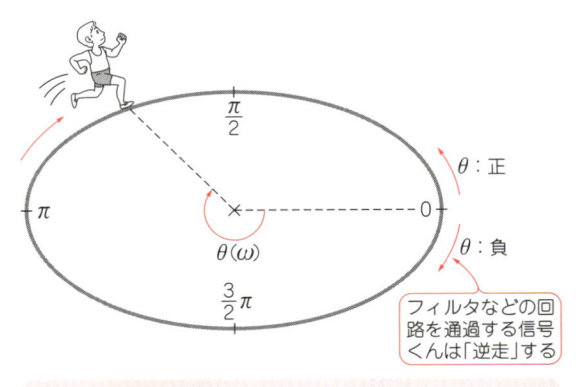

図1 位相とは…「信号くん」が進んだ距離
円形のトラック上を一定速度で走り続けている「信号くん」を考える．

図2 位相遅延とは…「信号くん」が走った時間
逆走すると遅れが大きくなる．

信号くんの足の速さは$2\pi f \equiv \omega$
信号くんの進んだ距離は$\theta(\omega)$
信号くんが走り始めてからの時間は $\frac{距離}{時間}$ なので $\frac{\theta(\omega)}{\omega}$ になる．
ただ，信号くんは逆走しているので，経過時間は負の値で考えて，
$-\frac{\theta(\omega)}{\omega}$
となる．

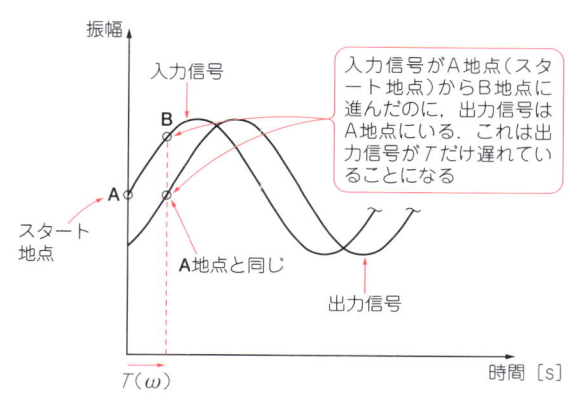

図3 位相遅延とは…入力と出力の時間差
出力信号は同じ位置にたどり着くのが遅れている.

位相とは信号くんの進んだ距離であると説明しました.この位相を θ という記号で表します.

θ は信号くんの速さ ω の関数なので,$\theta(\omega)$ とするほうが正確です.

信号くんが走り始めてしばらくしたとき,彼が図2の位置にいたとします.このときの信号くんが走り始めてからどのくらいの時間が経過したか求めてみましょう.

時間は「(距離)÷(速さ)」です.従って,走り始めてからの時間 T は,

$$T = -\frac{\theta(\omega)}{\omega} \quad \cdots \cdots (1)$$

で求めることができます.

フィルタ回路を通過した信号は,正方向ではなく負方向(つまり遅れ方向)に変化します.そのため,式(1)には負の記号が付いています.

この走り始めてからの時間のことを**位相遅延** $T(\omega)$ と言い,定義は次のとおりです.

$$T(\omega) = -\frac{\theta(\omega)}{\omega} \quad \cdots \cdots (2)$$

つまり,**図3**に示すように,位相遅延とはフィルタに信号が入力されて,同じ信号が出力されるまでの遅れ時間のことです.位相遅延の単位は時間と同じ[s]です.

▶**位相だけでは正確な遅れが把握できない**

ここで少しの間,信号くんに1人で走り続けてもらいました.しばらくして,信号くんの位置を確認したところ,またまた**図2**の位置にいました.さて,信号くんの走り続けた時間は?と聞かれても答えられないと思います.なぜなら,

$$\theta(\omega) = \theta(\omega) + 2\pi n \,(n \text{は整数})$$

だからです.信号くんが何周したのかを知らなければ,時間の計算はできません.

つまり,信号くんが走り続けたときの位相遅延は,

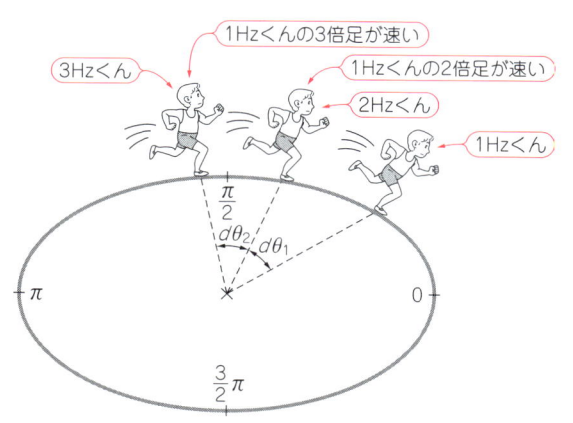

図4 群遅延とは…各周波数の信号の位置を時間で表したもの
$d\theta$ で信号くん同士の位置関係を表すことができる.

$$T(\omega) = -\frac{\theta(\omega)}{\omega} - \frac{2\pi n}{\omega}$$

になります.従って,厳密には現在の信号くんの位置 $\theta(\omega)$ からだけでは位相遅延は計算できないのです.

このことから,フィルタ回路に信号が入力されてから出力されるまでの時間差を位相遅延で考えるのは,実は難しいということが分かります.

● **群遅延とは何か**

位相遅延では不具合があるので,**群遅延** $\tau(\omega)$ という概念を使います.群遅延を式で表すと,

$$\tau(\omega) = -\frac{d\theta(\omega)}{d\omega}$$

です.これは,位相を角周波数で微分した値なので,定数項である $2\pi n$ は0になります.この値を使えば,信号くんが何周したのかは考える必要がなくなります.位相遅延も群遅延も単位は同じ時間[s]です.

ところで,数式では納得できても,群遅延とは何のことなのかイメージしにくいと思います.

図4を見てください.周波数の異なる3人の信号くんが $d\theta$ だけ離れた位置で走り続けているとします.例えば,それぞれを1Hzくん,2Hzくん,3Hzくんとします.2Hzくんの走る速さは1Hzくんの2倍ですし,3Hzくんの走る速さは,1Hzくんの3倍です.しかし,それぞれの間には1Hzの違いしかありません.つまり,1Hzくんと2Hzくんの間の周波数の違いは1Hzですし,2Hzくんと3Hzくんとの間にも1Hzの違いしかありません.

このとき,図の $d\theta_1$ と $d\theta_2$ の大きさが同じであれば,群遅延量も同じになります.つまり,

$$-\frac{d\theta_1(\omega)}{d\omega} = -\frac{d\theta_2(\omega)}{d\omega} = (一定)$$

ということです.

これは, 群遅延量が一定であれば各周波数の信号くんたちの位置関係は変わらないということになります. つまり, 群遅延とは, 各周波数の信号くんたちの位置関係を時間で表わしたものと考えることができます.

また, 群遅延量が一定であれば, **図5**に示すようにフィルタ通過前後で位相のずれがあったとしても各周波数の信号くんの位置関係には違いがないということになります. 言い替えれば, 群遅延とは, 各周波数の信号くん達の位置の違いを時間の違いに換算したものだということです.

● 波形の「形」が重要な場合に使用する

一般に, フィルタ通過前後で波形の形が変化してはいけないときに, 群遅延が一定のフィルタが必要になります. なぜかというと, パルス波形には複数の周波数成分が含まれているからです.

図4の「信号くんトラックぐるぐるモデル」で考えると, 群遅延が一定であれば, パルス波形に含まれる各周波数の信号くんの間の位置関係は崩れません. 各周波数成分の位置(位相)関係が崩れなければ, 波形が崩れることはありません. このようすを**図6**に示しま

$d\theta_1 \neq d\theta_2$
フィルタ回路通過後に各周波数の信号くんの位置関係が変わってしまった….
群遅延は一定ではない

$d\theta_1 = d\theta_2$
フィルタ回路通過後も各周波数の信号くんの位置関係が変わらない.
これを群遅延が一定と言う

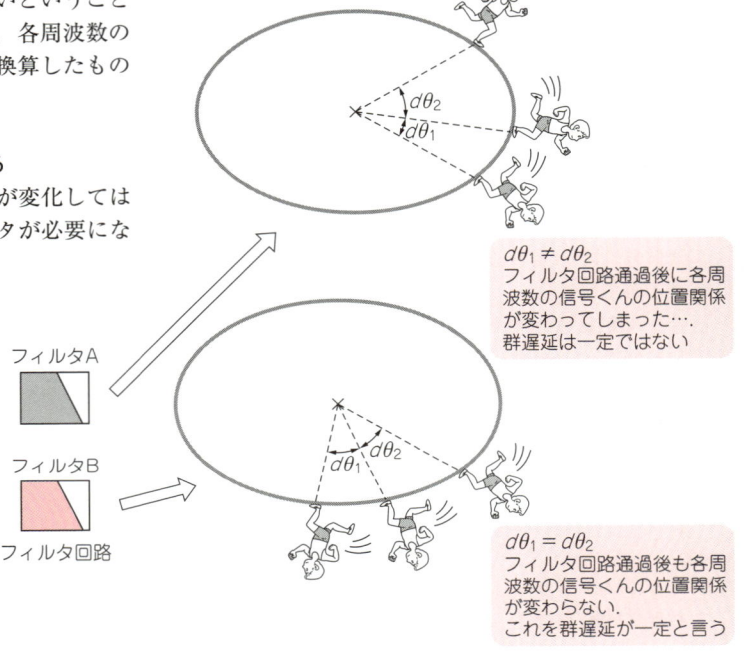

図5 信号くんの位置関係が崩れるフィルタと崩れないフィルタがある
群遅延特性が一定のフィルタだと信号くんの位置関係が崩れない.

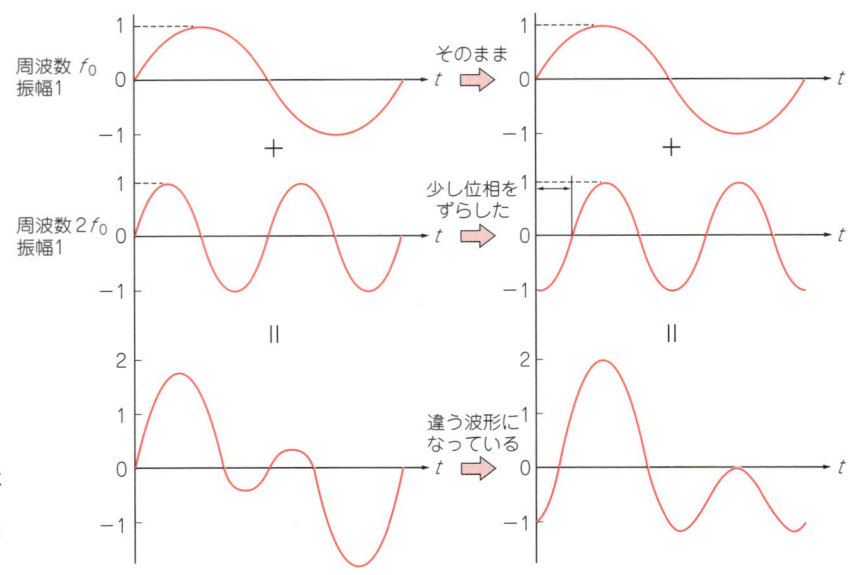

周波数 f_0 振幅1 そのまま

周波数 $2f_0$ 振幅1 少し位相をずらした

違う波形になっている

図6[(4)]
同じ周波数成分を持っていても位相が異なれば波形は異なる
群遅延一定なら位相の関係が保たれるので波形が変わらない.

図7⁽⁴⁾ 各周波数の足並みがそろわないと元の形は保てない
いろんな周波数が同じ時間だけ遅れる，つまり群遅延一定なら元の波形を保てる．

した．
　フィルタ入力前後で位相に変化が無ければ同じ波形になると考えられますが，位相が変化してしまっていると波形も変わってしまうことが分かると思います．
　図4のトラックぐるぐるモデルや図6でこの現象をイメージしにくい場合は，図7のような10人11脚をイメージしてもらうとよいでしょう．10人は，パルス波形に含まれるそれぞれの「周波数くん」です．彼らのスピードが一定であれば，1直線のままきれいな形でゴールできます．しかし，みんなの足並みがそろわないと，その形はいびつなものになってしまいます．
　つまり，周波数によらず一定な時間(群遅延)でゴールできるということは，波形の形を崩さないためにたいせつな特性なのです．

ベッセル5次LPFの設計例

　フィルタの通過帯域内で群遅延が一定のフィルタの代表はベッセル・フィルタです．
　表1にベッセルLPFの f_n と Q_n を示します．この表を使って，第7章と同じようにフィルタの設計をしてみましょう．

● 仕様を決める
　ベッセルLPFに必要な次数は，バターワースLPFと違って数式によって決めることができません．従って，図8のように正規化フィルタの減衰特性図を作っておき，この図を基に必要な次数を決めるとよいでしょう．
　ここでは，
- 通過帯域ゲイン 0 dB
- −3 dB遮断周波数 20 kHz

という条件の5次ベッセルLPFを設計してみることにします．回路方式は多重帰還型とします．

● 定数設計は正規化表を使う
　定数設計は，第7章と同じように正規化表を使えば

表1　ベッセルLPFの正規化表

		f_n		Q_n
2次	f_1	1.2742	Q_1	0.57735
3次	f_1	1.32475	Q_1	0.5
	f_2	1.44993	Q_2	0.69104
4次	f_1	1.43241	Q_1	0.52193
	f_2	1.60594	Q_2	0.80554
5次	f_1	1.50470	Q_1	0.5
	f_2	1.55876	Q_2	0.56354
	f_3	1.75812	Q_3	0.91648
6次	f_1	1.60653	Q_1	0.51032
	f_2	1.69186	Q_2	0.61120
	f_3	1.90782	Q_3	1.0233
7次	f_1	1.68713	Q_1	0.5
	f_2	1.71911	Q_2	0.53235
	f_3	1.82539	Q_3	0.66083
	f_4	2.05279	Q_4	1.1263
8次	f_1	1.78143	Q_1	0.50599
	f_2	1.83514	Q_2	0.55961
	f_3	1.95645	Q_3	0.71085
	f_4	2.19237	Q_4	1.2257

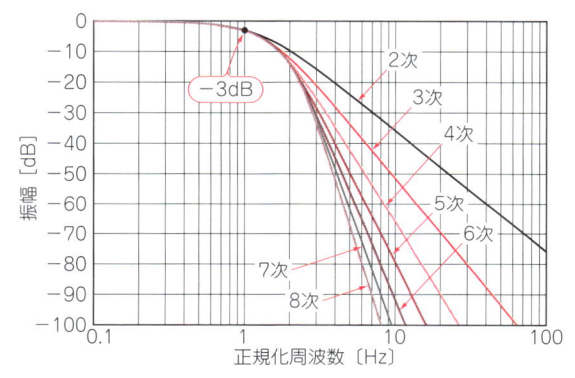

図8　ベッセルLPFの周波数特性

表1から
$f_1 : 1.50470$, $Q_1 : 0.5$
である．
$Q = 0.5$なので，RC 1次LPFを設計する．

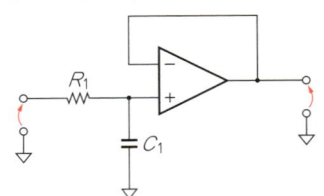

設計式
$$f_C = \frac{1}{2\pi C_1 R_1}$$

■ ステップ1：R_1 を決める
10 kΩに仮決定する．

■ ステップ2：C_1 を決める
$f_C = f_n \times f_0$
$\fallingdotseq 1.50470 \times 20 \times 10^3$
$\fallingdotseq 30.1$ kHz
従って，
$C_1 \fallingdotseq \dfrac{1}{2\pi \times 30.1 \times 10^3 \times 560 \times 10^3}$
$\fallingdotseq 529$ pF
E12系列で丸めて，
$C_1 = 560$ pF
とする．

■ ステップ3：R_1 を再計算する
$R_1 = \dfrac{1}{2\pi f_C C_1}$
より
$R_1 \fallingdotseq \dfrac{1}{2\pi \times 30.1 \times 10^3 \times 560 \times 10^{-12}}$
$\fallingdotseq 9.4$ kΩ
E24系列で丸めて，
$R_1 = 9.1$ kΩ
とする．

(a) 1段目の設計

表1から
$f_2 : 1.55876$, $Q_2 : 0.56354$
である．
ここで，下記の2次LPFの定数を決める．

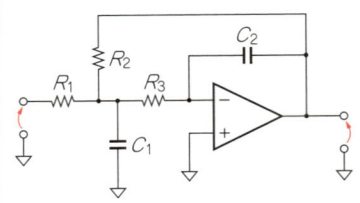

設計式
$R_f = R_1 = R_2 = R_3$
$C_f = \dfrac{1}{2\pi f_C R_f}$
$C_1 = 3QC_f$
$C_2 = \dfrac{C_f}{3Q}$

■ ステップ1：$R_f = R_1 = R_2 = R_3$ を決める
10 kΩに仮決定する．

■ ステップ2：C_1, C_2 を決める
$C_f = \dfrac{1}{2\pi f_C R_f}$
ここで
$f_C \fallingdotseq 1.55876 \times 20 \times 10^3$
$\fallingdotseq 31.2$ kHz
とすると，
$C_f \fallingdotseq \dfrac{1}{2\pi \times 31.2 \times 10^3 \times 10 \times 10^3}$
$\fallingdotseq 510$ pF
よって
$C_1 = 3QC_f$
$\fallingdotseq 3 \times 0.56354 \times 510 \times 10^{-12}$
$\fallingdotseq 862$ pF
E12系列で丸めて，
$C_1 = 820$ pF
とする．ここでC_fを再計算すると，
$C_f = \dfrac{C_1}{3Q}$
$\fallingdotseq \dfrac{820 \times 10^{-12}}{3 \times 0.56354} \fallingdotseq 485$ pF
このC_fでC_2を計算すると，
$C_2 = \dfrac{C_f}{3Q}$
$\fallingdotseq \dfrac{485 \times 10^{-12}}{3 \times 0.56354} \fallingdotseq 287$ pF
E12系列で丸めて，
$C_2 = 270$ pF
とする．

■ ステップ3：$R_f = R_1 = R_2 = R_3$ を再計算する
$C_f = \sqrt{C_1 C_2}$
$\fallingdotseq \sqrt{820 \times 10^{-12} \times 270 \times 10^{-12}}$
$\fallingdotseq 471$ pF
このC_fによりR_fを計算すると，
$R_f = \dfrac{1}{2\pi f_C C_f}$
$\fallingdotseq \dfrac{1}{2\pi \times 31.2 \times 10^3 \times 471 \times 10^{-12}}$
$\fallingdotseq 10.8$ kΩ
E24系列で丸めて，
$R_f = R_1 = R_2 = R_3 = 11$ kΩ
とする．

(b) 2段目の設計

表1から
$f_3 : 1.75812$, $Q_3 : 0.91648$
である．
ここで，(b)と同様に下記の2次LPFの定数を決める．

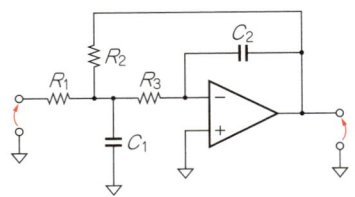

設計式
$R_f = R_1 = R_2 = R_3$
$C_f = \dfrac{1}{2\pi f_C R_f}$
$C_1 = 3QC_f$
$C_2 = \dfrac{C_f}{3Q}$

■ ステップ1：$R_f = R_1 = R_2 = R_3$ を決める
10 kΩに仮決定する．

■ ステップ2：C_1, C_2 を決める
$C_f = \dfrac{1}{2\pi f_C R_f}$
ここで
$f_C \fallingdotseq 1.75812 \times 20 \times 10^3$
$\fallingdotseq 35.2$ kHz
とすると，
$C_f \fallingdotseq \dfrac{1}{2\pi \times 35.2 \times 10^3 \times 10 \times 10^3}$
$\fallingdotseq 452$ pF
よって
$C_1 = 3QC_f$
$\fallingdotseq 3 \times 0.91648 \times 452 \times 10^{-12}$
$\fallingdotseq 1.24$ nF
E12系列で丸めて，
$C_1 = 1200$ pF
とする．ここでC_fを再計算すると，
$C_f = \dfrac{C_1}{3Q}$
$\fallingdotseq \dfrac{1.2 \times 10^{-9}}{3 \times 0.91648} \fallingdotseq 436$ pF
このC_fでC_2を計算すると，
$C_2 = \dfrac{C_f}{3Q}$
$\fallingdotseq \dfrac{436 \times 10^{-12}}{3 \times 0.91648} \fallingdotseq 159$ pF
E12系列で丸めて，
$C_2 = 150$ pF
とする．

■ ステップ3：$R_f = R_1 = R_2 = R_3$ を再計算する
$C_f = \sqrt{C_1 C_2}$
$\fallingdotseq 424$ pF
$R_f = \dfrac{1}{2\pi f_C C_f}$
$\fallingdotseq \dfrac{1}{2\pi \times 35.2 \times 10^3 \times 424 \times 10^{-12}}$
$\fallingdotseq 10.7$ kΩ
E24系列で丸めて，
$R_f = R_1 = R_2 = R_3 = 11$ kΩ
とする．

(c) 3段目の設計

図9 5次ベッセルLPFの定数設計

簡単に行えます．図9に設計過程を示しました．バターワースLPFと同じような方法であることが分かると思います．

第7章で説明したVCVS型や多重帰還型LPFの設計手法が共通して使えます．従って，本章では，多重帰還型のみの設計過程を示すことにし，VCVS型については割愛します．

● OPアンプを選ぶ

OPアンプに必要なGB積を計算します．

1段目の1次LPFのOPアンプに必要なGB積GBW_1は，ゲインをGとすると，

$GBW_1 \geq 100 \times G \times f_{Cn} \times Q_n$
$= 100 \times 1 \times 1.50470 \times 20 \times 10^3 \times 0.5$
$\fallingdotseq 1.51$ MHz

です．2段目の2次LPFのOPアンプに必要なGB積GBW_2は，

$GBW_2 \geq 100 \times G \times f_{Cn} \times Q_n$
$= 100 \times 1 \times 1.55876 \times 20 \times 10^3 \times 0.56354$
$\fallingdotseq 1.75$ MHz

同様に，3段目の2次LPFのOPアンプに必要なGB積GBW_3は，

$GBW_3 \geq 100 \times G \times f_{Cn} \times Q_n$
$= 100 \times 1 \times 1.75812 \times 20 \times 10^3 \times 0.91648$
$\fallingdotseq 3.22$ MHz

です．従って，使用するOPアンプはGB積38 MHzのOPA2350（テキサス・インスツルメンツ）にします．

● 設計ツールも使ってみる

同じフィルタを設計ツールFilterProによって設計してみました．結果を図10に示します．この設計結果も手計算で行ったものとは異なります．これは，第7章でも言及したように，計算アルゴリズムが異なるためであると考えられます．

● シミュレーションで設計結果を検討

バターワースLPFのときは，手計算の結果と比較し，FilterProによる設計結果の方が優れていましたが，ベッセルLPFでも同様か調べてみます．

シミュレーション回路を図11に示します．

手計算，FilterPro，両者の比較シミュレーション結果を図12に示します．図12(a)がゲイン-周波数特性で，図12(b)が群遅延特性のシミュレーション結果です．図12(b)から，通過帯域内で群遅延はほぼ一定であることが分かります．パルス応答についてシミュレーションした結果は図12(c)になります．

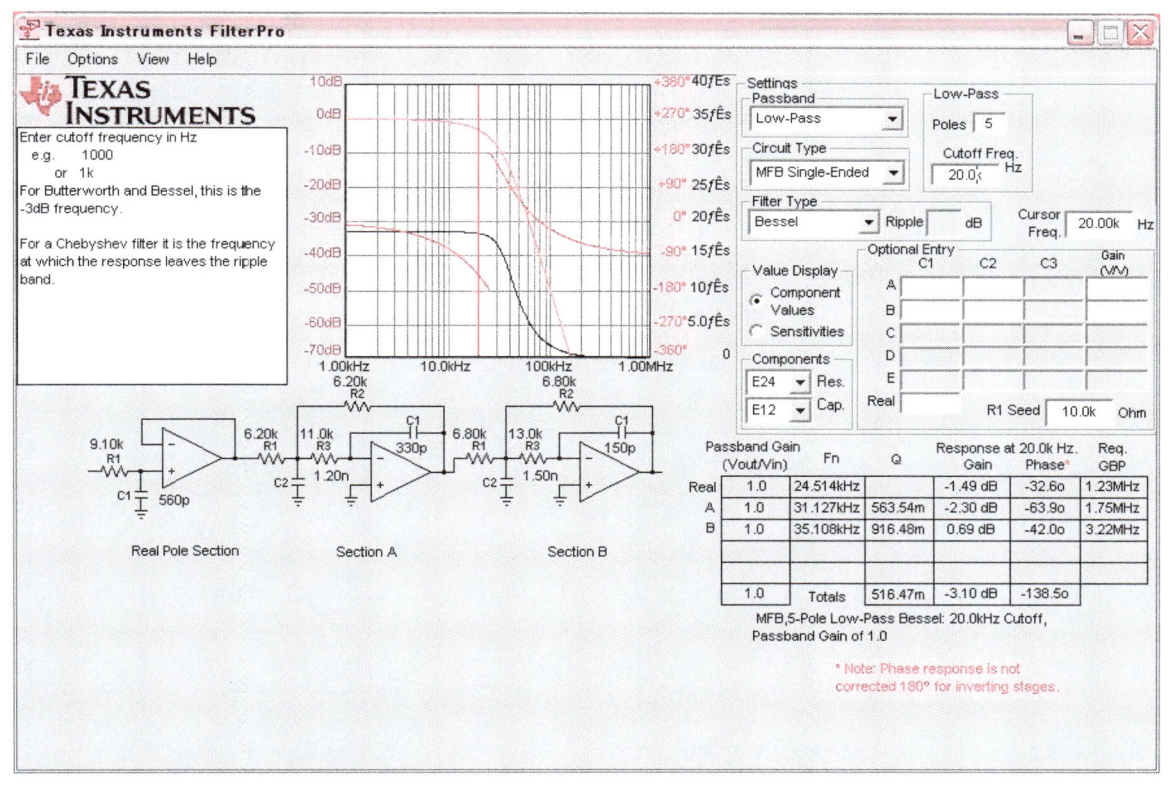

図10 設計ツールFliterProで定数を求めた結果
手計算と値が異なるのは求め方が異なるため．

図11 二つの設計結果をシミュレーションで比較してみる
上が手計算で求めた値，下が設計ツールで求めた値．

手計算による設計

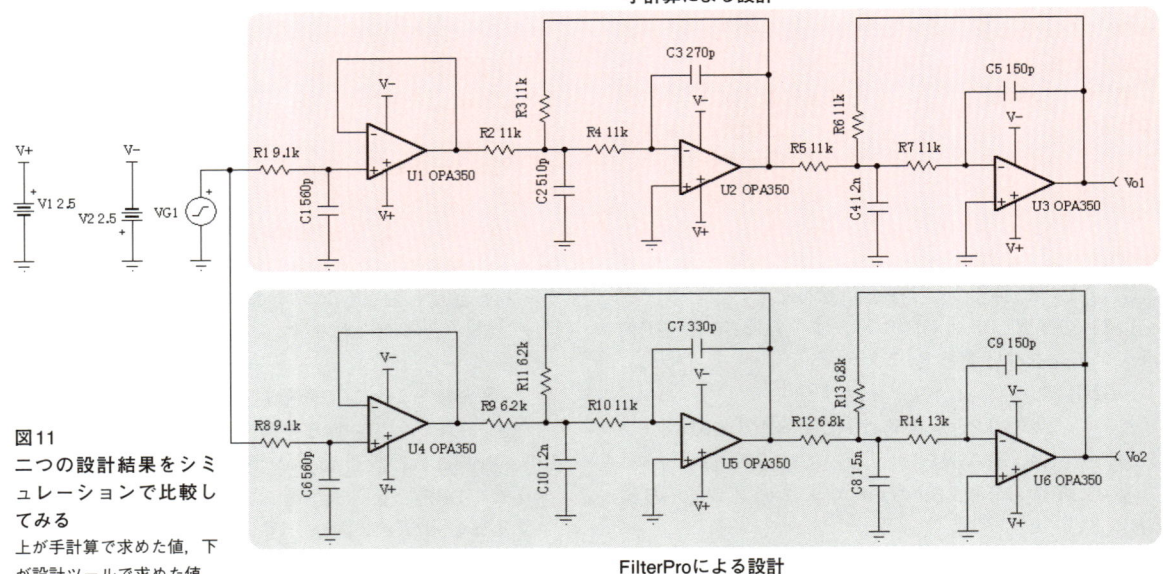

FilterProによる設計

▶FilterProで求めた値を採用する

両者の特性を比較すると，FilterProで設計した方が，群遅延特性の平坦性が良く，パルス応答のセトリング時間も速いため，より理想的であることが分かります．従って，実験はFilterProによる設計定数によって行います．

▶ばらつきのシミュレーションも行っておく

製作，および特性確認をする前に，第7章と同様に，素子値がばらついたときのシミュレーションを行なってみました．結果は図13のとおりです．

現在，フィルタの設計は，無償の設計ツールを使用すれば容易に行うことができます．従って，このようなばらつきのシミュレーションを行っておくことが設計過程ではもっともたいせつです．

実験結果

第7章で試作したフィルタ回路の定数を変更して特性を測定してみました．定数変更した回路図を図14

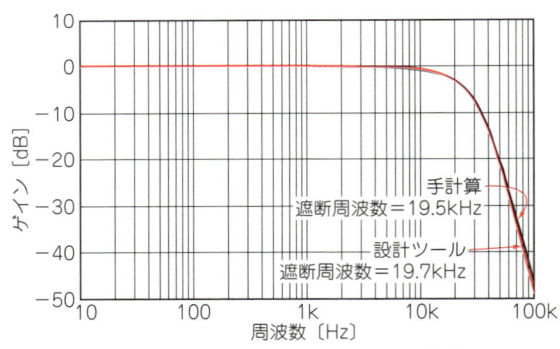

(a) ゲイン-周波数特性は設計ツールのほうが仕様に近い

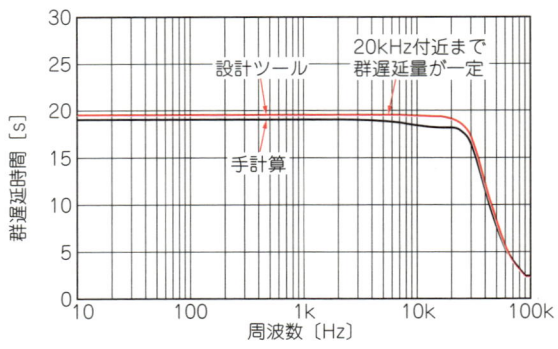

(b) 群遅延特性は設計ツールのほうがかなり理想に近い

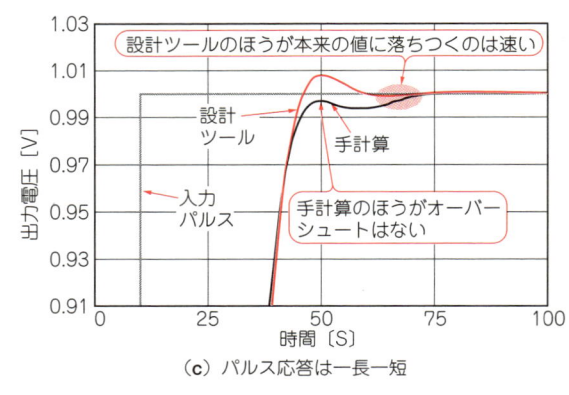

(c) パルス応答は一長一短

図12 設計ツールを利用したほうがおおむね良い結果を得られる（シミュレーション）
手計算と設計ツールの設計結果を比較した．

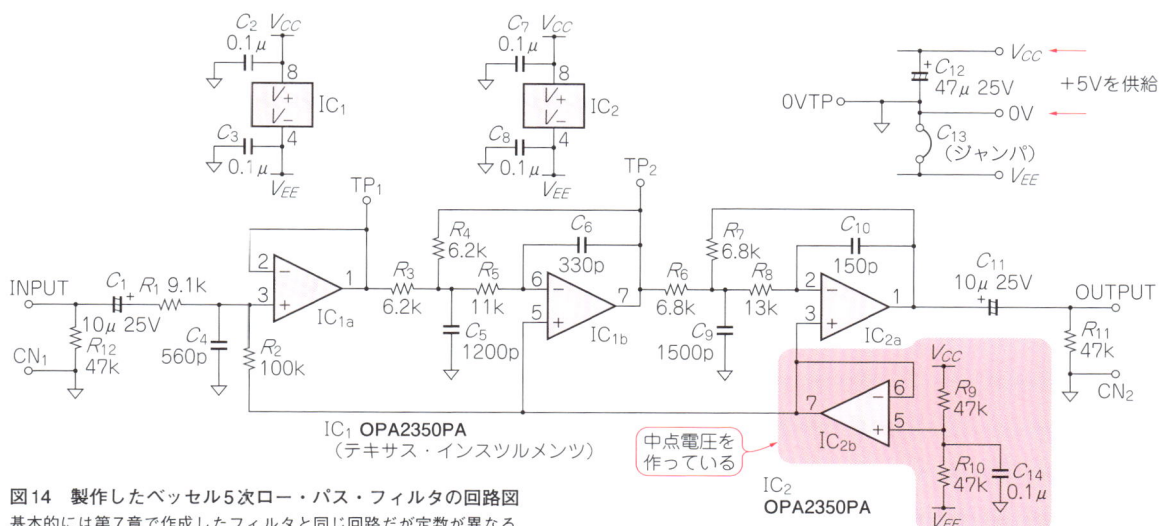

図14 製作したベッセル5次ロー・パス・フィルタの回路図
基本的には第7章で作成したフィルタと同じ回路だが定数が異なる．

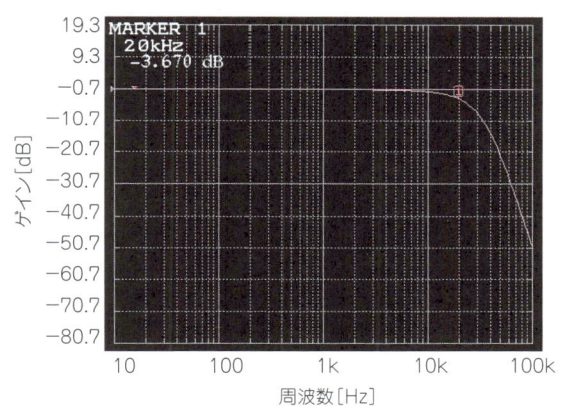

図15 製作したベッセル5次ロー・パス・フィルタのゲイン-周波数特性（実測）
ほぼ設計どおりの性能が得られた（-3dB遮断周波数は20.4kHz）．

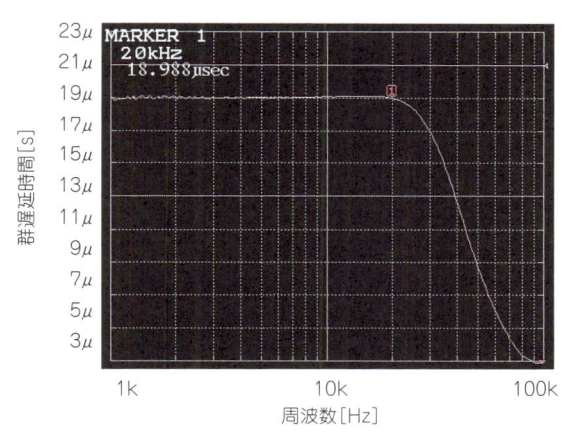

図16 群遅延特性は遮断周波数の20kHz付近までほぼ一定（実測）
ベッセル・フィルタの特徴が確認できる．

に示します．

● 周波数特性の測定

実測したゲイン-周波数特性は，**図15**のようになりました．-3dB遮断周波数は20.4kHzでしたので，ほぼ設計どおりの特性となっています．

● 群遅延特性の測定

図16は，群遅延の周波数特性を測定したものです．ベッセル・フィルタの特徴は，群遅延特性がこのように遮断周波数付近まで変動せず一定であることです．

（初出：「トランジスタ技術」2008年7月号　特集第2章）

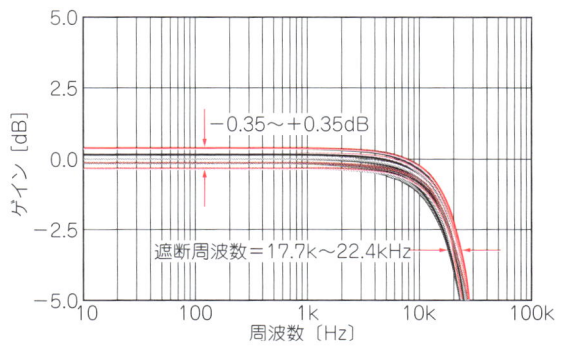

図13 抵抗やコンデンサの値がばらついたときの特性のずれ（シミュレーション）
定数は設計ツールで求められるので，このような確認作業が重要になってくる．

実験結果　103

第9章 チェビシェフ型ロー・パス・フィルタの設計

遮断特性の急峻なフィルタ回路を作るために
ステップ3

周波数成分とその振幅(周波数スペクトラム)に情報が含まれている信号は,オシロスコープで観測した信号波形が変形していても問題になりません.チェビシェフ・フィルタは,パルス信号には不向きですが,その代わり,第7章や第8章で紹介したフィルタよりも急峻に信号帯域外成分(雑音や高調波ひずみ)を減衰させることができます.

● 急峻なフィルタが必要なら最初にチェビシェフ型を検討する

チェビシェフLPFは,アクティブLPFとして簡単に実現できる減衰傾度の急峻なフィルタです.

フィルタ回路のゲインが減衰する傾き(減衰傾度)が急峻なフィルタが必要になった場合は,まずチェビシェフ型を検討しましょう.なぜなら,このLPFは,表1を使うことで,今までのLPFと同じように簡単に設計できるからです.

エリプティック(連立チェビシェフ)型LPFも減衰傾度が急峻なフィルタとして使われます.しかし,エリプティックLPFをOPアンプで構成しようとすると回路規模が大きくなりがちです.そのため,私はコイルとコンデンサを使用したLC構成のエリプティックLPFしか設計したことがありません.そこで,本書ではエリプティックLPFの設計方法については割愛します.もし設計しなければならない場合は,第7章最後の参考文献(3)などに付属の設計ソフトウェアを使用すると便利です.

ここで,エリプティック型が説明されていないことで不安に感じる方もいるかもしれません.しかし,安心してください.ほとんどの場合,チェビシェフLPFで十分です.まれに,通過帯域と減衰域の周波数がとても近く,減衰量も十分に確保したい場合にエリプティック型が必要になる程度です.

ところで,チェビシェフ型は,通過帯域内リプルの大きさによってf_nとQ_nが変化します.表に無い通過帯域内リプルのフィルタを設計するには,すでに紹介した設計ツールFilterProや,95頁の参考文献(5)に付属のソフトウェアなどを使用するとよいでしょう.

表1(1) **チェビシェフLPFの正規化表**
ここに挙げたのは2例だけだが,フィルタの専門書には許容リプルの異なる多数の表が掲載されている.
Appendix D も参照.

(a) リプル 0.1 dB

次数		f_n		Q_n
4次	f_1	0.78926	Q_1	0.61880
	f_2	1.15327	Q_2	2.18293
5次	f_1	0.53891	Q_1	0.5
	f_2	0.79745	Q_2	0.91452
	f_3	1.09313	Q_3	3.28201
6次	f_1	0.51319	Q_1	0.59946
	f_2	0.83449	Q_2	1.33157
	f_3	1.06273	Q_3	4.63290
7次	f_1	0.37678	Q_1	0.5
	f_2	0.57464	Q_2	0.84640
	f_3	0.86788	Q_3	1.84721
	f_4	1.04520	Q_4	6.23324
8次	f_1	0.38159	Q_1	0.59318
	f_2	0.64514	Q_2	1.18296
	f_3	0.89381	Q_3	2.45282
	f_4	1.03416	Q_4	8.08190

(b) リプル 0.5 dB

次数		f_n		Q_n
4次	f_1	0.59700	Q_1	0.70511
	f_2	1.03127	Q_2	2.94055
5次	f_1	0.36232	Q_1	0.5
	f_2	0.69048	Q_2	1.17781
	f_3	1.01773	Q_3	4.54496
6次	f_1	0.39623	Q_1	0.68364
	f_2	0.76812	Q_2	1.81038
	f_3	1.01145	Q_3	6.51285
7次	f_1	0.25617	Q_1	0.5
	f_2	0.50386	Q_2	1.09155
	f_3	0.82273	Q_3	2.57555
	f_4	1.00802	Q_4	8.84180
8次	f_1	0.29674	Q_1	0.67657
	f_2	0.59887	Q_2	1.61068
	f_3	0.86101	Q_3	3.46567
	f_4	1.00595	Q_4	11.5308

(a) 1段目の設計

表1から
$f_1 : 0.53891$, $Q_1 : 0.5$
である.
$Q = 0.5$なので，RC1次LPFを設計する．

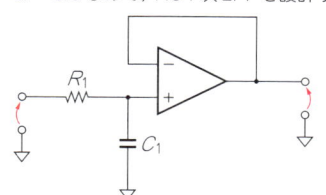

設計式
$$f_C = \frac{1}{2\pi C_1 R_1}$$

■ ステップ1：R_1を決める
10kΩに仮決定する．

■ ステップ2：C_1を決める
$f_C = f_n f_0$
$\quad \fallingdotseq 0.53891 \times 22 \times 10^3$
$\quad \fallingdotseq 11.9\text{kHz}$

従って，
$$C_1 \fallingdotseq \frac{1}{2\pi \times 11.9 \times 10^3 \times 10 \times 10^3}$$
$\quad \fallingdotseq 1.34\text{nF}$

E12系列で丸めて，
$C_1 = 1200\text{pF}$
とする．

■ ステップ3：R_1を再計算する
$$R_1 = \frac{1}{2\pi f_C C_1}$$
$\quad \fallingdotseq \dfrac{1}{2\pi \times 11.9 \times 10^3 \times 1.2 \times 10^{-9}}$
$\quad \fallingdotseq 11.1\text{kΩ}$

E24系列で丸めて，
$R_1 = 11\text{kΩ}$
とする．

(b) 2段目の設計

表1から
$f_2 : 0.79745$, $Q_2 : 0.91452$
である.
ここで，下記の2次LPFの定数を決める．

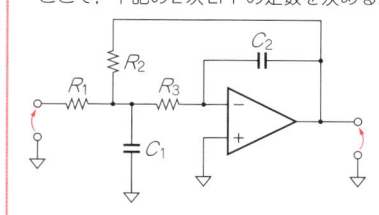

設計式
$R_f = R_1 = R_2 = R_3$
$C_f = \dfrac{1}{2\pi f_C R_f}$
$C_1 = 3QC_f$
$C_2 = \dfrac{C_f}{3Q}$

■ ステップ1：$R_f = R_1 = R_2 = R_3$を決める
10kΩに仮決定する．

■ ステップ2：C_1, C_2を決める
$$C_f = \frac{1}{2\pi f_C R_f}$$
ここで
$f_C \fallingdotseq 0.79745 \times 22 \times 10^3$
$\quad \fallingdotseq 17.5\text{kHz}$
とすると，
$$C_f \fallingdotseq \frac{1}{2\pi \times 17.5 \times 10^3 \times 10 \times 10^3}$$
$\quad \fallingdotseq 909\text{pF}$
よって
$C_1 = 3QC_f$
$\quad \fallingdotseq 3 \times 0.91452 \times 909 \times 10^{-12}$
$\quad \fallingdotseq 2.49\text{nF}$

E12系列で丸めて，
$C_1 = 2700\text{pF}$
とする．ここでC_fを再計算すると，
$$C_f = \frac{C_1}{3Q}$$
$\quad \fallingdotseq \dfrac{2.7 \times 10^{-9}}{3 \times 0.91542} \fallingdotseq 984\text{pF}$
このC_fでC_2を計算すると，
$$C_2 = \frac{C_f}{3Q}$$
$\quad \fallingdotseq \dfrac{984 \times 10^{-12}}{3 \times 0.91452} \fallingdotseq 359\text{pF}$

E12系列で丸めて，
$C_2 = 330\text{pF}$
とする．

■ ステップ3：$R_f = R_1 = R_2 = R_3$を再計算する
$C_f = \sqrt{C_1 C_2}$
$\quad \fallingdotseq \sqrt{2.7 \times 10^{-9} \times 330 \times 10^{-12}}$
$\quad \fallingdotseq 944\text{pF}$
このC_fによりR_fを計算すると
$$R_f = \frac{1}{2\pi f_C C_f}$$
$\quad \fallingdotseq \dfrac{1}{2\pi \times 17.5 \times 10^3 \times 944 \times 10^{-12}}$
$\quad \fallingdotseq 9.63\text{kΩ}$

E24系列で丸めて，
$R_f = R_1 = R_2 = R_3 = 10\text{kΩ}$
とする（仮決定した値と同じ）．

(c) 3段目の設計

表1から
$f_3 : 1.09313$, $Q_3 : 3.28201$
である.
ここで，(b)と同様に下記の2次LPFの定数を決める．

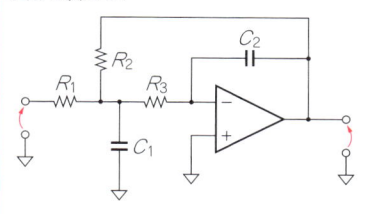

設計式
$R_f = R_1 = R_2 = R_3$
$C_f = \dfrac{1}{2\pi f_C R_f}$
$C_1 = 3QC_f$
$C_2 = \dfrac{C_f}{3Q}$

■ ステップ1：$R_f = R_1 = R_2 = R_3$を決める
10kΩに仮決定する．

■ ステップ2：C_1, C_2を決める
$$C_f = \frac{1}{2\pi f_C R_f}$$
ここで
$f_C \fallingdotseq 1.09313 \times 22 \times 10^3$
$\quad \fallingdotseq 24.0\text{kHz}$
とすると，
$$C_f \fallingdotseq \frac{1}{2\pi \times 24.0 \times 10^3 \times 10 \times 10^3}$$
$\quad \fallingdotseq 663\text{pF}$
よって
$C_1 = 3QC_f$
$\quad \fallingdotseq 3 \times 3.28201 \times 663 \times 10^{-12}$
$\quad \fallingdotseq 6.52\text{nF}$

E12系列で丸めて，
$C_1 = 6800\text{pF}$
とする．ここでC_fを再計算すると，
$$C_f = \frac{C_1}{3Q}$$
$\quad \fallingdotseq \dfrac{6.8 \times 10^{-9}}{3 \times 3.28201} = 691\text{pF}$
このC_fでC_2を計算すると，
$$C_2 = \frac{C_f}{3Q}$$
$\quad \fallingdotseq \dfrac{691 \times 10^{-12}}{3 \times 3.28201} \fallingdotseq 70.2\text{pF}$

E12系列で丸めて，
$C_2 = 68\text{pF}$
とする．

■ ステップ3：$R_f = R_1 = R_2 = R_3$を再計算する
$C_f = \sqrt{C_1 C_2}$
$\quad \fallingdotseq \sqrt{6.8 \times 10^{-9} \times 68 \times 10^{-12}}$
$\quad = 680\text{pF}$
このC_fでR_fを計算すると，
$$R_f = \frac{1}{2\pi f_C C_f}$$
$\quad \fallingdotseq \dfrac{1}{2\pi \times 24.0 \times 10^3 \times 680 \times 10^{-12}}$
$\quad \fallingdotseq 9.75\text{kΩ}$

E24系列で丸めて，
$R_f = R_1 = R_2 = R_3 = 10\text{kΩ}$
とする（仮決定した値と同じ）．

図1 5次チェビシェフLPFの定数設計

チェビシェフ5次LPFの設計例

● 仕様を決める
設計するフィルタの仕様は以下のとおりとします．
- 通過帯域：DC～22 kHz
- 通過帯域リプル：0.1 dB
- フィルタ次数：5次
- フィルタ方式：多重帰還型

● 定数設計
VCVS型LPFの設計過程については割愛します．多重帰還型での設計手順を参考に，第7章の設計過程に基づいてみなさんで設計してみてもよいでしょう．

定数設計の過程を図1に示します．今まで設計してきた方法と変わりないので，定数設計は簡単に行うことができると思います．

● FilterProで設計する
今までと同じように，同一条件でFilterProを使用

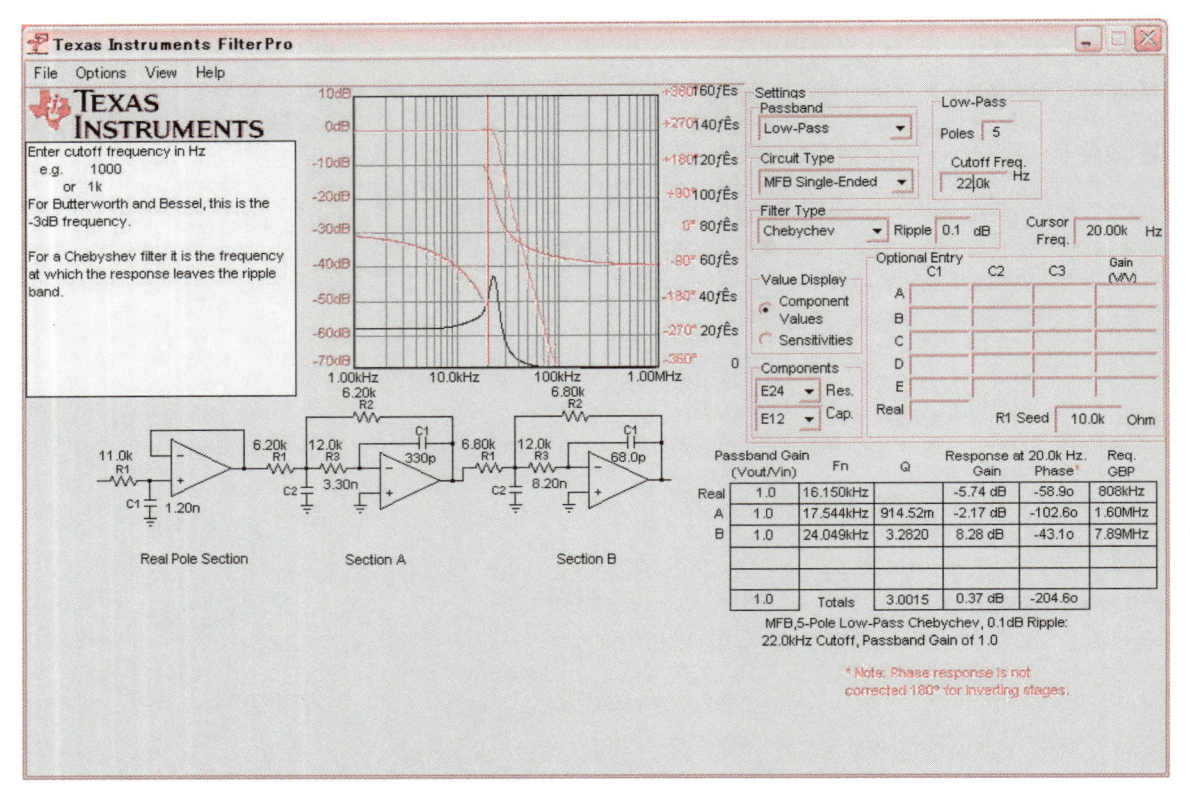

図2 設計ツールFilterProによる設計結果
計算する手間がないので楽ができる．

Column プロの技術者が必ず確認する「高調波ひずみ特性とノイズ特性」

本書は，アナログ回路のビギナを対象としたものです．そのため，フィルタ回路のゲイン-周波数特性を中心に解説しています．しかし，プロの電子回路技術者が必ず確認するフィルタ回路の特性があります．それは，高調波ひずみ特性とノイズ特性です．

応用回路によっては，ノイズ特性がとても問題になることがあります．従って，ノイズ特性については必ず試作時に確認しておく必要があります．また，LPF回路においても，使用するOPアンプによって遮断周波数付近の高調波ひずみ特性やノイズ特性が変化します．

プロの技術者は，必ず設計・試作完了時にこれらの特性を確認しています．本書を卒業した方は，ぜひ，これらの特性にも注意を払ってアクティブ・フィルタ回路を設計してください．

して設計してみました．結果は**図2**のようになりました．設計定数が手計算と異なるのは，今まで述べてきたように計算アルゴリズムが手計算の場合とは異なるためです．

● OPアンプを選ぶ

多重帰還型なので，各ステージの設計周波数f_{Cn}とQ_nに基づいて決定します．計算の結果，GB積をGBW，ゲインをGとすると，

▶1段目
$$GBW_1 \geq 100 \times G \times f_{Cn} \times Q_n$$
$$= 100 \times 1 \times 0.53891 \times 22 \times 10^3 \times 0.5$$
$$\simeq 593 \text{ kHz}$$

▶2段目
$$GBW_2 \geq 100 \times G \times f_{Cn} \times Q_n$$
$$= 100 \times 1 \times 0.79745 \times 22 \times 10^3 \times 0.91452$$
$$\simeq 1.60 \text{ MHz}$$

▶3段目
$$GBW_3 \geq 100 \times G \times f_{Cn} \times Q_n$$
$$= 100 \times 1 \times 1.09313 \times 22 \times 10^3 \times 3.28201$$
$$\simeq 7.89 \text{ MHz}$$

となります．この結果から，GB積が38 MHzのOPA350(テキサス・インスツルメンツ，デュアル・タイプの場合はOPA2350)を使うことにします．

● シミュレーション結果

手計算による結果とFilterProによる計算結果を比較してみます．シミュレーション回路は**図3**のとおりです．**図4**にゲイン-周波数特性のシミュレーション結果を示します．

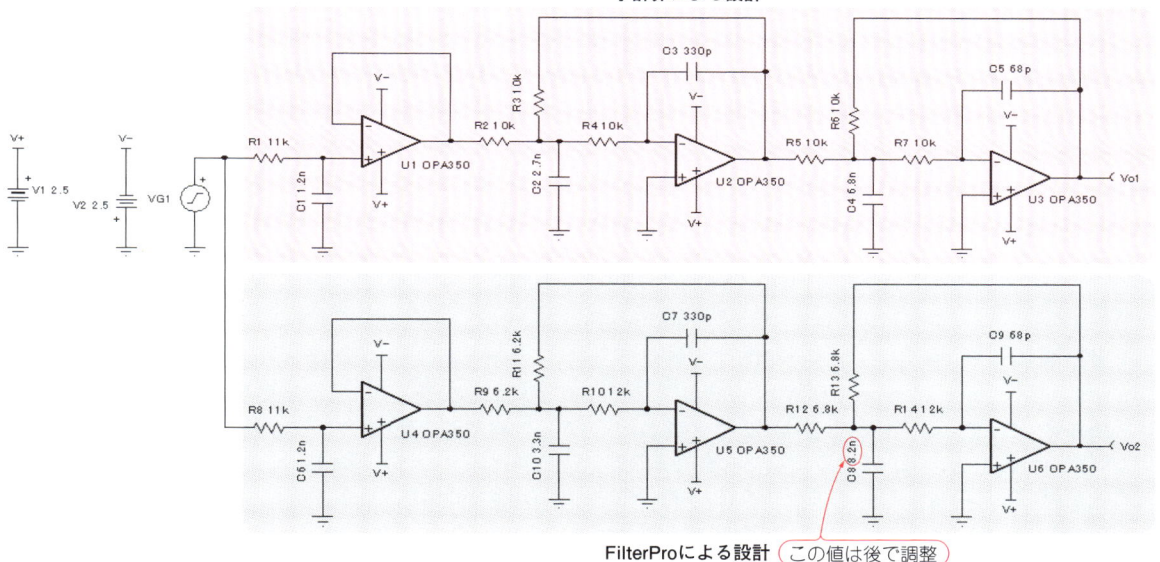

図3 手計算の設計結果とFilterProの設計結果をシミュレーションで比較

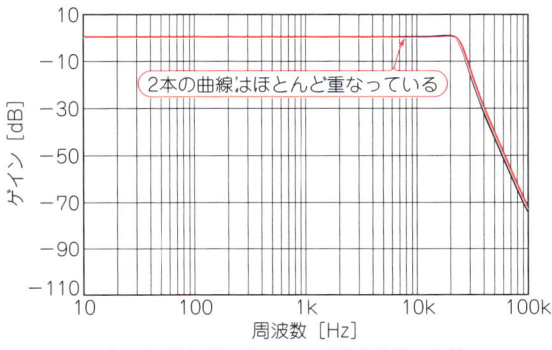

(a) 手計算とFilterProによる設計結果の比較

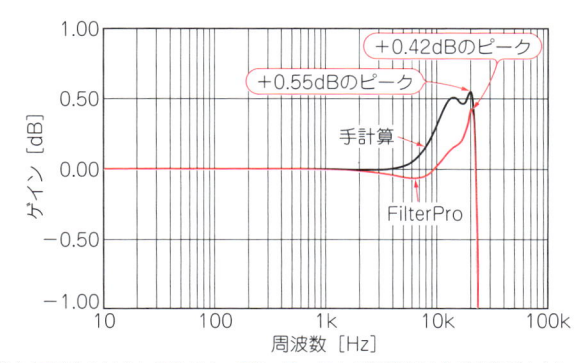

(b) 肩特性を拡大してみると，FilterProによる結果のほうが誤差が小さい

図4 若干FilterProのほうが誤差が小さい(シミュレーション)
設計値はリプル0.1 dBなのでピークの値が大きすぎる．

図4(a)を見ると，手計算もFilterProによる結果も重なっているように見えます．そこで，肩特性部分を拡大してみたのが図4(b)です．

この図から分かるように，どちらも設計値のリプル0.1 dBよりも大きいピークが存在し，FilterProによる設計結果の方が若干設計条件に近い値です．

● シミュレーションで定数を最適化する

このピークを少し改善してみます．設計上，素子定数の誤差の影響を大きく受けるのは，Qの大きな最終段です．ピークが大きいということは，Qが大きいことにほかなりませんから，Qを下げるように調整してみます．

$R_f = R_1 = R_2 = R_3$とすると，フィルタのQはC_1とC_2の比によって決まります．設計式からQを求めてみましょう．

$$C_1 = 3QC_f \quad \cdots\cdots\cdots\cdots\cdots\cdots (1)$$

$$C_2 = \frac{C_f}{3Q} \quad \cdots\cdots\cdots\cdots\cdots\cdots (2)$$

式(1)から，

$$C_f = \frac{C_1}{3Q}$$

これを式(2)に代入して整理すると，次式となります．

電流帰還型OPアンプで多重帰還型LPFを作る　　Column

高性能な高速OPアンプは電流帰還型と呼ばれる回路構成で実現されています．このタイプのOPアンプは基本的に非反転増幅回路で使用することを前提にしています．従って，多重帰還型LPFには使えないと思われるかもしれません．しかし，ちょっとした工夫で使用することも可能です．

図Aに電流帰還型OPアンプを使用して多重帰還型LPFを構成した例を示しました．このように，反転入力端子に数百Ω程度の抵抗を入れることで，多重帰還型LPFに使用することができるようになります．

図Bは，抵抗R_3の値を変化させたときの高域での周波数特性です．抵抗を0Ωにしてしまうとアンプが不安定になってしまうのですが，300Ω以上が確保されていれば安定であることが分かります．

このようなテクニックによって電流帰還型OPアンプを多重帰還型LPFに応用することのメリットは，より理想に近い特性を実現できることです．

図Cのシミュレーション回路は，GB積が200 MHz以上あるTHS4011（テキサス・インスツルメンツ）という電圧帰還型OPアンプを使用した場合と比較するためのものです．

設計上，OPアンプに要求されるGB積は182 MHz以上です．従って，THS4011でも問題ないはずです．しかし，図Dのシミュレーション結果を見ると分かるように，電圧帰還型OPアンプよりも，電流帰還型OPアンプであるTHS3021を使用したフィルタのほうが理想的な特性が得られていることが分かります．

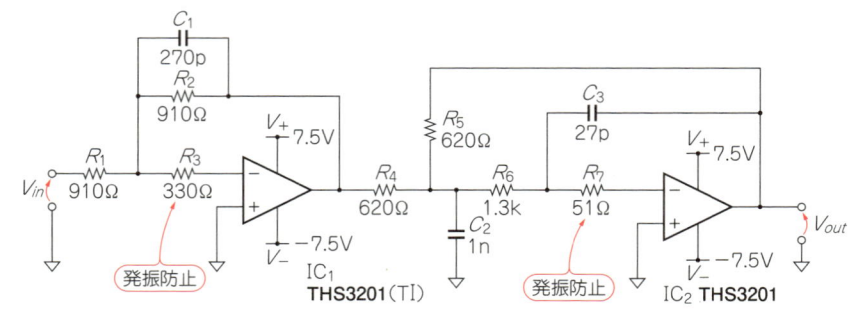

図A　電流帰還型OPアンプを使って多重帰還型LPFを構成した例（TI：テキサス・インスツルメンツ）
3次チェビシェフLPF，$f_0 = 1$ MHz，リプル0.5 dB．

$$Q = \frac{1}{3}\sqrt{\frac{C_1}{C_2}}$$

つまり，C_2の値を大きくするか，C_1の値を小さくすればQは小さくなると考えられます．今回は数値が大きく調整しやすいC_1を変化させてみます．

図3の回路図のC_8の値を7.8 nFから8.2 nFまで変化させてみた結果を図5に示します．

このシミュレーション結果から，C_8の値を7.9 nF程度にするとよさそうです．従って，このコンデンサは，6800 pF，1000 pF，100 pFの並列接続とします．

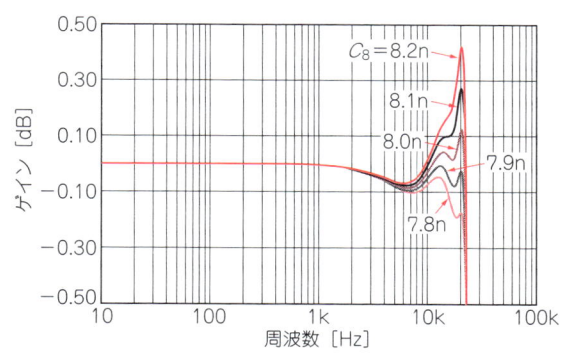

図5　ピークを抑えるために図3のC_8の値を調整(シミュレーション)
7900 pFにすると仕様のリプル0.1 dB以内に収まりそう．

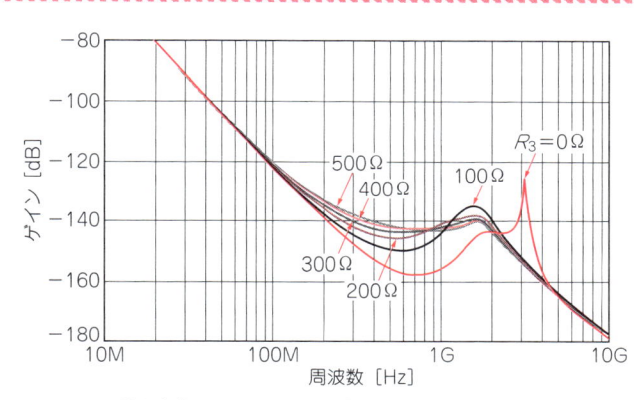

図B　R_3の値を変化させたときの周波数特性の変化(シミュレーション)
200 ～ 300 Ω以上あれば安定だとわかる．

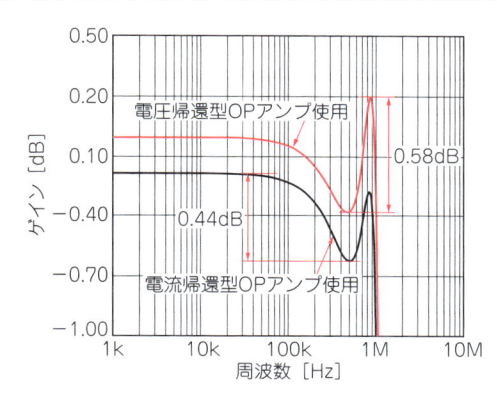

図D　よりGB積が大きい電流帰還型の方が良好な特性を得られる
わずかな誤差が影響するチェビシェフ・フィルタではGB積が大きなOPアンプのほうが理想に近い特性を得やすい．

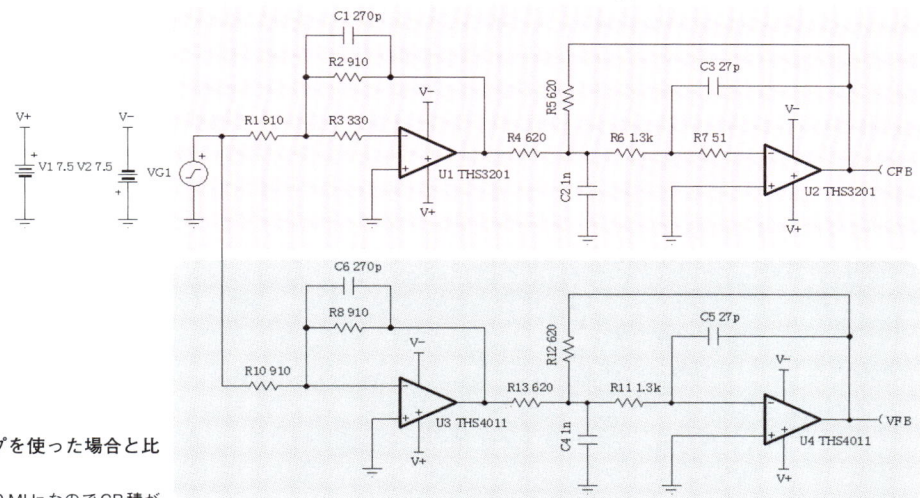

図C
電圧帰還型OPアンプを使った場合と比較してみる
計算上必要GB積は180 MHzなのでGB積が290 MHzのTHS4011ならば十分なはず．

チェビシェフ5次LPFの設計例

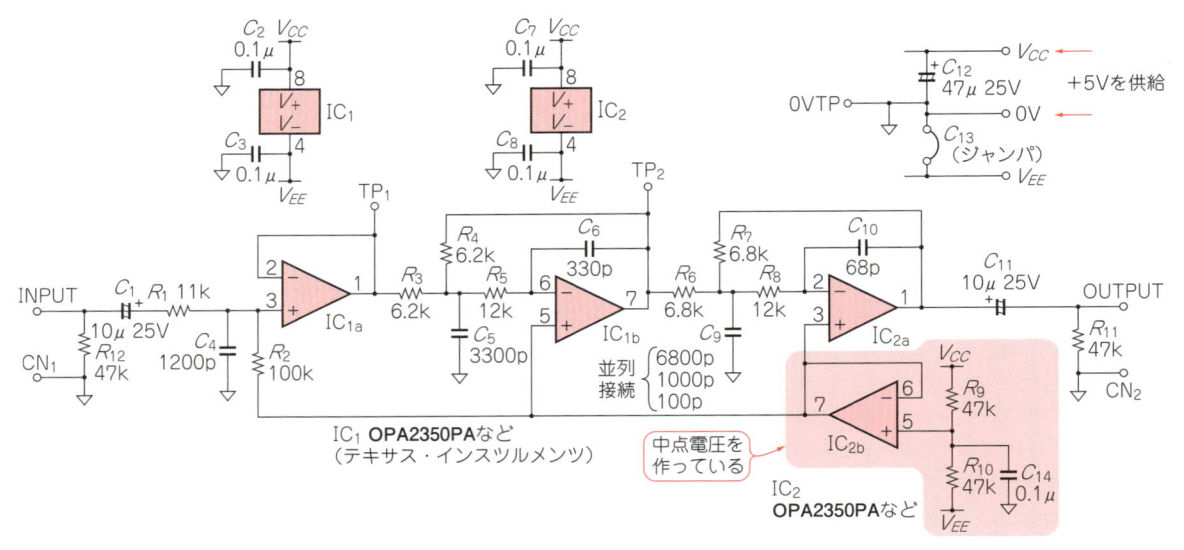

図6 製作したチェビシェフ5次LPF
C_9の値は7900 pFを得るために三つのCを並列にする．

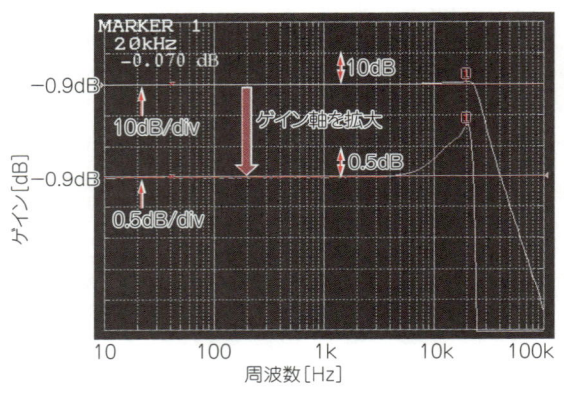

図7 製作したチェビシェフ5次LPFの周波数特性（実測）
設計値の予測よりも大きなピークが生じている．

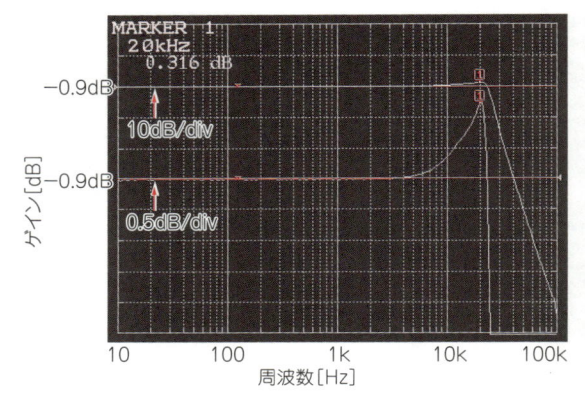

図8 C_9の値を調整後の7900 pFから元の8200 pFにするとピークは大きくなる
調整によりピークが少し抑えられていることが分かる．

実験結果

実験に用いた回路を**図6**に示します．
周波数特性を測定した結果，**図7**のようになりました．図から，設計（シミュレーション）よりも大きなピークが生じていることが分かります．
C_8の値をもともとの値である8200 pFにすると，これよりも大きなピークを生じることから，シミュレーションによって定数を最適化した意味はあるようです．

▶部品のばらつきを受けやすい

このように，チェビシェフLPFは受動部品やOPアンプのばらつきが大きく特性に影響するため，無調整で設計どおりの特性を出すことが難しい場合もあります．
もし，調整したいという場合は，**図6**の回路図のR_5，R_8を半固定抵抗＋固定抵抗の組み合わせに変更するとよいでしょう．

（初出：「トランジスタ技術」 2008年7月号 特集第3章）

第10章 低域で減衰するフィルタ回路を作るために
バターワース型ハイ・パス・フィルタの設計

ステップ4

本章では，第7章で設計したLPFと同じ遮断周波数と次数でバターワース型HPFの設計過程を確認します．実験については，LPFの場合と同様に多重帰還型HPFについてだけ行います．

低域で信号を減衰させたいときに，**ハイ・パス・フィルタ**(HPF)が使用されます．なお，私自身はACカップリング程度のHPFを除き，専用のHPFの必要に迫られたことがありません．

バターワース5次HPFの設計例

● 基本になるVCVS型2次HPFと5次HPFの作り方

図1にVCVS型の2次HPF回路を示します．LPFと同様，この形が基本になります．1次HPFと2次HPFを組み合わせて5次HPFを構成すると，図2のようになります．

● LPFを設計したときと同じ表が使える

設計には，第7章のLPFと同じ正規化表を使います．ただし，設計周波数f_nには，表の値の逆数を使用します．各段の設計過程を示したものを図3に示します．

● 部品の選び方

受動部品の選び方はLPFと同じです．OPアンプについても，LPFと同様にGB積と各段のQに注目してOPアンプを選びます．必要なGB積を求める式もLPFのときと同じ式が使用できます．ただし，f_{Cn}を求める式がLPFの場合は，

$$f_{Cn} = f_n \times f_0$$

ただし，f_nは表から読み取ったスケーリング係数，f_0はフィルタ全体の設計周波数

設計式
$C_f = C_1 = C_2$
$R_f = \dfrac{1}{2\pi f_C C_f}$
$R_1 = \dfrac{R_f}{2Q}$
$R_2 = 2QR_f$

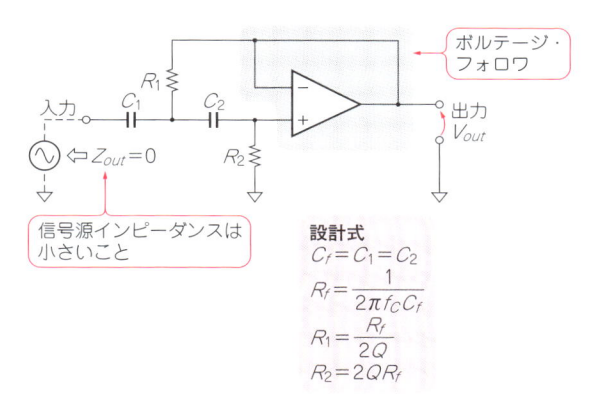

図1 高次のフィルタを作る場合でも基本となる2次のVCVS型HPF
信号源インピーダンスが小さいことが条件になる．

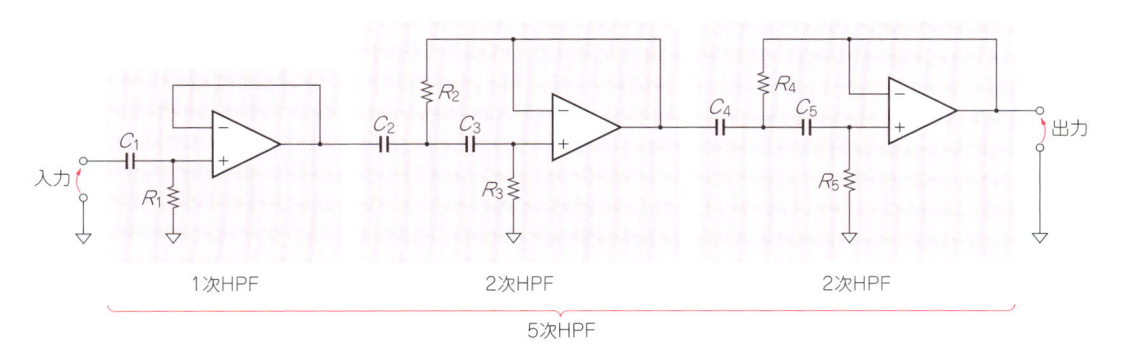

図2 5次HPFを設計してみよう
5次のフィルタは1次と2次の組み合わせに分解できる．LPFの場合と同じで入力からQの低い順に並べる

(a) 1段目の設計

表1から
$$f_1 : \frac{1}{1.0}, \quad Q_1 : 0.5$$
である．従ってRC1次HPFを設計する．

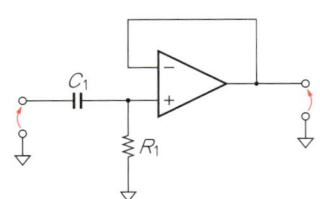

上記の回路のしゃ断周波数f_Cは
$$f_C = \frac{1}{2\pi C_1 R_1}$$
となる．

■ステップ1：R_1を決める
　LPFでの考察と同様に入力インピーダンスを考えて決める．
　ここでは，
$$R_1 = 10 \text{k}\Omega$$
に仮決定する．

■ステップ2：C_1を決める
$$C_1 = \frac{1}{2\pi f_C R_1}$$
を計算する．
　ここで，5次HPFの設計周波数f_0は，20kHzなので
$$f_C = f_1 f_0$$
$$\fallingdotseq \frac{1}{1.0} \times 20 \times 10^3$$
$$= 20 \text{kHz}$$
よって，
$$C_1 \fallingdotseq \frac{1}{2\pi \times 20 \times 10^3 \times 10 \times 10^3}$$
$$\fallingdotseq 796 \text{pF}$$
E12系列で丸めて，
$$C_1 = 820 \text{pF}$$
とする．

■ステップ3：R_1を再計算する
　ここでR_1の値を再計算する．
$$R_1 = \frac{1}{2\pi f_C C_1}$$
$$\fallingdotseq \frac{1}{2\pi \times 20 \times 10^3 \times 820 \times 10^{-12}}$$
$$\fallingdotseq 9.7 \text{k}\Omega$$
E24系列で丸めて
$$R_1 = 10 \text{k}\Omega$$
とする（仮決定した値と同じ）．

(b) 2段目の設計

表1から
$$f_2 : \frac{1}{1.0}, \quad Q_2 : 0.618034$$
である．
　ここで，下記の2次HPFの定数を決める．

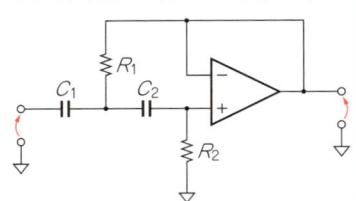

設計式
$$C_f = C_1 = C_2$$
$$R_f = \frac{1}{2\pi f_C C_f}$$
$$R_1 = \frac{R_f}{2Q}$$
$$R_2 = 2QR_f$$

■ステップ1：C_fを決める
　$R_f = 10\text{k}\Omega$とすると
$$C_f = \frac{1}{2\pi f_C C_f}$$
から，$C_f \fallingdotseq 820\text{pF}$となるので
$$C_f = C_1 = C_2 = 820\text{pF}$$
に仮決定する．

■ステップ2：R_1, R_2を決める
$$R_f = \frac{1}{2\pi f_C C_f}$$
ここで，
$$f_C = \frac{1}{1.0} \times 20 \times 10^3 = 20 \text{kHz}$$ ←表1のf_2の逆数
とすると，
$$R_f = \frac{1}{2\pi \times 20 \times 10^3 \times 820 \times 10^{-12}}$$
$$\fallingdotseq 9.7\text{k}\Omega$$
よって
$$R_1 = \frac{R_f}{2Q}$$
$$= \frac{9.7 \times 10^3}{2\pi \times 0.618034} \fallingdotseq 7.85\text{k}\Omega$$
E24系列で丸めて，
$$R_1 = 7.5\text{k}\Omega$$
とする．
　ここで，R_fを再計算すると，
$$R_f = 2QR_1$$
$$\fallingdotseq 2 \times 0.618034 \times 7.5 \times 10^3$$
$$\fallingdotseq 9.27\text{k}\Omega$$
このR_fでR_2を計算すると，
$$R_2 = 2QR_f$$
$$\fallingdotseq 2 \times 0.618034 \times 9.27 \times 10^3$$
$$\fallingdotseq 11.5\text{k}\Omega$$
E24系列で丸めて
$$R_2 = 11\text{k}\Omega$$
とする．

※LPFと異なり，C_1, C_2の再計算は行わない．この理由は，抵抗と比較してコンデンサの容量は種類が少ないためである．誤差が大きくなりそうなときは，抵抗値を調整する．

(c) 3段目の設計

表1から
$$f_3 : \frac{1}{1.0}, \quad Q_3 : 1.618034$$
である．
　ここで，(b)と同様に下記の2次HPFの定数を決める．

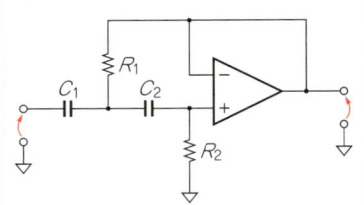

設計式
$$C_f = C_1 = C_2$$
$$R_f = \frac{1}{2\pi f_C C_f}$$
$$R_1 = \frac{R_f}{2Q}$$
$$R_2 = 2QR_f$$

■ステップ1：C_fを決める
　R_1, R_2が小さすぎたり大きすぎたりしないように決める．具体的には数k～十数kΩ程度となるように決める．
　ここで(b)でのR_1, R_2の値が妥当であることから，次式によりC_fを決める．
$$C_f = \frac{Q_3}{Q_2} \cdot C_{f2}$$
（前段のQ_2）（前段のC_f）
$$\fallingdotseq \frac{1.618034}{0.618034} \times 820 \times 10^{-12}$$
$$\fallingdotseq 2.15 \text{nF}$$
従って
$$C_f = C_1 = C_2 = 2200\text{pF}$$
とする．

■ステップ2：R_1, R_2を決める
$$R_f = \frac{1}{2\pi f_C C_f}$$
ここで，
$$f_C = \frac{1}{1.0} \times 20 \times 10^3$$ ←表1のf_3の逆数
$$= 20 \text{kHz}$$
とすると，
$$R_f = \frac{1}{2\pi \times 20 \times 10^3 \times 2.2 \times 10^{-9}}$$
$$\fallingdotseq 3.62 \text{k}\Omega$$
よって
$$R_1 = \frac{R_f}{2Q}$$
$$\fallingdotseq \frac{3.62 \times 10^3}{2 \times 1.618034}$$
$$\fallingdotseq 1.12 \text{k}\Omega$$
E24系列で丸めて，
$$R_1 = 1.1 \text{k}\Omega$$
とする．
　丸め誤差は小さいので，そのままR_2を計算すると，
$$R_2 = 2QR_f$$
$$\fallingdotseq 2 \times 1.618034 \times 3.62 \times 10^3$$
$$\fallingdotseq 11.7 \text{k}\Omega$$
E24系列で丸めて，
$$R_2 = 12 \text{k}\Omega$$
とする．

図3　VCVS型5次HPFの設計手順（表1は第7章の表1, p.86を指す）

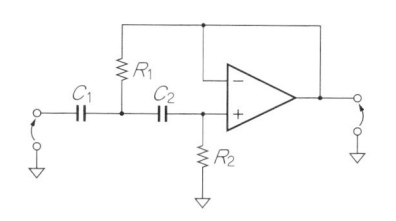

$C_f = C_1 = C_2$
$R_f = \dfrac{1}{2\pi f_C C_f}$
ただし,
$f_C = \dfrac{1}{f_n} f_0$

正規化表の f_n の値
フィルタ全体の設計周波数（バターワース，ベッセルなら−3dB遮断周波数と一致）

$R_1 = \dfrac{R_f}{2Q}$
$R_2 = 2QR_f$

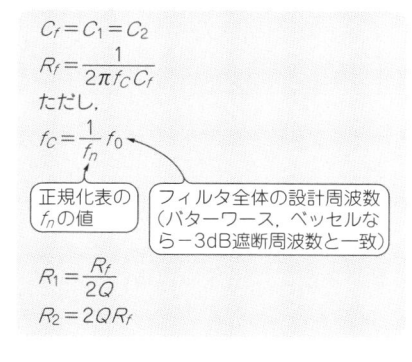

設計手順

① $C_f = C_1 = C_2$ を決める（決め方は図3(b)〜(c)を参照）

② $R_f = \dfrac{1}{2\pi f_C C_f}$ より R_f を算出する．
ここで，$f_C = \dfrac{1}{f_n} f_0$ （f_n：正規化表（第7章）のスケーリング係数，f_0：設計周波数）

③ $R_1 = \dfrac{R_f}{2Q_n}$ より R_1 を算出する（Q_n：正規化表（第7章）のQ値）

④ R_1 をE系列で丸める

⑤ $R_f = 2Q_n R_1$ より R_f を再計算（省略可能）

⑥ $R_2 = 2Q_n R_f$ より R_2 を算出する（R_f は再計算値）

⑦ R_2 をE系列で丸める

⑧ R_1, R_2, C_1, C_2 が求まる

(d) 全体の流れ

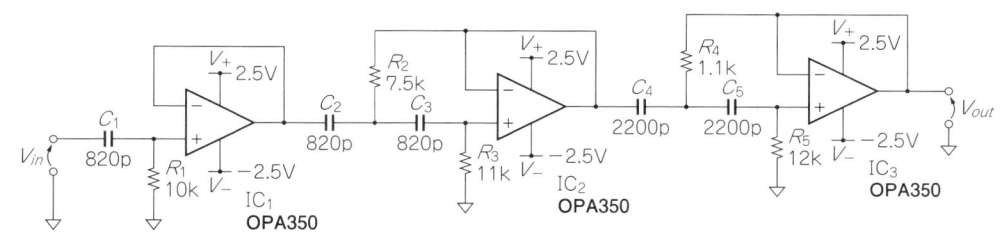

図4 設計が完了した5次HPF

であったのに対し，HPFの場合は f_n が表の値の逆数，$1/f_n$ となることに注意します．具体的には，

$$f_{Cn} = \dfrac{1}{f_n} \times f_0$$

となります．この f_{Cn} の値と，各段の Q_n の値から必要なGB積 GBW を求めます．VCVS型の場合にはゲインをGとすると，

- Q が1よりも大きいステージの場合
  $GBW \geq G \times f_{Cn} \times Q_n^3 \times 100$
- Q が1以下のステージの場合
  $GBW \geq G \times f_{Cn} \times 100$
- Q が0.5の1次LPFステージについては，
  $GBW \geq G \times f_{Cn} \times 0.5 \times 100$

となります．

今回設計するHPFはバターワース型なので，f_n はすべて1.0です．従って，GB積の計算結果はLPFの場合と同じになります．そのため，使用するOPアンプもLPFで使用したものと同じものが使えます．

● シミュレーションで特性を確認する

定数設計が終わった回路を図4に示します．

この回路を元に，周波数特性のシミュレーションを行ったのが図5(a)です．抵抗とコンデンサに誤差が存在すると仮定してシミュレーションした結果を図5(b)に示します．図5(b)の結果から，ゲイン-周波数特性にピークが生じたとしても+0.2dB程度であり，カットオフ周波数のばらつきも±10%以下となることが予想されます．

ところで，図5の特性を見ると，高域のゲインが落ちていることが分かります．これはOPアンプのGB積による限界です．OPアンプの高周波ゲインは高域で減衰するので，アクティブHPFでは必ず高域の限界が存在します．

従って，OPアンプを選ぶときは，フィルタとして

(a) ゲイン-周波数特性はほぼ目的の特性が得られている

(b) 抵抗やコンデンサの値がばらついた場合（抵抗±1%，コンデンサ5%）

図5　設計したVCVS型5次HPFの特性（シミュレーション）
ばらつきを見る(b)ではワースト・ケース・シミュレーションを行っている．

の特性を満たすことのできるGB積以上に，フィルタに通過する信号周波数を扱える能力を持ったOPアンプを選ぶことが必要になります．

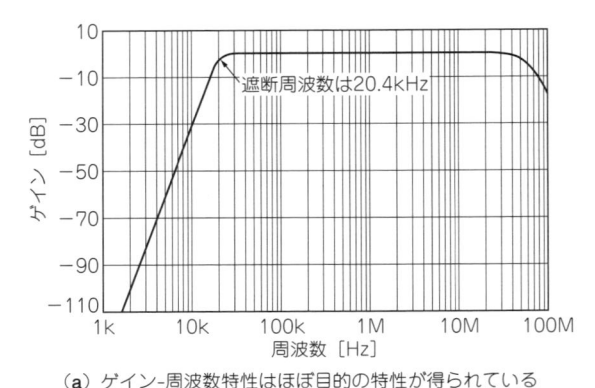

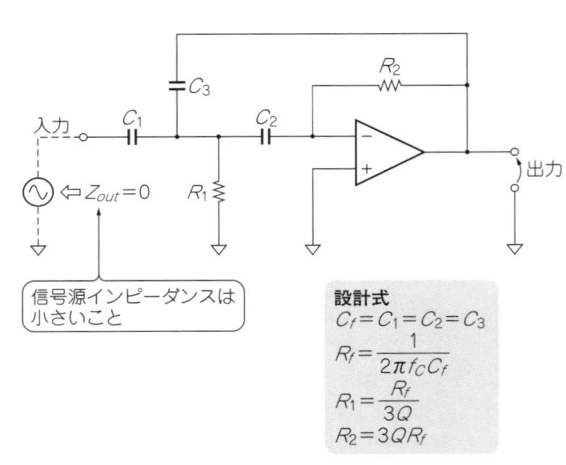

図6　高次のフィルタを作る場合でも基本となる2次の多重帰還型HPF
後述する安定性の問題があるので，VCVSのほうが作りやすいが，ひずみが小さいメリットがある．

設計式
$C_f = C_1 = C_2 = C_3$
$R_f = \dfrac{1}{2\pi f_C C_f}$
$R_1 = \dfrac{R_f}{3Q}$
$R_2 = 3QR_f$

● **基本になる多重帰還型2次HPFの回路と5次HPFの作り方**

多重帰還型の2次HPFを図6に示します．この回路が基本になります．そして，この回路を元に5次HPFを構成すると図7のようになります．

VCVS型と同様に定数設計を行う過程を図8(p.116)に示しました．なお，1次フィルタ部分の設計についてはVCVS型と同じなので割愛しています．

● **OPアンプの選び方**

VCVS型の場合と同じで，LPFと同様に選びます．

$$f_{Cn} = \dfrac{1}{f_n} \times f_0$$

から，各段のf_{Cn}を計算し，

$$GBW \geq 100 \times G \times f_{Cn} \times Q_n$$

からOPアンプに必要なGBWを計算します．

今回設計するバターワース型HPFのf_nはすべて1.0です．従って，先ほどのVCVS型と同様に，GB積の計算結果はLPFの場合と同じになります．そのため，使用するOPアンプもLPFで使用したものと同じものが使えます．

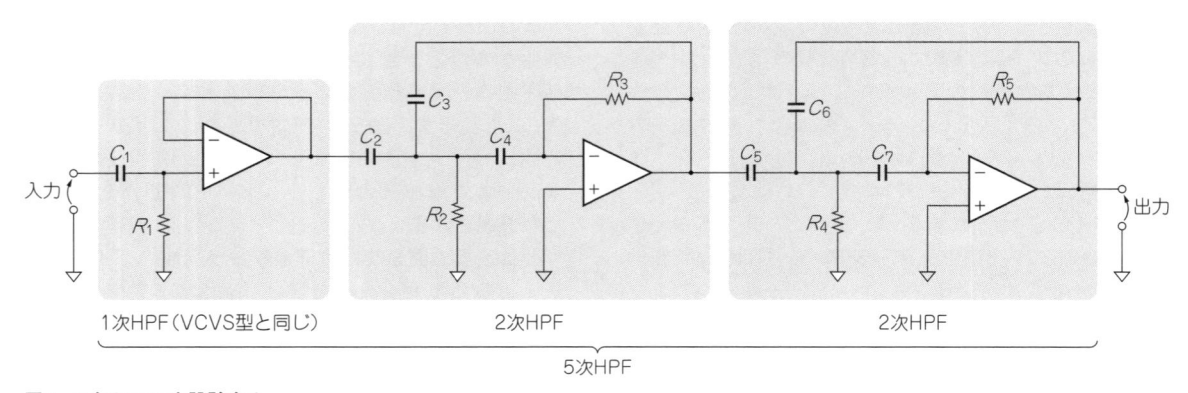

図7　5次のHPFを設計する
1次フィルタ＋2次フィルタ＋2次フィルタで5次のフィルタが作れる．

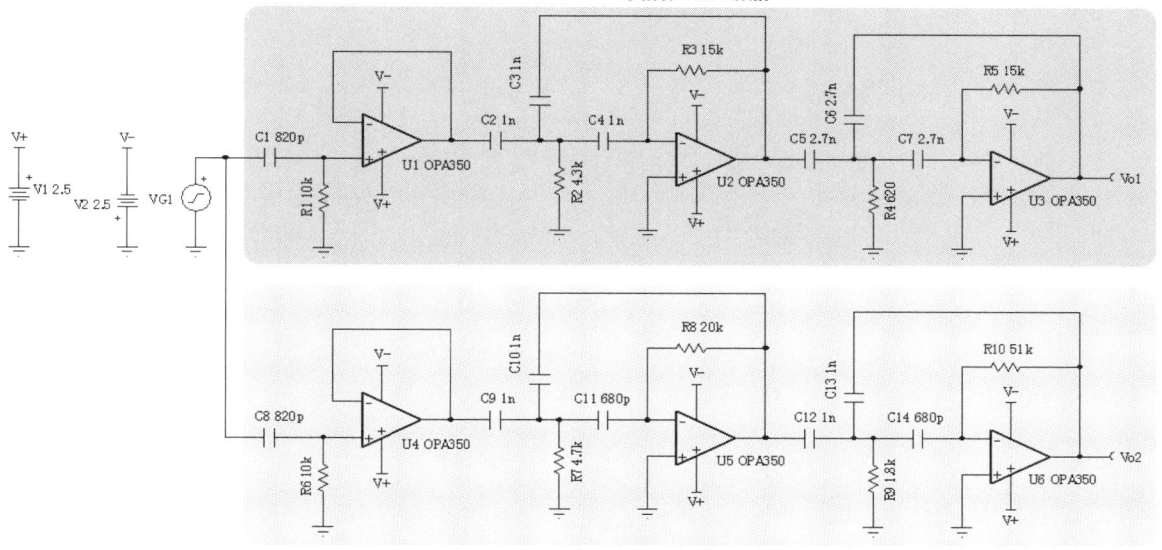

図10 手計算の設計結果とFilterProの設計結果をシミュレーションで比較

● 設計ツールFilterProでも設計してみる

フィルタ設計ツールFilterProを使用し，同じ条件で設計してみました．結果は図9(p.117)のとおりです．この結果もLPFのときと同じように手計算と定数に違いが見られますが，これは計算アルゴリズムが手計算とは異なるためです．

● シミュレーションで設計を確認する

ここで，手計算とFilterPro，両方の設計結果についてシミュレーションで比較してみることにします．シミュレーション回路は図10です．結果は図11のようになりました．

図11の結果を見ると，手計算，FilterPro，どちらの設計でも10 MHz付近にピークが生じていることが分かると思います．実は，多重帰還型HPFには，このように高域で不安定になりやすい欠点があります．

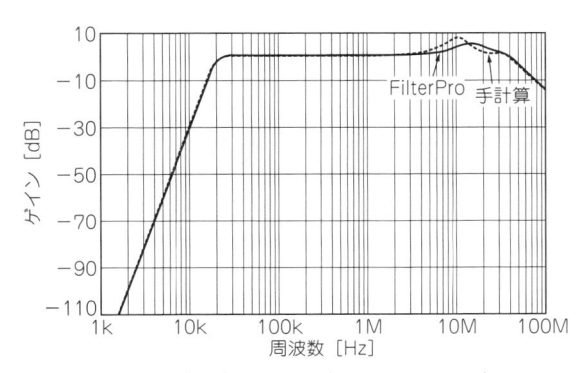

図11 10 MHz付近にピークがある（シミュレーション）
これは多重帰還型HPFを直列に接続したときに必ず発生する問題．

● 多重帰還型HPFは発振することがある

図6の回路を見て気が付く人もいるかもしれませんが，多重帰還型HPFが高域で不安定になる理由はC_1，C_2，C_3がOPアンプの負荷になっているからです．これらのコンデンサはOPアンプにとってみれば容量性負荷にほかなりません．

OPアンプの出力にコンデンサを付けると発振することは有名なトラブルの一つです．ここでも，それと

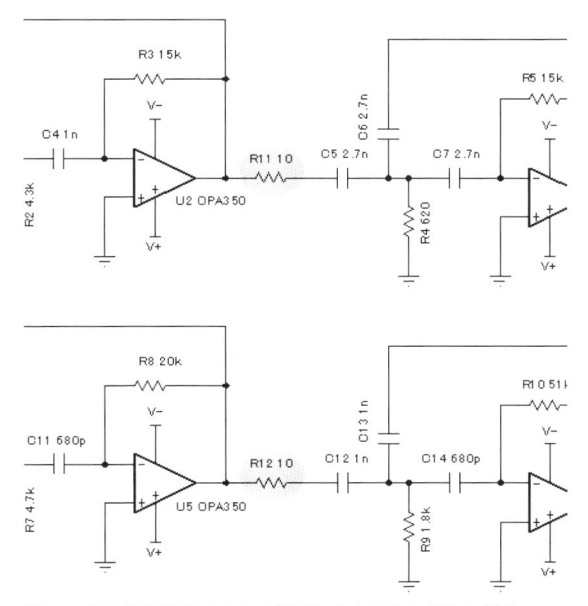

図12 安定性を確保するため段間に小さな値の抵抗を挿入
前の段から見て容量負荷になるのが問題なので抵抗を入れれば対策できる．

バターワース5次HPFの設計例 115

(a) 1段目の設計

表1から
$$f_2 : \frac{1}{1.0}, \quad Q_2 : 0.618034$$
である.
ここで，下記の2次HPFの定数を決める.

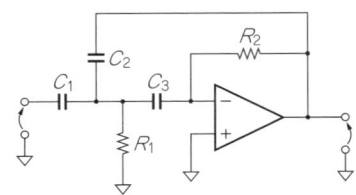

設計式
$$C_f = C_1 = C_2 = C_3$$
$$R_f = \frac{1}{2\pi f_C C_f}$$
$$R_1 = \frac{R_f}{3Q}$$
$$R_2 = 3QR_f$$

■ステップ1：$C_f = C_1 = C_2 = C_3$ を決める
VCVS型2次HPFの場合と同じような検討を行い，C_f を決める．ここではきりの良い値として
$$C_f = C_1 = C_2 = 1000\text{pF}$$
に決定する.

■ステップ2：R_1, R_2 を決める
$$R_f = \frac{1}{2\pi f_C C_f}$$
ここで，
$$f_C = \frac{1}{1.0} \times 20 \times 10^3 \text{とすると,}$$
（表1のf_2の値）
$$R_f \fallingdotseq \frac{1}{2\pi \times 20 \times 10^3 \times 1 \times 10^{-9}}$$
$$\fallingdotseq 7.96\text{k}\Omega$$
よって
$$R_1 = \frac{R_f}{3Q}$$
$$\fallingdotseq \frac{7.96 \times 10^3}{3 \times 0.618034}$$
$$\fallingdotseq 4.29\text{k}\Omega$$
E24系列で丸めて，
$$R_1 = 4.3\text{k}\Omega \text{とする.}$$
とする．
丸め誤差は小さいため，R_f の再計算を省略し R_2 を計算すると,
$$R_2 = 3QR_f$$
$$\fallingdotseq 3 \times 0.618034 \times 7.96 \times 10^3$$
$$\fallingdotseq 14.8\text{k}\Omega$$
E24系列で丸めて，
$$R_2 = 15\text{k}\Omega$$
とする．

(b) 2段目の設計

表1から
$$f_3 : \frac{1}{1.0}, \quad Q_3 : 1.618034$$
である.
ここで，(a)と同様に下記の2次HPFの定数を決める.

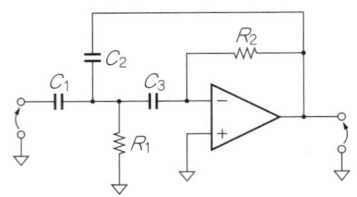

設計式
$$C_f = C_1 = C_2 = C_3$$
$$R_f = \frac{1}{2\pi f_C C_f}$$
$$R_1 = \frac{R_f}{3Q}$$
$$R_2 = 3QR_f$$

■ステップ1：$C_f = C_1 = C_2 = C_3$ を決める
$$C_f = \frac{Q_3}{Q_2} C_{f2}$$
より計算すると,
$$C_f = \frac{1.618034}{0.618034} \times 1 \times 10^{-9}$$
$$\fallingdotseq 2.62\text{nF}$$
従って
$$C_f = C_1 = C_2 = C_3 = 2700\text{pF}$$
に決定する.

■ステップ2：R_1, R_2 を決める
$$R_f = \frac{1}{2\pi f_C C_f}$$
ここで，
$$f_C = \frac{1}{1.0} \times 20 \times 10^3 \text{とすると,}$$
（2段目のC_f）
$$R_f \fallingdotseq \frac{1}{2\pi \times 20 \times 10^3 \times 2.7 \times 10^{-9}}$$
$$\fallingdotseq 2.95\text{k}\Omega$$
よって
$$R_1 = \frac{R_f}{3Q}$$
$$\fallingdotseq \frac{2.95 \times 10^3}{3 \times 1.618034}$$
$$\fallingdotseq 608\Omega$$
E24系列で丸めて，
$$R_1 = 620\Omega$$
とする．ここで R_f を再計算すると,
$$R_f = 3QR_1$$
$$\fallingdotseq 3 \times 1.618034 \times 620$$
$$\fallingdotseq 3.01\text{k}\Omega$$
この R_f で R_2 を計算すると,
$$R_2 = 3QR_f$$
$$\fallingdotseq 3 \times 1.618034 \times 3.01 \times 10^3$$
$$\fallingdotseq 14.6\text{k}\Omega$$
E24系列で丸めて，
$$R_2 = 15\text{k}\Omega$$
とする．

図8　多重帰還型5次HPFの設計手順（表1は第7章の表1を指す）
最初の1次フィルタは図3と同じなので省略．

設計手順

① $C_f = C_1 = C_2 = C_3$ を決める（決め方は図8(a)～(b)を参照）

② $R_f = \dfrac{1}{2\pi f_C C_f}$ より R_f を算出する．
ここで，$f_C = \dfrac{1}{f_n} f_0$ [f_n：正規化表（第7章）のスケーリング係数，f_0：設計周波数]

③ $R_1 = \dfrac{R_f}{3Q_n}$ より R_1 を算出する [Q_n：正規化表（第7章）のQ値]

④ R_1 をE系列で丸める

⑤ $R_f = 3Q_n R_1$ より R_f を再計算（省略可能）

⑥ $R_2 = 3Q_n R_f$ より R_2 を算出する（R_f は再計算値）

⑦ R_2 をE系列で丸める

⑧ R_1，R_2，C_1，C_2 が求まる

（c）全体の流れ

$C_f = C_1 = C_2 = C_3$
$R_f = \dfrac{1}{2\pi f_C C_f}$
ただし，
$f_C = \dfrac{1}{f_n} f_0$

正規化表のf_nの値　フィルタ全体の設計周波数（バターワース，ベッセルなら－3dB遮断周波数と一致）

$R_1 = \dfrac{R_f}{3Q}$
$R_2 = 3Q R_f$

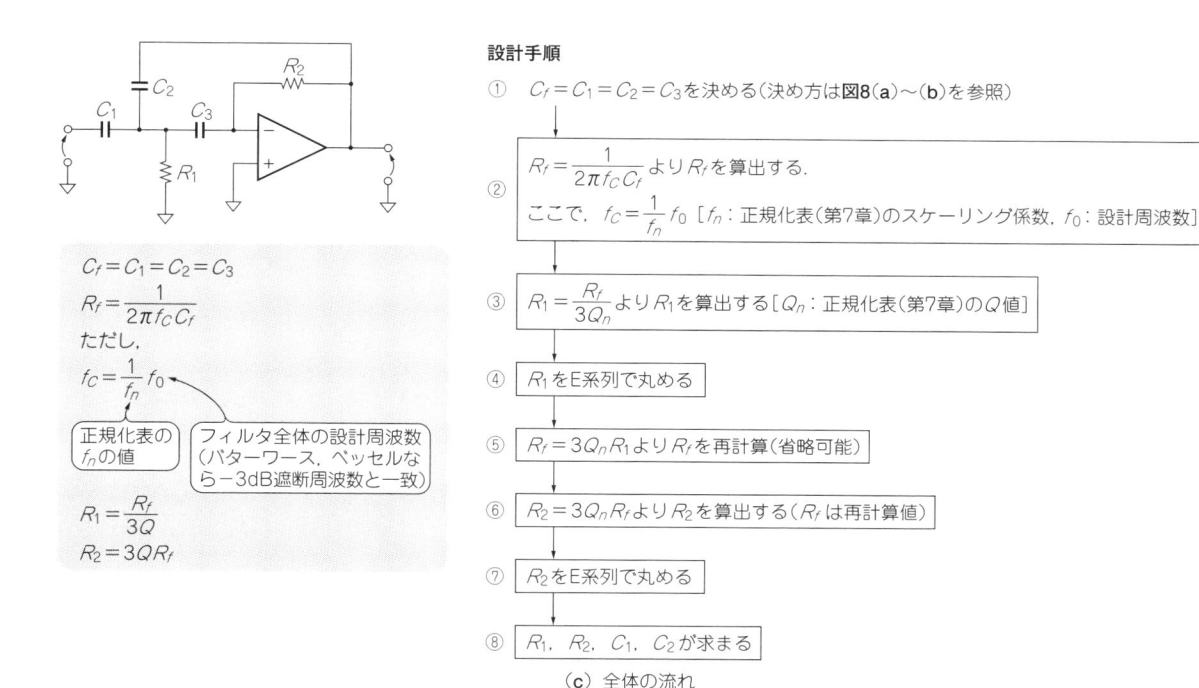

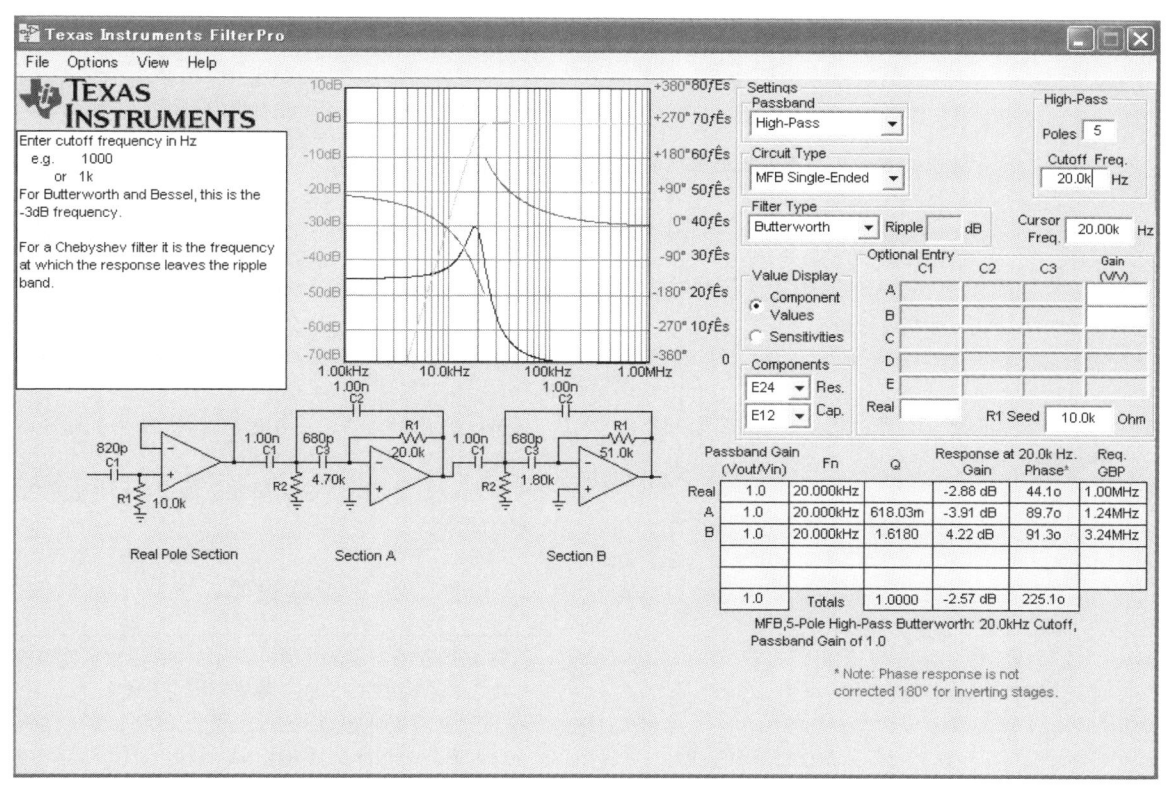

図9　設計ツール FilterPro による設計結果
LPFのときと同様に計算することなく定数を得られる．

バターワース5次HPFの設計例

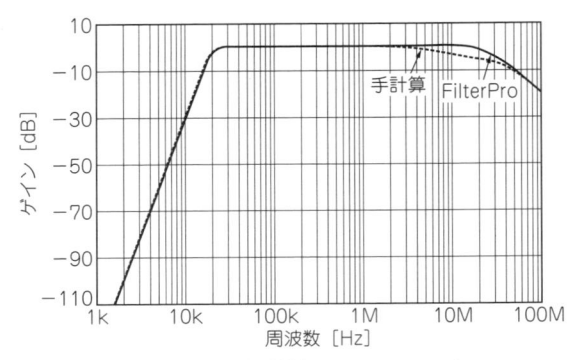

図13 図12の回路の周波数特性（シミュレーション）
ピークは無くなり安定になった．

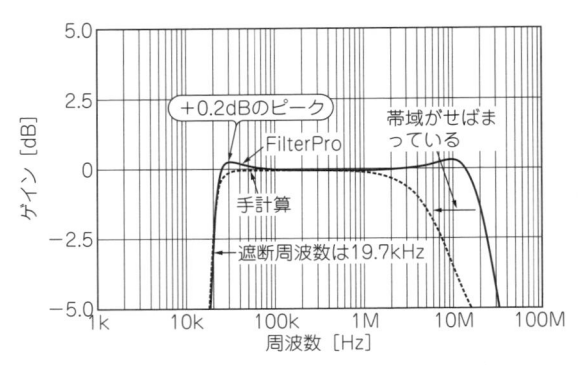

図14 手計算の設計結果とFilterProの設計結果の比較（シミュレーション）
手計算のほうがピークはないものの，帯域が狭くなっている．

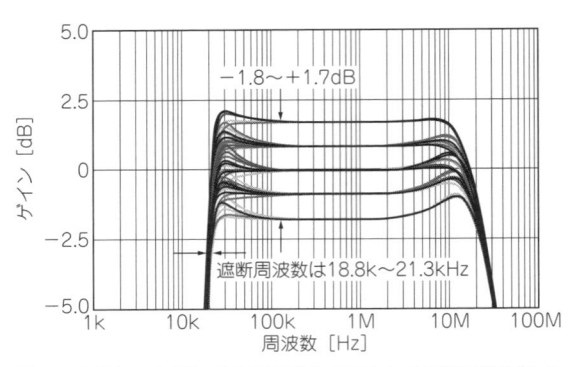

図15 抵抗やコンデンサの値がばらついたときの特性変化（シミュレーション）
抵抗に±1％，コンデンサに±5％の誤差がでたときのワースト・ケース．

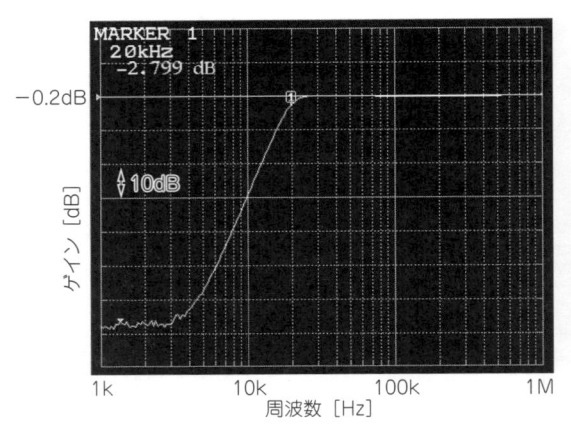

図17 製作した5次バターワースHPFの周波数特性（実測）
-3dB遮断周波数19.5kHzとほぼ設計どおりの特性が得られている．

同じ状況が起こっているのです．

対策は簡単で，図12（p.115）のように抵抗を挿入するだけです．この抵抗の挿入を行った後のシミュレーション結果を図13に示します．ピークがなくなっているため，安定に動作すると思われます．

● 設計ツールによる定数を採用

次に，通過帯域特性を拡大して，手計算とFilterProによる設計結果を比較してみることにします．図14が拡大図です．この結果からは，手計算のほうが遮断周波数付近でのピークが少なく，より理想的であると思われます．

しかし，高域での減衰はFilterProの方が小さくなっています．そこで，今回は全体的なバランスを考え，LPFと同様にFilterProによる設計結果に基づいて実験してみることにします．

▶ HPFはVCVS型のほうがお勧め

今回の実験は多重帰還型で行っていますが，どちらかと言えばVCVS型HPFの方が作りやすいと思われます．なぜなら，発振というような問題が発生しにくいからです．

従って，同相入力電圧による高調波ひずみなどが気にならないようでしたら，HPFはVCVS型で作ることをお勧めします．

● ばらつきのシミュレーション

実際に回路を製作して実験する前に，LPFと同様に，抵抗とコンデンサに誤差が生じた場合を想定して特性のばらつきをシミュレーションしてみました．

結果は図15のようになりました．LPFと比較すると通過帯域内でのゲインの変動が大きいことが分かります．しかしながら，遮断周波数のばらつきはLPFと同程度です．

実験結果

回路図を図16に示します．ゲイン-周波数特性を測定したところ図17のように結果が得られました．

-3dB遮断周波数は19.5kHzで，ほぼシミュレーションどおりの特性が得られています．

（初出：「トランジスタ技術」 2008年7月号 特集第4章）

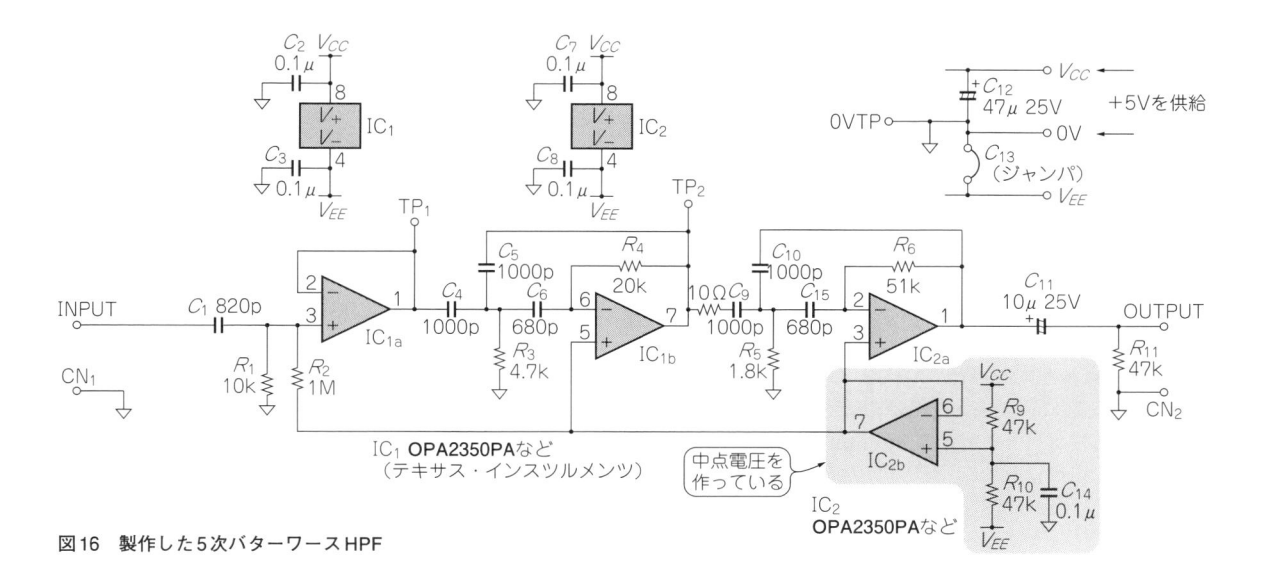

図16 製作した5次バターワースHPF

設計はトップ・ダウンとボトム・アップの両方向から行う　　Column

　第2部の最初に，トップ・ダウン設計の話をしました．そのため，設計はすべてトップ・ダウンで行うことが優れていると思う人もいるかもしれません．しかし，本音を言うと，トップ・ダウンだけでは駄目です．システム設計には，生物というシステムの理解と同様，トップ・ダウンとボトム・アップという二つの方向性が必要なのです．

● バラバラにしても何も分からない？

　現在の生物学では，ラマルキズムに代表される「生物の獲得形質の遺伝」は存在しないことになっています．それでは，遺伝子ですべてが決まるのか？と言われると，きっとそうではないと私は思います．同じ遺伝子を持っていたとしても，環境の影響によっては，その遺伝子は発現しないかもしれません．

　みなさんは，周囲が快適な気温／湿度であれば，エアコンを入れたりしないでしょう．遺伝子の発現にもこれと同じしくみがあると思うのが自然ではないでしょうか？

　従って，ヒトゲノムが解析されたとしても，決してヒトというシステムは理解できないでしょう．ヒトゲノムの解析は，まさにテレビを分解してバラバラにしたようなものです．このバラバラにした部品からテレビという装置を理解しようとしても不可能でしょう．

● システムと回路の両側からのアプローチ

　それでは，バラバラに分解・解析することは無意味なことでしょうか？私は，無意味ではないと思います．テレビという装置を普通に眺めていても，そのしくみは理解できないからです．この装置を理解するには，回路図を見ながら，一つ一つ回路の機能を理解し，機能ブロックを分類・分解・解析し，理解することが必要だからです．そして，その機能ブロックを理解するには，使用されている部品を理解しなくてはなりません．

● 設計はトップ・ダウンとボトム・アップで行う

　もし，システム側からだけで設計していると，ものすごく冗長で消費電流の大きなシステムができてしまうかもしれません．実際に，私がある装置の設計をしていたときには，ある程度構想がまとまった段階（使用部品や回路設計が終わった段階）で，必ず，ユニットの全消費電流を計算していました．

　この作業は，使用部品と回路設計がある程度固まった上でしかできません．つまり，この作業は，下からの設計（ボトム・アップ設計）にほかなりません．そして，その消費電流の計算結果が，システム設計側から見て不適当である場合は，回路設計を見直すことになります．

　システム設計を効率良く行うには，日頃から各種回路を実験しておいて，自分なりの回路ライブラリと設計ノウハウを獲得しておくことがたいせつです．引き出しが多ければ多いほど，システム設計を短期間で行うことができます．つまり，ボトム・アップによる裏付け（設計実績）はたいへん重要だということです．

実験結果

Appendix C FilterProのユーザ・インターフェースが新旧交代
FilterPro Version 3.xと旧バージョンとの比較

Version 3.xの特徴

● 新しくなったFilterPro

本稿（第2部に当たる）執筆時（初出はトランジスタ技術2008年7月号）に使用したFilterProは，Version 2.xでした．旧バージョンは，素子定数算出における収斂アルゴリズムに問題があったため，新バージョンではアルゴリズムに修正が加えられているようです．

実際に使ってみると，新しいFilterProとその旧バージョンでは，同一設計条件であるにも関わらず，得られる素子定数の値が異なります．

ここでは，旧バージョンとの違いを見るために，第9章で紹介したチェビシェフLPFについて新バージョンのFilterProを使って再設計しながら使い方を紹介します．

● 新しいバージョンも無償で使える

新しいFilterProは，旧バージョンと同様にTexas Instruments社のウェブ・サイトから無償でダウンロードできます．ただし，ダウンロードするためにはユーザ情報を登録する必要があります．また，ユーザ・インターフェースを大幅に変更しているため，動作環境（インストールするPC）に.Net Framework 3.5がインストールされている必要があります．

● ステップで設計を進めるインターフェース

FilterPro Version 3.xを起動すると，最初に図1に示すFilter Typeの選択画面が出ます．設計したいフィルタは，LPFですから，図1のとおりLowpassを選択します．

Nextボタンを押すと，図2に示すFilter Specificationsのウィンドウが現れます．通過帯域は22 kHz，ゲインは0 dB（1倍），通過帯域リプルは0.1 dBと設定します．また，次数は5次ですから，Optional - Filter Order:のところのSet Fixedにチェックを入れ，5次を選択します．

このあたりの操作をしている段階で，私は「かつてのFilterProの軽快さを返せ！」という印象を持ちま

図2
Filter Specificationsウィンドウでフィルタ特性を決める．
通過帯域，ゲイン，通過帯域リプル，そしてOptional - Filter OrderのところのSet Fixedにチェックを入れてから次数を選ぶ．

図1 FilterPro Version 3.xの起動時最初に出る画面
ここではLowpassを選択する．

図3 Filter Responseウィンドウ
ここではチェビシェフ・フィルタを設計する．

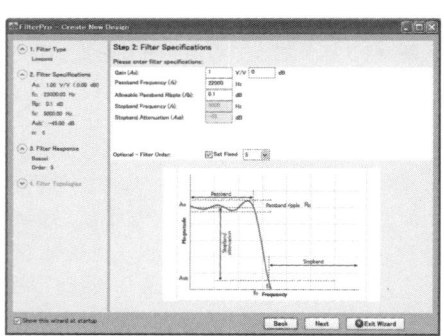

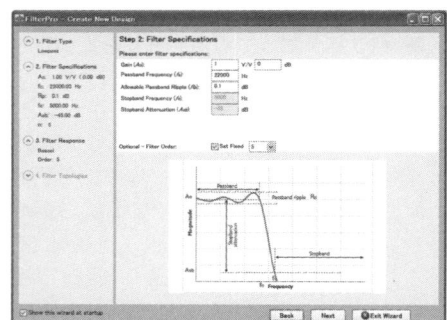

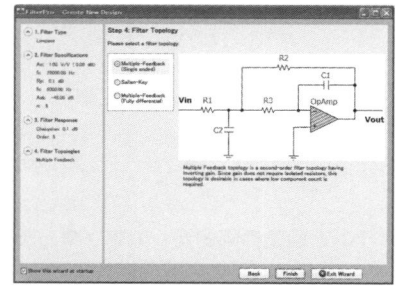

図4 Filter Topologyの選択ウィンドウ
多重帰還型を選ぶ．

図5
設計完了ウィンドウ
とりあえずの設計値が得られる．素子定数をE系列で丸めたい場合は，ウィンドウの右上にあるComponent Tolerancesを変更する．ここでは，抵抗：E24系列，コンデンサ：E12系列を選んでいる．

した．たかが低周波のアナログ・フィルタ設計に，こんな仰々しさは必要ありません．そもそもフィルタ設計を行なうときに，このようにステップを踏みながら一方向に設計することはあるのだろうか？というのが第一印象でした．

気を取り直して，Nextボタンを再び押します．すると，図3に示すFilter Responseウィンドウが現れます．チェビシェフ・フィルタを設計するので，一番下にあるChebyshevを選択します．通常の設計であれば，各種のフィルタ応答を参照しながらアプリケーションに最適なフィルタを選択します．

Nextボタンを押すと，図4に示すFilter Topologyの選択ウィンドウが現れます．多重帰還型を選び，Nextボタンを押します．

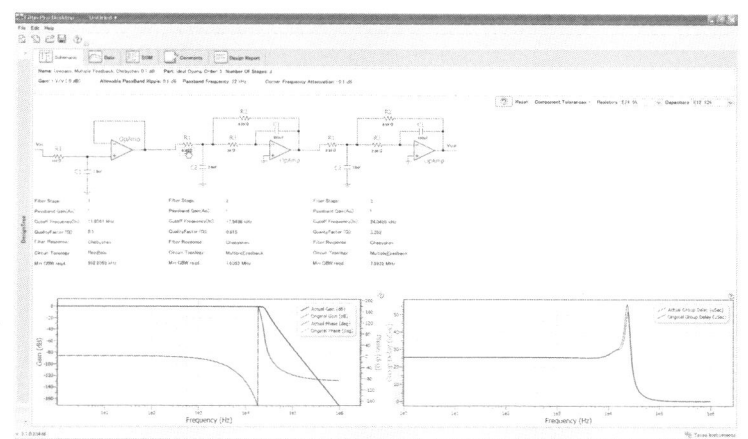

そうすると，図5の設計完了ウィンドウが現れて，とりあえずの設計値が得られます．

素子定数をE系列で丸めたい場合は，ウィンドウの右上にあるComponent Tolerancesを変更します．図5では，抵抗：E24系列，コンデンサ：E12系列を選んでいます．

また，抵抗値やコンデンサの値を任意の値に変更したい場合は，回路図の定数値のところを図5のようにクリックしてやると素子定数を直接入力できます．

今回は，第9章で設計した値に近くなるように素子定数を修正してみました．結果を見るとわかるように，一部の抵抗値やコンデンサの値が旧バージョンの結果と異なっています．

新旧ツールの計算結果の比較

● シミュレーションで特性を比較

第9章と同様に，手計算での設計値とFilterPro Version 3.xによる設計値で，どのような特性の違いが出るか，電子回路シミュレーションで比較してみました．シミュレーション回路は図6です．上側の回路が手計算によるもの，下側が新しいFilterProにより算出された素子定数を使った回路です．

電子回路シミュレータによりAC解析をすると図7の結果が得られます．FilterProによる設計値のほうが肩特性が鈍っているように見えます．そこで，肩の部分を拡大してみました．すると，図8に示すとおり，確かにFilterProによる設計結果のほうがリプルが小さくなっていることがわかります．

これは，第9章で示した従来のFilterProによる設

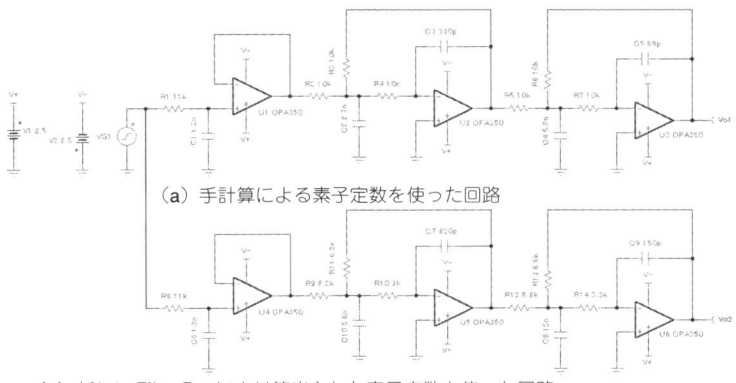

図6
比較のための手計算に使用した回路図
手計算での設計値とFilterPro Version 3.xによる設計値で，どのような特性の違いが出るか，電子回路シミュレーションで比較．

（a）手計算による素子定数を使った回路

（b）新しいFilterProにより算出された素子定数を使った回路

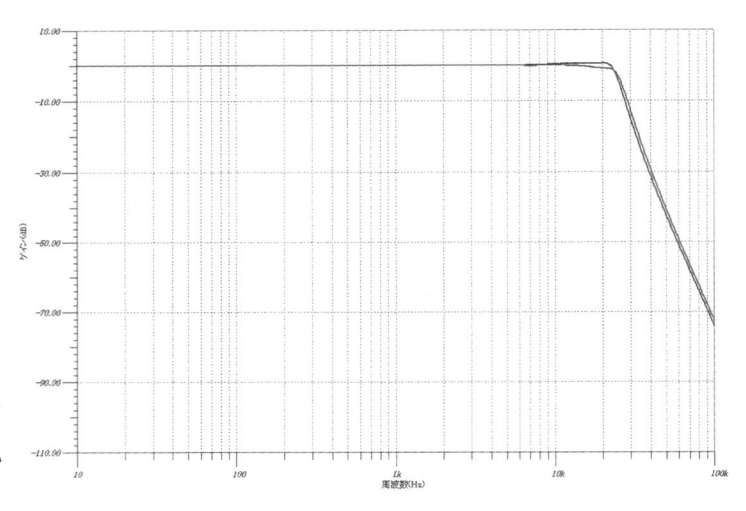

図7
図6(a), (b)の電子回路シミュレータによるAC解析結果.
FilterProによる設計値のほうが肩特性が鈍っているように見える.

計結果よりも好ましいといえます. 第9章では, FilterProによる設計値を用いても, 実測特性には大きなピークが生じていました. しかし, この新しいFilterProによる設計値であれば, 比較的理想に近い特性が得られそうです.

● ピークを調整しているのはどの抵抗か？

旧バージョンのFilterProと新バージョンで得られる素子定数を比較してみると, 新バージョンでは, 図6の回路におけるR_{10}とR_{14}の抵抗値が小さいことがわかります. 旧バージョンでは, それぞれ12kΩとなっていましたが, 新バージョンでは, それぞれ3kΩ, 3.3kΩとなっています.

フィルタの肩特性に大きく影響を与えるのは, Qの高い後段のステージですから, R_{14}の値を2.7kΩ, 3.3kΩ, 3.6kΩ, 3.9kΩと変更しながらシミュレーションしてみました. その結果を**図9**に示します.

図9からわかるように, R_{14}を大きくするほどピークが大きくなっていることがわかります. つまり, 旧バージョンで設計したフィルタ特性に大きなピークが生じてしまった原因は, R_{10}, R_{14}に使われている12kΩという抵抗値が大きすぎることが原因だったのかも知れません.

第9章で示したとおり, コンデンサC_8の値を調整することでも, 不適切なピークレベルを変化させることができますから, 試作してフィルタ特性を調整する場合は, C_8とR_{14}をメインにカット&トライすれば, 理想的な特性に近づけることができそうだということがわかります.

設計ツールの使い方について考える

● アナログ回路設計は一方向のステップ設計だろうか？

新しいFilterProには, 旧バージョンに備わっていた軽快さがまったくありません. ステップ設計を強要されるような印象があります. そういう私も, トラ技編集部の方針にしたがって(？), アナログ回路設計の過程を「ステップ」で行なうかのような記述をしていることが良くあります.

しかし, アナログ回路を本当に一から設計したことがある人は, このステップで行なう設計は, ものすごく理想的な作業であることを知っているはずです. アナログ回路設計を, 一方向のステップを踏んで順調に進めるられることはまれだからです.

アナログ回路設計の実際は, 電子回路シミュレータの収斂計算と同じように, 目標特性に向かって徐々に値や特性を追い込むのが一般的です. その過程には, 回路のトポロジを変更したり, 一部の回路特性を犠牲にすることだってあります.

私が, 新しいFilterProのインターフェースに違和感を覚えたのは, このツールは, 一般的なアナログ回路設計の収斂作業を無視しているような気がしたからです. 「欲しいフィルタは, これでしょ？ それなら, この中から選びなさい」といった押しつけがましさを感じてしまうのです.

● 設計ツールは電子回路シミュレータではない

FilterProのような設計ツールは, あくまでも回路設計者の補助のためのものであって, 言うなれば関数電卓のようなものです. 新しいFilterProには, 関数電卓が欲しいといっている技術者に, 電子回路シミュレータを与えているような印象を覚えてしまいます.

GUIを複雑化することなく技術者のための電卓のようなツールとして軽快さを残しているソフトウェアに, Agilent Technologies社が無償で提供していたAppCADという高周波回路設計補助ツールがあります. 現在は, Avago社から同じツールが提供されてい

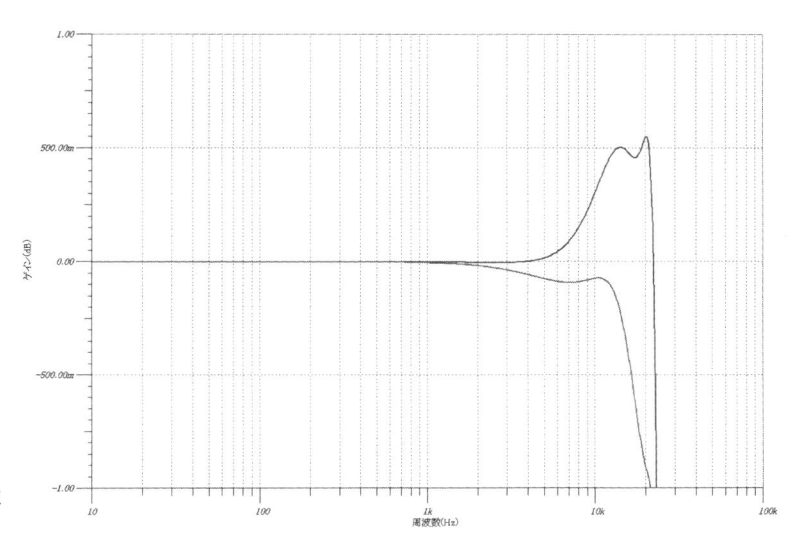

図8
図7の方特性の拡大
FilterProによる設計結果のほうがリプルが小さくなっている．

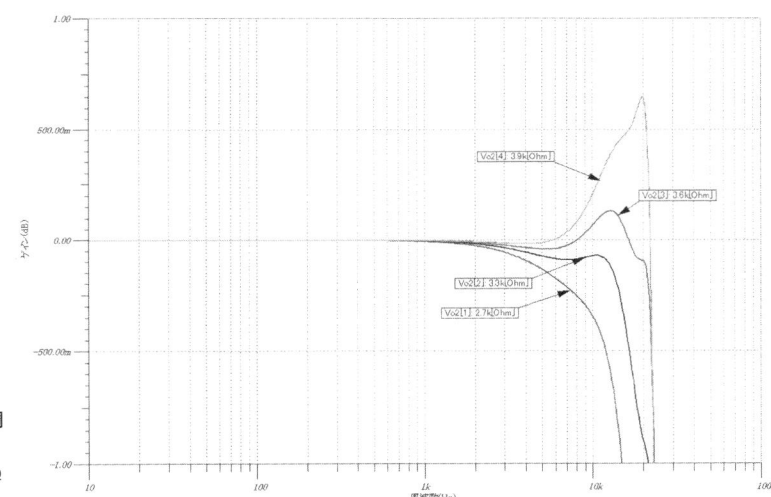

図9
後段のステージの定数を変えて肩特性を調べる
R_{14}の値を 2.7 kΩ，3.3 kΩ，3.6 kΩ，3.9 kΩ のように変更．

ます．AppCADは，高周波回路の設計者が「ちょっと計算したい」と思う簡単な計算を実行する上で必要十分な機能を実装しつつ，インターフェースの軽快さを維持しています．このソフトウェア仕様こそが，AppCADが技術者に長く使われてきた理由だと思います．

Texas Instruments社にお願いしたいのは，軽快なインターフェースを持つ従来のFilterProのGUIに，収斂アルゴリズムの修正だけを適用したバージョンをリリースして欲しいということです．

現在のFilterProで特に必要のない機能は，フィルタ設計結果のレポート出力です．なぜ，こんな不必要な機能を実装したのか，理解に苦しみます．

設計ツールは，設計値が得られれば十分です．レポートは，電子回路シミュレータで実際のOPアンプのマクロモデルを使ってシミュレーションし，さらに回路を試作・実験した結果に基づいて作成するものです．このような設計ツールで行なった計算結果をレポートとして出力したいという要求は存在しないと思います．

---------- * ----------

余談ですが，一番最初にリリースされたFilterPro Version 3.0では，チェビシェフLPFの設計にあたって任意のリプルを設定できませんでした．このような仕様では設計ツールとして使い物になりません．そこで，TIのE2Eコミュニティ（米国サイト）で苦情を言ったところ，Version 3.1から改善されました．皆さんも，新しいFilterProに意見がある場合は，米国のE2Eコミュニティに投稿してみるとよいでしょう．

Filterpro入手先
▶ http://www.tij.co.jp/tool/jp/filterpro

Appendix D 任意のリプル特性を持つチェビシェフ LPF を設計するために
Excel でチェビシェフ LPF の正規化表を作る

チェビシェフLPFは，通過帯域にリプルをもたせることによって減衰特性を急峻にしています．この減衰特性とリプル量の間にはトレード・オフの関係があります．

本稿では，チェビシェフLPFの正規化表の作成方法を解説した後に，Excel VBAで作った正規化表作成ツール（図1）を紹介します．

● チェビシェフLPFの伝達関数と極配置

チェビシェフLPFの伝達関数は，以下の式で示されます．

$$|T(j\omega)| = \frac{1}{\sqrt{1 + \varepsilon^2 C_n^2(\omega)}}$$

ただし，$C_n(\omega) = \cos(n \cdot \cos^{-1}\omega) |\omega| \leq 1$
$C_n(\omega) = \cosh(n \cdot \cosh^{-1}\omega) |\omega| \geq 1$
ω：角周波数［rad/s］
n：フィルタの次数

また，ε はリプル量：R_p［dB］を決める定数で，

$$\varepsilon = \sqrt{10^{\frac{R_p}{10}} - 1}$$

から計算することができます．この ε は，f_n と Q_n を求めるときに使います．

● f_n と Q_n の算出方法

チェビシェフLPFの極を s 平面で示すと，図2のように楕円上に配置されています．この楕円は，

$$\left(\frac{\sigma_k}{\sinh a}\right)^2 + \left(\frac{\omega_k}{\cosh a}\right)^2 = 1$$

という式で示されます．ここで，

$$a = \frac{1}{n}\sinh^{-1}\frac{1}{\varepsilon}$$

であり，σ_k と ω_k は，次式で示されます．

$$\sigma_k = -\sinh a \cdot \sin\left(\frac{2k-1}{2n}\pi\right)$$

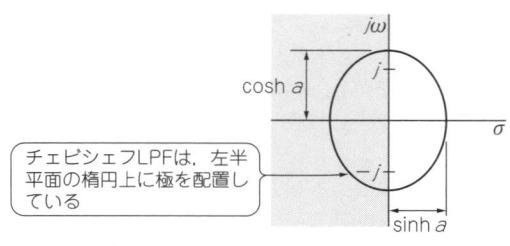

図1 Excelで作った正規化表作成ツール

$$\omega_k = \cosh a \cdot \cos\left(\frac{2k-1}{2n}\pi\right)$$

ただし，$k = 1, 2, \cdots, n$

上記の式によって計算された σ_k と ω_k から，正規化表の f_n と Q_n は，以下のように計算することができます．

$$f_n = \sqrt{\sigma_k^2 + \omega_k^2}, \quad Q_n = -\frac{f_n}{2\sigma_k}$$

● Excel VBAを使った正規化表の作成ツール

ここで，上記の計算方法に基づき，表計算ソフトウェアのExcelによって正規化表を作成するVBAマクロを作ります．私が作成したツールの画面を図1に示します．

リプル量［dB］を入力し，［作成］ボタンを押すと，ダイアログ・ボックスが表示されます．ここで，［OK］ボタンを押すと計算が実行され入力したリプル量に応じたチェビシェフLPFの正規化表が得られます．

（初出：「トランジスタ技術」 2008年12月号）

図2 チェビシェフLPFの極配置
チェビシェフLPFは，左半平面の楕円上に極を配置している

■プログラムの入手方法
　筆者のご厚意により，この記事の関連プログラムをウェブ・ページに登録しています．「トランジスタ技術ダウンロード・コーナー 2008年12月号ファイル」にあります．
http://toragi.cqpub.co.jp/tabid/128/Default.aspx

第3部 アナログ・フィルタICの研究と活用

Introduction Ⅲ 実験・評価に使うICの紹介とスイッチト・キャパシタ技術
いろいろなアナログ・フィルタIC

IC化されたアナログ・フィルタ

IC化された…というと，ディジタル・シグナル・プロセッサ(DSP)を使ったIIRフィルタのことかと思われそうです．しかし，ここで取り上げるのは，RCを使ったアクティブ・フィルタをモノリシック化したタイプと，スイッチト・キャパシタ(switched capacitor)技術を利用したタイプです．

取り上げたアナログ・フィルタICは**写真1**に示したようなものです．代表的特性を**表1**に示しました．また，各ICのピン接続図を**図1**に示します．

■ スイッチト・キャパシタ技術で可変抵抗を実現

MAX7418〜7421にはスイッチト・キャパシタ技

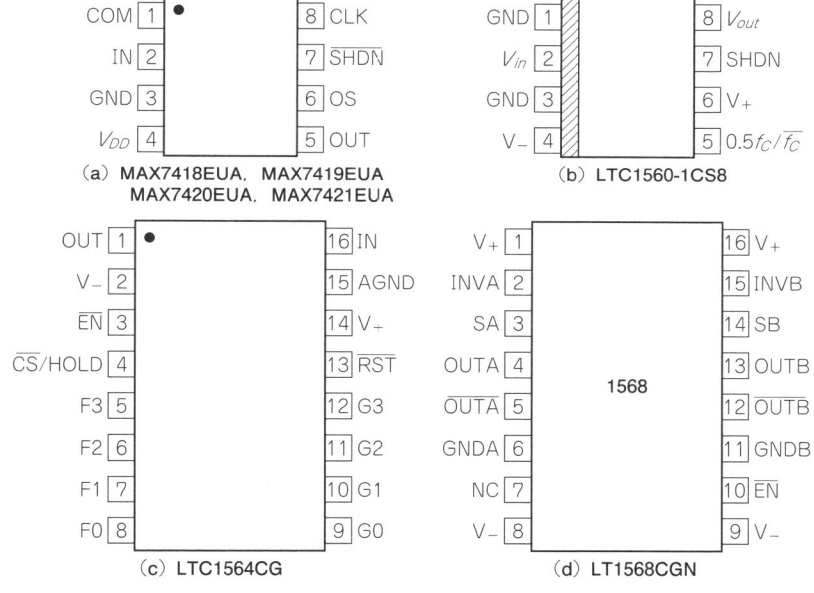

図1 評価するアナログ・フィルタICのピン配置

(a) MAX7418EUA, MAX7419EUA, MAX7420EUA, MAX7421EUA
(b) LTC1560-1CS8
(c) LTC1564CG
(d) LT1568CGN

表1 評価するアナログ・フィルタICの主な特性

型名	伝達関数	次数	最大カットオフ周波数 (typ.) [kHz]	THD+N(typ.) [dB]	電源電圧 [V]	動作電流(typ.) [mA]	メーカ
MAX7418EUA	エリプティック ($f_S/f_C = 1.6$)	5	30	−76	4.5〜5.5 (±2.25〜±2.75)	2.9	マキシム
MAX7419EUA	ベッセル	5	30	−78	4.5〜5.5 (±2.25〜±2.75)	3.4	
MAX7420EUA	バターワース	5	30	−67	4.5〜5.5 (±2.25〜±2.75)	3.4	
MAX7421EUA	エリプティック ($f_S/f_C = 1.25$)	5	30	−78	4.5〜5.5 (±2.25〜±2.75)	2.9	
LTC1560-1CS8	エリプティック	5	1000	−61	9〜11 (±4.5〜±5.5)	22	リニア・テクノロジー
LTC1564CG	エリプティック	8	150	−86	2.7〜10.5 (±1.35〜±5.25)	22	
LT1568CGN	任意	2〜5	5000	−69	2.7〜11 (±1.35〜±5.5)	28	

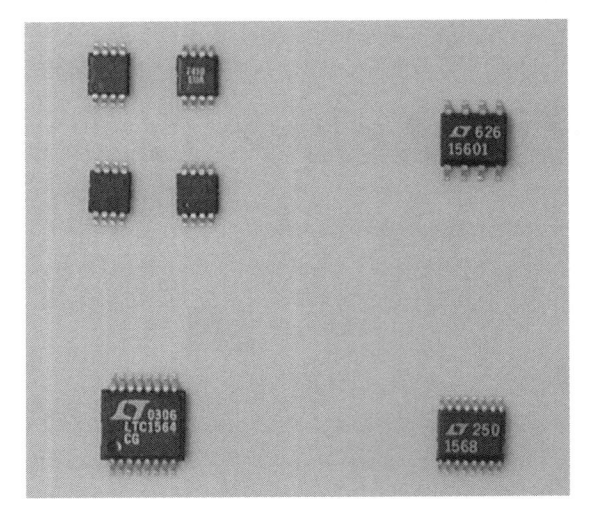

写真1 評価するアナログ・フィルタICの外観
上左：MAX74シリーズ，上右：LTC1560-1CS8，
下左：LTC1564CG，下右：LTC1568CGN．

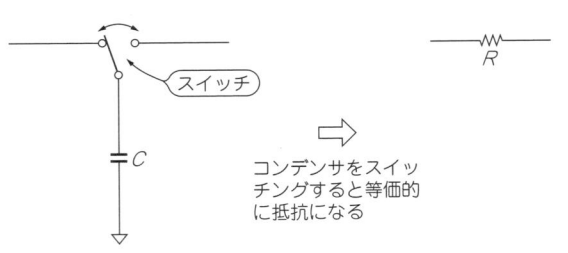

図2 スイッチト・キャパシタはコンデンサとスイッチで等価的な抵抗を作る技術

術が使われています．

フィルタICに使われているスイッチト・キャパシタ技術とは，図2に示すように，コンデンサで抵抗を実現する技術です．この技術を使うことで，可変抵抗を実現することができます．

● コンデンサをスイッチングすると抵抗になる

なぜ，図2のような回路で抵抗が実現できるのでしょうか？ スイッチト・キャパシタの動作は，図3のようなバケツ・リレーで考えるとイメージしやすいと思います．

図3は消火作業をイメージしたものです．水槽(防火用水)からポンプで水をくみ上げて消火するときに火元にかけることのできる水の量は，水圧に比例して，ホースの抵抗に反比例します．これは，オームの法則と同じことです．

一方，ポンプがなければ，昔ながらのバケツ・リレーをするのが手っ取り早いですね．このとき火元にかけることのできる水の量は，バケツの大きさとバケツを動かす頻度(ある一定時間にバケツを動かす回数)に比例します．

ここで，バケツの大きさをコンデンサの容量，バケツを動かす頻度をスイッチング周波数ととらえれば，水の量，つまり電流はコンデンサの容量とスイッチング周波数のどちらにも比例することになります．コンデンサの容量が一定なら，電流はスイッチング周波数だけで制御できます．これを言い換えると，この手法を使えば**スイッチング周波数で制御できる可変抵抗**が実現できるということです．

消火に使える水の量は，水圧に比例してホースの抵抗に反比例するはず…，ということは，

$$水量(I) = \frac{水圧(V)}{ホースの抵抗(R)}$$

になる．これはオームの法則と同じだ

消火に使える水の量は，バケツの大きさに比例してある時間当たりにバケツを動かす回数に比例するはず…，ということは，

$$水量 = バケツの大きさ \times \frac{バケツを動かす回数}{ある時間}$$

バケツの大きさ ⇒ コンデンサの容量 C
$\frac{バケツを動かす回数}{ある時間}$ ⇒ スイッチング周波数 f_S

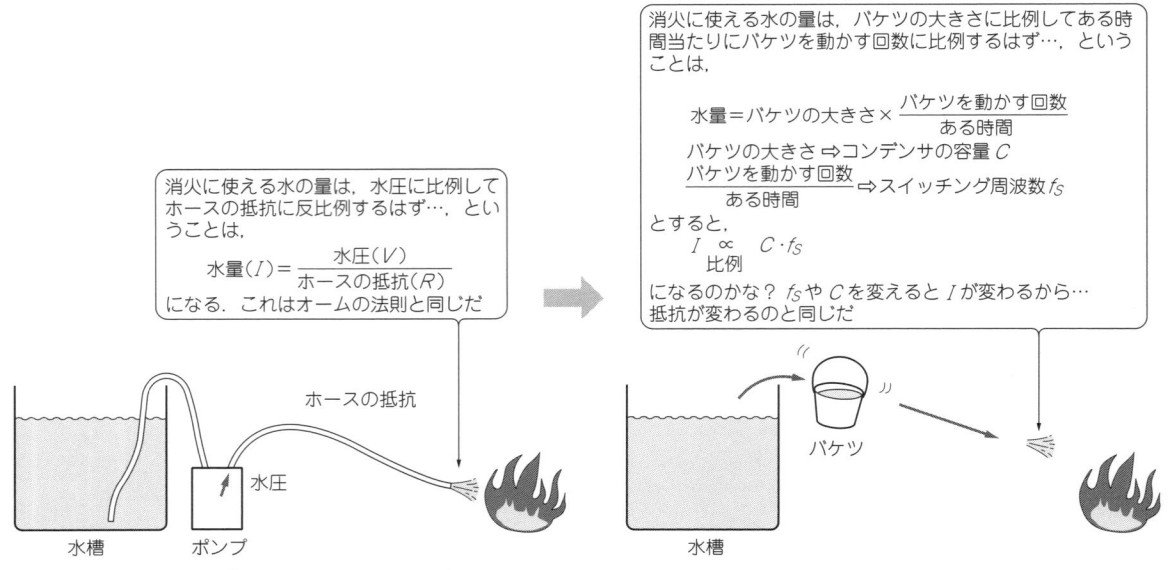

とすると，
$$I \underset{比例}{\propto} C \cdot f_S$$

になるのかな？ f_S や C を変えると I が変わるから…抵抗が変わるのと同じだ

図3 スイッチト・キャパシタをバケツ・リレーで考える

図3から，スイッチング周波数で可変抵抗が実現できそうだということはわかるのですが，具体的に，抵抗値と周波数の関係が定式化されていないと不安です．そこで，スイッチング周波数と抵抗値の関係を求めてみた結果を図4に示しました．

● SCFはカットオフ周波数を可変できるフィルタ

アクティブ・フィルタのカットオフ周波数は，コンデンサと抵抗の値によって決まります．したがって，可変抵抗を作ることができれば，カットオフ周波数を可変することのできるフィルタを作ることができます．

スイッチト・キャパシタ・フィルタ(SCF)とは，スイッチト・キャパシタによって可変抵抗を実現し，これによってカットオフ周波数を変化させることのできるフィルタのことです．

● SCFはスイッチング・ノイズが発生する

スイッチング動作のため，SCFにはクロック信号を入力して使用します．製品によっては，外付けコンデンサなどで内部発振回路を動作させることのできるものもあります．クロック信号によってスイッチング動作を行っているため，SCFの出力信号にはクロック成分が混ざっています．

したがってSCFでは，**このクロック成分を除去するためのフィルタが後段に必要**になります．また，スイッチト・キャパシタの動作は，一種のサンプリング動作であるため，入力信号にスイッチング周波数の1/2よりも大きな周波数成分が含まれていると折り返しが生じます．これを防ぐために，SCFを使用する際は，**前段にもアンチエイリアス・フィルタが必要**になります．

■ SCFではないアナログ・フィルタIC

フィルタICがあれば，アナログ・フィルタ回路の知識がなくても何とかなると思っていたのに，SCFでは，前後にアナログ・フィルタが必要です．なんだかガッカリしませんか？

しかし最近では，SCFではないアナログ・フィルタICもいくつか製品化されています．そこで今回は，比較的種類の豊富なリニア・テクノロジー社の製品のなかからいくつかピックアップして評価してみることにしました．

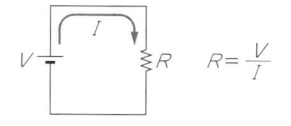

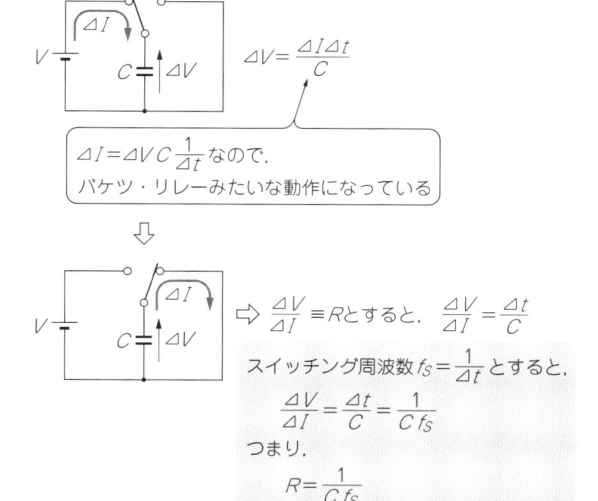

図4 コンデンサの容量とスイッチング周波数と抵抗値の関係

$R = \dfrac{V}{I}$

Δt：スイッチング周期(サンプリング周期)

$\Delta V = \dfrac{\Delta I \Delta t}{C}$

$\Delta I = \Delta V C \dfrac{1}{\Delta t}$ なので，バケツ・リレーみたいな動作になっている

$\dfrac{\Delta V}{\Delta I} \equiv R$ とすると，$\dfrac{\Delta V}{\Delta I} = \dfrac{\Delta t}{C}$

スイッチング周波数 $f_S = \dfrac{1}{\Delta t}$ とすると，

$$\dfrac{\Delta V}{\Delta I} = \dfrac{\Delta t}{C} = \dfrac{1}{C f_S}$$

つまり，

$$R = \dfrac{1}{C f_S}$$

になる

◆参考・引用＊文献◆

(1) 堀 敏夫；アナログフィルタの回路設計法，総合電子出版社，1998年．
(2) 遠坂俊昭；計測のためのフィルタ回路設計，CQ出版㈱，1998年．
(3) Rolf Schaumann, Mac E. Van Valkenburg；Design of analog filters, Oxford University Press, 2001, ISBN 0-19-511877-4．
(4) 北野 進 編，宮本政和，三重野友晴；第3章 計測のための「フィルタ」の選び方・使い方，計測トラブル110番，pp.55～75，㈱オーム社，2003年．
(5) ベクトル・ネットワーク解析の基礎，Application Note 1287-1, Agilent Technologies.
(6)＊ MAX7418 - MAX7425 Data Sheet Rev.0 2000, Maxim Integrated Products.
(7)＊ LTC1560-1 Data Sheet 1997, Linear Technology Corp.
(8)＊ LTC1564 Data Sheet 2001, Linear Technology Corp.
(9)＊ LT1568 Data Sheet 2003, Linear Technology Corp.

(初出：「トランジスタ技術」 2005年4月号)

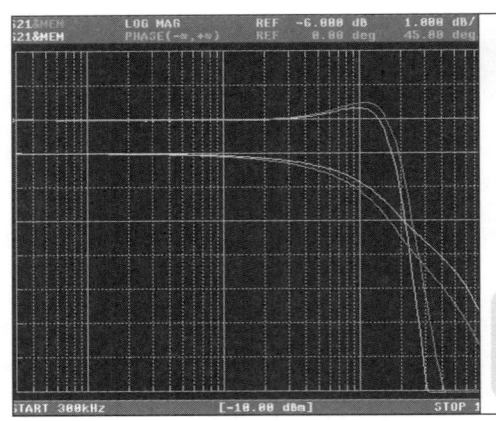

第11章 フィルタICの実験回路を組み立てよう

アナログ・フィルタICの使いかた

本章では，ノイズ除去や高調波除去などでもっとも頻繁に使われるロー・パス・フィルタ（LPF）を実現するアナログ・フィルタICについて実験していきます．

本章ではIntroduction IIIで紹介したアナログ・フィルタICの使いかたについて解説します．

アナログ・フィルタICの評価回路

アナログ・フィルタICの評価回路を見ながら，基本的な使いかたを見ていきましょう．

● MAX7418/19/20/21

MAX7418/19/20/21（マキシム）の基本的な使いかたを図1に示します．また，実験基板に実装したようすを写真1に示します．

MAX7418とMAX7421はエリプティック特性のフィルタです．この二つのフィルタの違いは，減衰域の幅 $r = f_S/f_C$ が違うことです．rの値が小さいMAX7421のほうが減衰傾度が急峻になっています．しかし，阻止域での減衰量は逆にMAX7418のほうが大きくなっています．このように，エリプティック・フィルタでは，減衰傾度（フィルタのきれ）と減衰量は相反する関係にあります．なお，**MAX7419はベッセル特性，MAX7420はバターワース特性**です．

MAX7418/19/20/21は，単電源で使うこともできますが，入力信号が電源電圧よりも負電圧側に振れると正常に動作しません．そこで，図1(a)のように入力に正電圧（$V_{DD}/2$）のバイアスを掛けて使うとよいでしょう．

両電源で使用する場合は，図1(b)のようにします．この場合は，入力信号の符号が正負に変化する通常の交流信号でも問題ありません．ただし，クロック信号にも，$V_H = +2.5V$，$V_L = -2.5V$ の信号が必要になります．

このクロック信号を得るために，コラムに書いたようなレベル・シフト回路を試してみたのですが，正常動作しませんでした．おそらく，ドライブ能力が不足

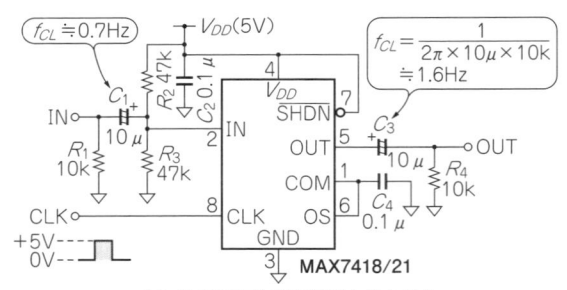

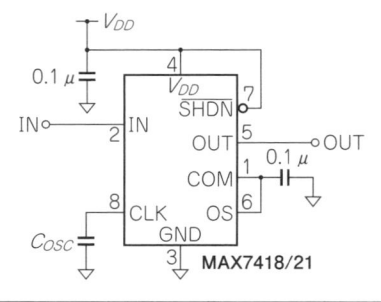

(a) 単電源で外部発振器を使う場合

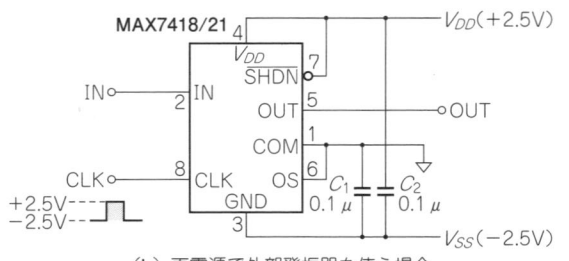

(b) 両電源で外部発振器を使う場合

(c) 内部発振器を使う場合

$$C_{OSC}[\text{pF}] = \frac{k}{f_{OSC}[\text{kHz}]} \quad \begin{array}{l} \text{MAX7418，MAX7421の場合，} \\ k = 87 \times 10^3 \\ \text{MAX7419，MAX7420の場合，} \\ k = 110 \times 10^3 \end{array}$$

図1 MAX7418/19/20/21の基本的な使いかた
クロック周波数はカットオフ周波数の100倍に設定する．

していたからだと思います．

これはあくまでも推測です．なぜなら，データシートを見ても，CLK端子の入力電流などのドライブ条件が記載されていないからです．しかしなぜか，**図1**(c)に示したような内部発振回路動作時のCLKピン出力電流に関しては記載があります．COM端子やOS端子については記載があるのに，大切なCLK端子に関する記述が不足しているのはちょっとへんだと思います．

とりあえず，信号発生器33120A（アジレント・テクノロジー）で直接ドライブしたところ動作したため，評価は信号発生器の出力を直接ICに入力することで行いました．CMOSロジックICの電源電圧をシフトさせ，その出力でドライブすれば，おそらく問題なく動作すると思います．

● LTC1560-1

LTC1560-1（リニアテクノロジー）は，$f_C = 1\,\mathrm{MHz}$と500kHzの切り替えを5番ピンに入力する電圧レベルだけで行うことのできるフィルタICです．基本的な使いかたを**図2**に示しました．また，この回路を実験基板に実装したようすを**写真2**に示します．

● LTC1564CG

LTC1564CG（リニアテクノロジー）は，ロジック信号によってカットオフ周波数とゲインを設定することのできるフィルタICです．詳しい使いかたはデータシートを参照してください．

図3に基本的な使いかたを示します．実験では，データ設定はDIPスイッチを使って行いました．**図3**の回路を実際に実験基板に実装したようすを**写真3**に示します．

また，参考までに，**表1**と**表2**にカットオフ周波数とゲインを設定するための設定データを示します．

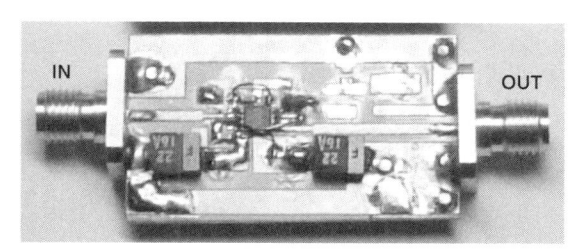

写真1 自作の評価基板にMAX7418を実装したようす

写真2 自作した評価基板にLTC1560-1を実装したようす

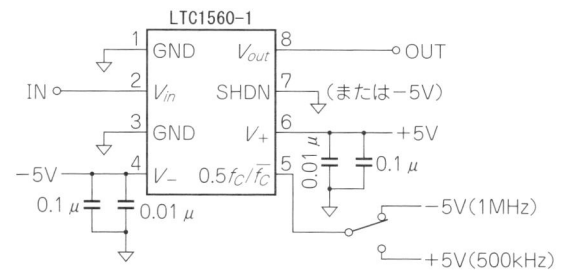

図2 LTC1560-1の基本的な使いかた

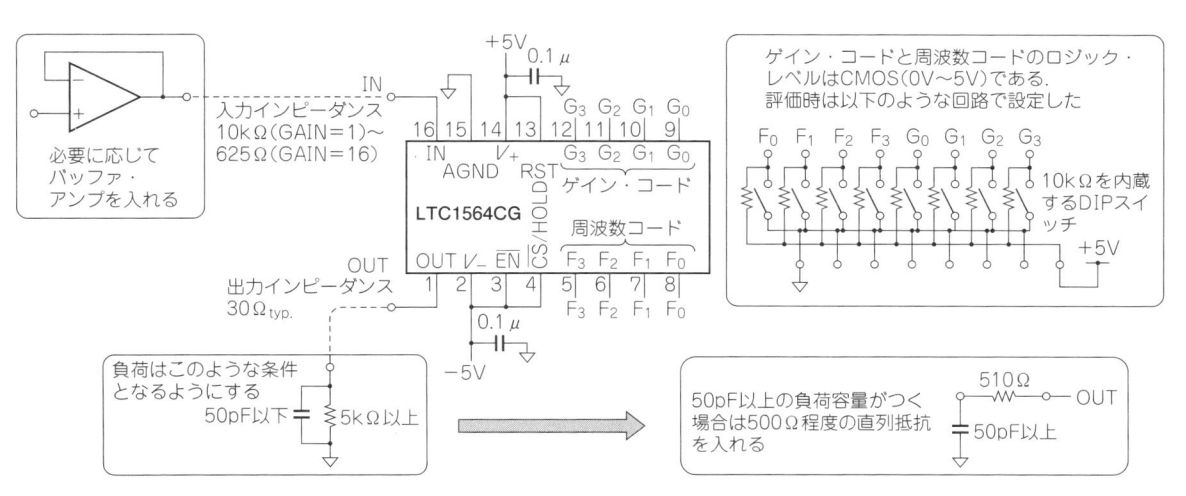

図3 LTC1564CGの基本的な使いかた

● LT1568

LT1568(リニアテクノロジー)は，**外部抵抗によって任意のフィルタ特性を実現できるIC**です．

このICは，今まで紹介したICとちょっと違い，使うにあたってそれなりにフィルタ回路に関する知識が必要になります．しかし，リニアテクノロジー社が提供しているExcelマクロを使用した設計ツールを使うことで比較的容易に設計することもできます．

評価回路では省略しましたが，製品化するような回路の場合は，不適切な起動シーケンスによる電源電圧供給によるデバイス破壊を防ぐために，ダイオード・クランプを挿入しておくと安全です．

メーカ製の専用ツールを使って設計してみよう

LT1568を使った基本的な2次LPF回路の例を**図4**に示します．また，$Vout_A$をVin_Bに接続すれば4次のLPFとして利用できます．

図に記載しているような計算式を気にしなくても，定数設計のできるツールがメーカから提供されています．ツールは，http://www.linear-tech.co.jp/product/LT1568からダウンロードすることができます．

次に，このツールの使いかたについて簡単に説明します．

● 正規化表を準備する

表3に示したような正規化表を準備しておきましょう．この表は，稿末の文献(2)から引用したものです．ここでは例として，**表3(a)**に示したベッセルLPFの設計をやってみますが，同じ要領でバターワース・フィルタを設計することもできます．

今回の「フィルタIC」とは直接関係しませんが，

写真3 自作した評価基板にLTC1564CGを実装したようす

表1 4ビットの周波数コードでカットオフ周波数を設定する

F_3	F_2	F_1	F_0	公称カットオフ周波数 f_C
\multicolumn{4}{c}{(内部ラッチの出力)}	
0	0	0	0	0(ミュート状態：フィルタ・ゲイン：ゼロ)
0	0	0	1	10 kHz
0	0	1	0	20 kHz
0	0	1	1	30 kHz
0	1	0	0	40 kHz
0	1	0	1	50 kHz
0	1	1	0	60 kHz
0	1	1	1	70 kHz
1	0	0	0	80 kHz
1	0	0	1	90 kHz
1	0	1	0	100 kHz
1	0	1	1	110 kHz
1	1	0	0	120 kHz
1	1	0	1	130 kHz
1	1	1	0	140 kHz
1	1	1	1	150 kHz

表2 4ビットのゲイン・コードで通過域のゲインを設定する

G_3	G_2	G_1	G_0	公称通過域ゲイン		最大入力信号レベル [V_{P-P}]			公称入力インピーダンス [kΩ]
(内部ラッチの出力)				[dB]	[倍]	±5V	単一5V	単一3V	
0	0	0	0	0	1	10	5.0	3.0	10
0	0	0	1	6.0	2	5	2.5	1.5	5
0	0	1	0	9.5	3	3.33	1.67	1.0	3.33
0	0	1	1	12	4	2.5	1.25	0.75	2.5
0	1	0	0	14.0	5	2	1	0.6	2
0	1	0	1	15.6	6	1.67	0.83	0.5	1.67
0	1	1	0	16.9	7	1.43	0.71	0.43	1.43
0	1	1	1	18.1	8	1.25	0.63	0.38	1.25
1	0	0	0	19.1	9	1.1	0.56	0.33	1.11
1	0	0	1	20.0	10	1.0	0.50	0.30	1
1	0	1	0	20.8	11	0.91	0.45	0.27	0.91
1	0	1	1	21.6	12	0.83	0.42	0.25	0.83
1	1	0	0	22.3	13	0.77	0.38	0.23	0.77
1	1	0	1	22.9	14	0.71	0.36	0.21	0.71
1	1	1	0	23.5	15	0.67	0.33	0.20	0.66
1	1	1	1	24.1	16	0.63	0.31	0.19	0.63

> ## Column
>
> ### 動作しなかったレベル・シフト回路
>
> MAX74xxが動作しなかったレベル・シフト回路を図Aに示します．トランジスタを1個だけ使ったとても簡単なものです．最初に図(a)の回路を試して，だめだったのでコレクタ抵抗を下げた図(b)のタイプも試してみたのですが，やはりだめでした．
>
> このような回路でMAX74xxのCLK端子をドライブしても正常動作しないようです．
>
> なぜ動作しなかったのか，詳しいことは調べていませんが，皆さんが同じ失敗をしないためにも紹介しておきます． 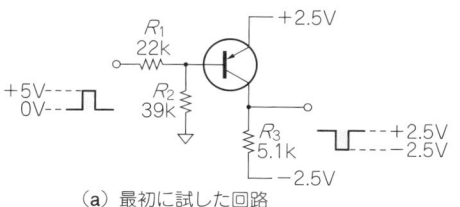 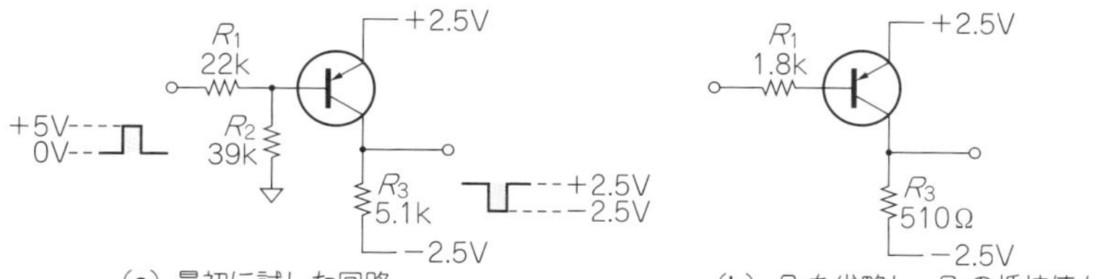
>
> **図A** レベル・シフト回路の例
>
> (a) 最初に試した回路
>
> (b) R_2を省略し，R_3の抵抗値を小さくした

特性要求が特殊ではない基本的なアクティブ・フィルタは表3のような正規化表があれば，OPアンプを使って簡単に設計することができます．本書のなかで基本的なOPアンプの使いかたを説明してきましたので，きっとOPアンプを使ったアクティブ・フィルタ回路を設計/製作することもそれほど難しいことではないでしょう．稿末の文献(2)なども参考にして，OPアンプを使ったフィルタ回路を設計/製作し，一度でも動作させてみるとアクティブ・フィルタ回路設計について自信がつくと思います．

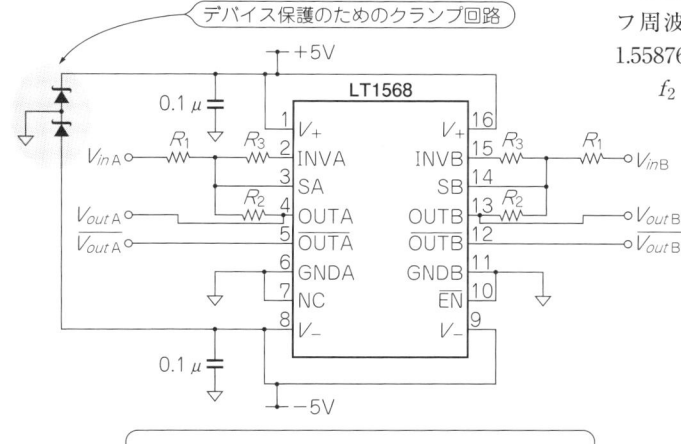

● ツールを使って設計してみる

それでは，実際にカットオフ周波数5MHzの5次ベッセルLPFを設計してみましょう．設計ツールを起動した状態で，左上にある[New Design]というボタンをクリックします．すると，フィルタ次数を決定するダイアログが開きます．ここで，「One 5th Order Custom Lowpass Filter」を選びます．

すると，フィルタ設計に必要なパラメータの入力を求めるダイアログが次々と出てきます．表4に，入力項目と入力値をまとめておきます．

ここで2段目の設計周波数は，表3(a)からカットオフ周波数を何倍すればよいかを読み取ります．$f_2 = 1.55876$ですので，

$$f_2 = 5\text{ MHz} \times 1.55876 = 7.7938\text{ MHz} \to \text{FoA}$$

入出力の伝達関数 $H(s)$ は，

$$H(s) = \frac{G(2\pi f_0)^2}{s^2 + \frac{2\pi f_0}{Q}s + (2\pi f_0)^2}$$

ただし，

$$G = \frac{R_2}{R_1},\quad f_0 = \frac{1}{2\pi\sqrt{R_2 R_3 C_1 C_2}}$$

である．また，

$$Q = \frac{2\pi C_1 C_2 R_1 R_2 R_3 f_0}{C_1\{R_1(R_2+R_3)+R_2+R_3\}-C_2 R_1 R_2}$$

である．C_1とC_2はLT1568内部のコンデンサで，
$C_1 = 105.7\text{pF}_{typ.}$
$C_2 = 141.3\text{pF}_{typ.}$
である

DCゲインをG[倍]とすると，f_0，Q，R_1が決まれば，
$$R_2 = G R_1$$
$$R_3 = \frac{C_2-C_1}{C_1}\cdot\frac{G}{G+1}R_1 + \frac{1}{2\pi f_0 Q C_1(G+1)}$$
となる．
実際の定数決定には，データシートの表を使うか，メーカ提供の設計ツールを使用する

図4 2次LPFを構成する場合の回路と定数

表3 フィルタ設計のための正規化表

(a) ベッセル特性

次数	f_n		Q_n	
2	f_1	1.27420	Q_1	0.57735
3	f_1	1.32475	Q_1	0.5
	f_2	1.44993	Q_2	0.69104
4	f_1	1.43241	Q_1	0.52193
	f_2	1.60594	Q_2	0.80554
5	f_1	1.50470	Q_1	0.5
	f_2	1.55876	Q_2	0.56354
	f_3	1.75812	Q_3	0.91648
6	f_1	1.60653	Q_1	0.51032
	f_2	1.69186	Q_2	0.61120
	f_3	1.90782	Q_3	1.0233
7	f_1	1.68713	Q_1	0.5
	f_2	1.71911	Q_2	0.53235
	f_3	1.82539	Q_3	0.66083
	f_4	2.05279	Q_4	1.1263
8	f_1	1.78143	Q_1	0.50599
	f_2	1.83514	Q_2	0.55961
	f_3	1.95645	Q_3	0.71085
	f_4	2.19237	Q_4	1.2257

(b) バターワース特性

次数	f_n		Q_n	
2	f_1	1.0	Q_1	0.707107
3	f_1	1.0	Q_1	0.5
	f_2	1.0	Q_2	1.0
4	f_1	1.0	Q_1	0.541196
	f_2	1.0	Q_2	1.306563
5	f_1	1.0	Q_1	0.5
	f_2	1.0	Q_2	0.618034
	f_3	1.0	Q_3	1.618034
6	f_1	1.0	Q_1	0.517638
	f_2	1.0	Q_2	0.707107
	f_3	1.0	Q_3	1.931852
7	f_1	1.0	Q_1	0.5
	f_2	1.0	Q_2	0.554958
	f_3	1.0	Q_3	0.801938
	f_4	1.0	Q_4	2.246980
8	f_1	1.0	Q_1	0.509796
	f_2	1.0	Q_2	0.601345
	f_3	1.0	Q_3	0.899976
	f_4	1.0	Q_4	2.562915

表4 パラメータの項目と入力する値

項目	入力する値	意味
FoA	7793.8	2段目の周波数
QA	0.56354	2段目のQ
HoA	1	2段目のゲイン
FrA	7523.5	1段目の周波数
FoB	8790.6	3段目の周波数
QB	0.91648	3段目のQ
HoB	1	3段目のゲイン

になります．そこで，FoAにはこの値を入力します．2段目のQは，表3(a)の値0.56354をそのまま入力すればOKです．ゲインは1と入力しておきます．

1段目の設計周波数は表3(a)から，$f_1 = 1.50470$ ですので，

$f_1 = 5 \text{MHz} \times 1.50470 = 7.5235 \text{MHz} \rightarrow \text{FrA}$

です．同様に，$f_3 = 1.75812$ から

$f_3 = 5 \text{MHz} \times 1.75812 = 8.7906 \text{MHz} \rightarrow \text{FoB}$

が3段目の設計周波数となります．

最後のダイアログの［OK］ボタンを押すと，図5のような設計完了の画面が現れます．しかし，このままプリントアウトしてもドキュメントとしての体裁がよくありません．そこで，［Draw Schematic］ボタンを押してみてください．すると，図6（次頁）のような回路図が表示されます．

また，今回は，（ ）内の定数で実際に製作して特性を測ってみます．試作した回路を写真4に示します．

● シミュレーションで確認する

リニアテクノロジーから，LTspiceという電子回路シミュレータが提供されています．このツールも，http://www.linear-tech.co.jp/designtools/software/から無料でダウンロードできます．

LTspiceを汎用の電子回路シミュレータとして使う場合，自分でデバイス・モデルやマクロモデルを登録する必要があります．しかし，リニアテクノロジー製品の場合は，既に各種ICのマクロ・モデルがLTspiceに組み込まれています．今回評価するフィルタICのような機能ICは，簡単にはマクロ・モデルを作成できませんから，LTspiceを積極的に活用するとよいでしょう．

LTspiceを使えば，リニアテクノロジー製のレギュレータICなども気軽にシミュレーションできます．今まで，「機能ICのマクロ・モデルがない」とか，「機能ICのマクロ・モデルを作るのが煩雑だ」……と思っていた人は，リニアテクノロジー製品という縛りはありますが，試してみるとよいでしょう．

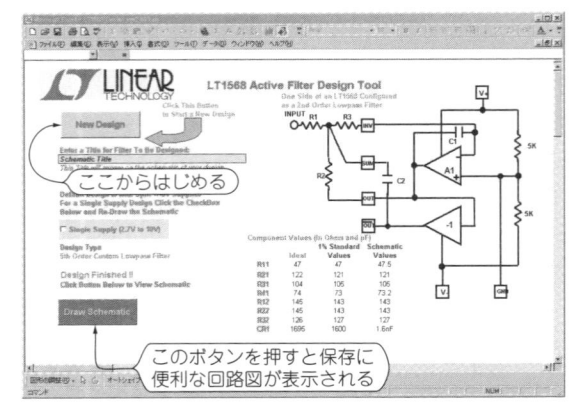

図5 カットオフ周波数5MHzの5次ベッセルLPFの設計が完了した画面

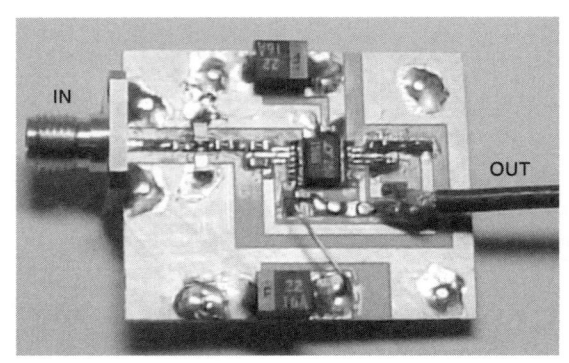

写真4 試作した5次ベッセルLPFの外観

図6
[Draw Schematic] ボタンを押すと表示される回路図
()内の定数で試作してみる．

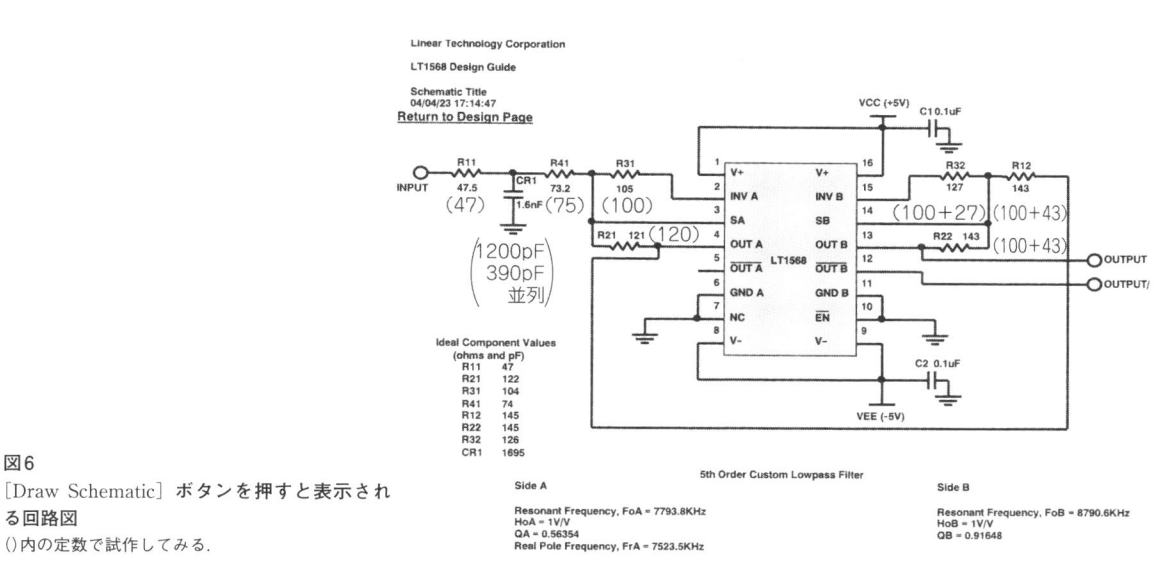

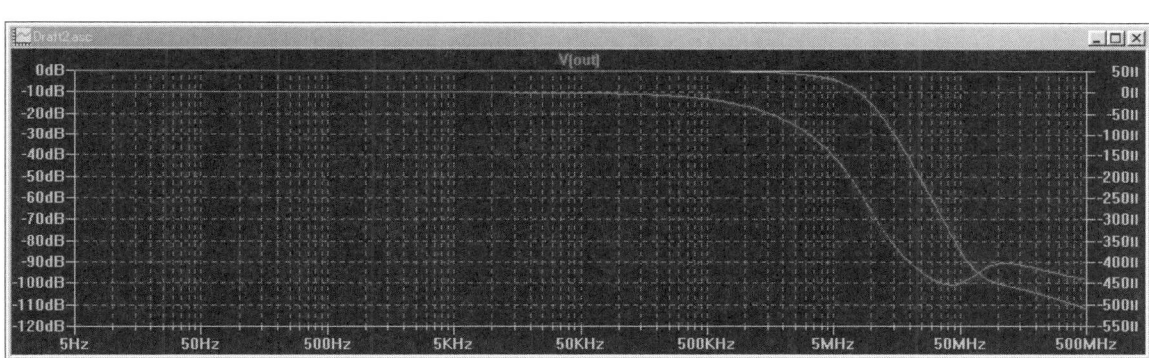

図7 シミュレーションで周波数特性を確認
LT1568のモデルを使って簡単にシミュレーションできる．設計値の確認に使うと便利．

　2004年頃に初めてLTspiceを使ってみた私の当時の印象は，LTspiceのように汎用性が高く，無償で，かつ専用ICにも対応しているシミュレーション・ソフトウェアをICメーカが提供するという流れは良いことだ，というものでした．2013年の現在，各半導体メーカがリニアテクノロジーを追従するかのように電子回路シミュレータを無償提供しているのをみると，この流れに先鞭をつけたリニアテクノロジーの素晴らしさに気がつきます．

　本章のまとめとして，先に設計したベッセルLPFをLTspiceを使ってシミュレーションした結果を**図7**に示しました．**図7**では細かな特性は見にくいのですが，皆さん自身でLTspiceをPCにインストールして試してみても良いでしょう．

＊　　　　　＊　　　　　＊

　次章では，紹介したフィルタ回路の特性を実測して評価します．

◆参考・引用＊文献◆
(1) 堀敏夫；アナログフィルタの回路設計法，総合電子出版社，1998年．
(2)＊遠坂俊昭；計測のためのフィルタ回路設計，CQ出版㈱，1998年．
(3) Rolf Schaumann, Mac E. Van Valkenburg；Design of analog filters, Oxford University Press, 2001, ISBN 0-19-511877-4.
(4) 北野進 編，宮本政和，三重野友晴；第3章　計測のための「フィルタ」の選び方・使い方，計測トラブル110番，pp.55～75，㈱オーム社，2003年．
(5) ベクトル・ネットワーク解析の基礎，Application Note 1287-1, Agilent Technologies.
(6)＊MAX7418 - MAX7425 Data Sheet Rev.0 2000, Maxim Integrated Products.
(7)＊LTC1560-1 Data Sheet 1997, Linear Technology Corp.
(8)＊LTC1564 Data Sheet 2001, Linear Technology Corp.
(9)＊LT1568 Data Sheet 2003, Linear Technology Corp.

(初出：「トランジスタ技術」 2005年5月号)

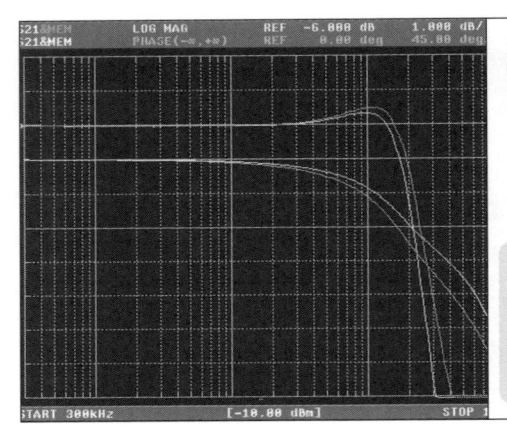

第12章 アナログ・フィルタICを評価する

いろいろな周波数特性をネットワーク・アナライザを使って確認

アナログ・フィルタICに関して評価すべき特性は，周波数特性と群遅延特性です．なぜ群遅延特性を評価しておくかというと，この群遅延量の振幅値（ピーク・ツー・ピーク値）から，信号を時間軸で観測したときの波形ひずみの大小を相対比較することができるからです．

測定方法

● 周波数特性と群遅延特性を評価する方法

ゲイン周波数特性や群遅延特性は，ネットワーク・アナライザを使うことで簡単に測定することができます．ゲイン周波数特性を測定するだけであれば，トラッキング・ジェネレータ（TG）付きのスペクトラム・アナライザでも可能ですが，群遅延特性などの「位相」が絡む測定になると通常はできません（昔のスペクトラム・アナライザには位相特性や群遅延特性の測定が可能な機種もありましたが…）．

実験に使用した測定システムを図1に示します．バッファ・アンプは，LT1568を使用したフィルタを評価するときだけ使用しました．これは，フィルタ回路の抵抗の定数が小さく，ネットワーク・アナライザの出力インピーダンス50Ωがフィルタの特性に影響を与えていたからです．

バッファ・アンプには，図2に示すように，MAX4108（マキシム）を使用したボルテージ・フォロワを使いました．

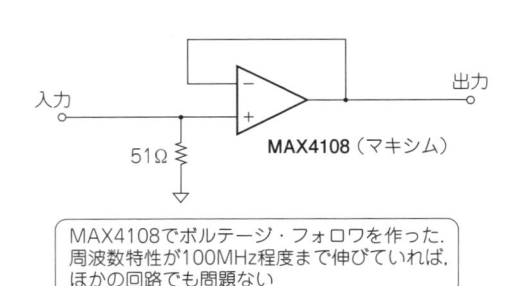

● スイッチト・キャパシタ・フィルタの出力スプリアス

スイッチト・キャパシタ・フィルタ（SCF）の出力にフィルタがないとどうなるかを見るために，図3の方法で，出力信号に含まれるクロック成分を観測しました．

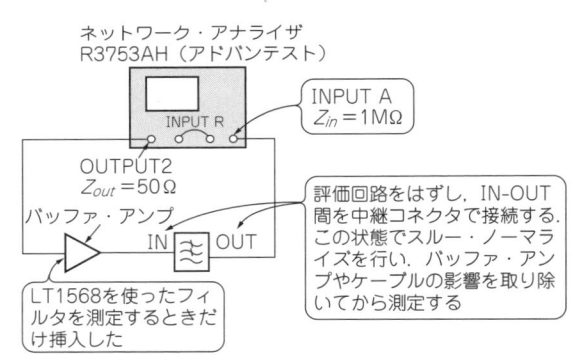

図1 フィルタのゲイン-周波数特性と群遅延特性の評価方法

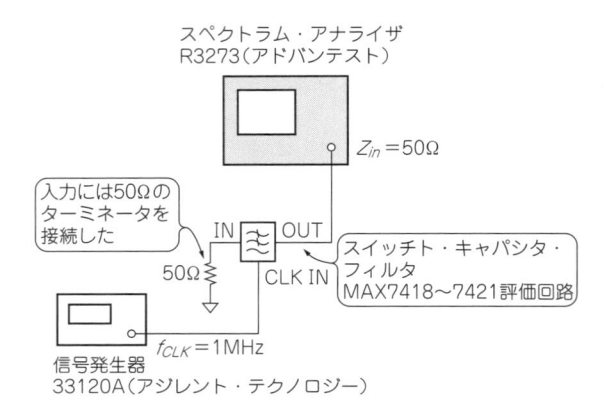

図2 LT1568を使ったフィルタを評価するときに使ったバッファ・アンプの回路

図3 スイッチト・キャパシタ・フィルタの出力残留クロック成分の測定方法

実験結果

■ MAX7418

● 約−53 dBの減衰量が得られている

図4(a)に,ゲインと位相の周波数特性を測定した結果を示しました.阻止域で,約−53 dBの減衰量が得られています.

同図(b)は,通過域の特性を拡大したものです.約0.4 dBのリプルが生じています.この図から,リプルが生じ始める周波数は $f_C = 1$ kHzでは約100 Hzから,$f_C = 10$ kHzでは約1 kHzからです.この結果を覚えておいて,同図(c)と(d)の群遅延特性を見てみます.

● ゲイン特性が平坦な帯域では群遅延特性も平坦になっている

図4(c)の群遅延特性は,$f_C = 1$ kHzのときの測定結果です.測定開始周波数は100 Hzです.図を見ると,100 Hz付近の群遅延特性は比較的平坦です.また,$f_C = 10$ kHzでの結果を同図(d)に示しました.この結果を見ても,1 kHz付近では群遅延特性は比較的平坦になっています.つまり,**ゲイン特性が平坦な周波数帯域では,群遅延特性も平坦になっているようです**.

ところで,このようなエリプティック特性のフィルタにパルス波形を入力したら,絶対に波形がひずんで出力されてしまうかというと,そんなことはありません.入力するパルス波形の主要な周波数成分(方形波であれば7次〜11次高調波まで考えてよい)が,群遅延特性のフラットな帯域だけに存在するなら波形はひずみません.

例えば,MAX7418でコーナ周波数の設定を $f_C = 10$ kHzとしたときに,ICに入力される信号が50 Hzの方形波であれば,7次高調波周波数は350 Hzですので,パルス波形はほとんどひずまないことになります.

■ MAX7419

● 減衰傾度が緩やかなベッセル特性

図5(a)にゲインと位相の周波数特性を示しました.同図(b)は通過域を拡大したものです.MAX7419は

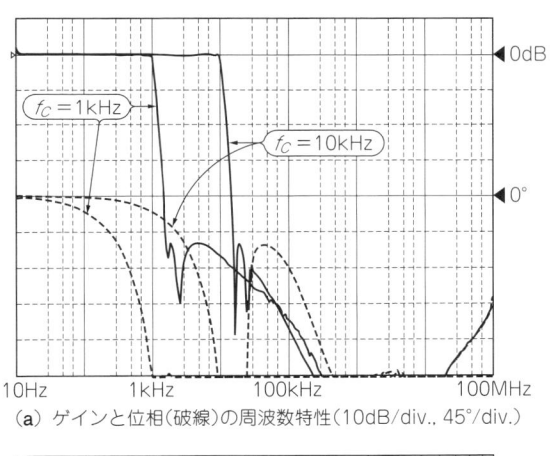

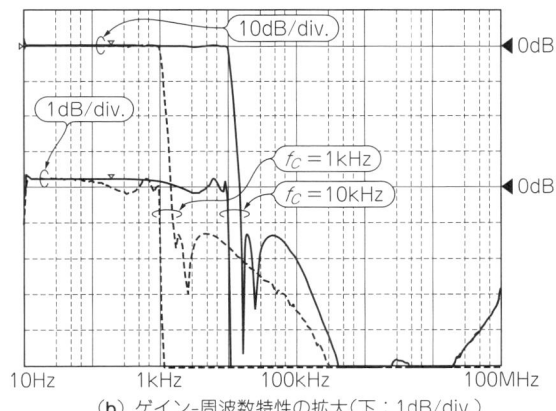

(a) ゲインと位相(破線)の周波数特性(10dB/div., 45°/div.)

(b) ゲイン-周波数特性の拡大(下:1dB/div.)

(c) 群遅延特性($f_C=1$kHz, 200μs/div.)

(d) 群遅延特性($f_C=10$kHz, 20μs/div.)

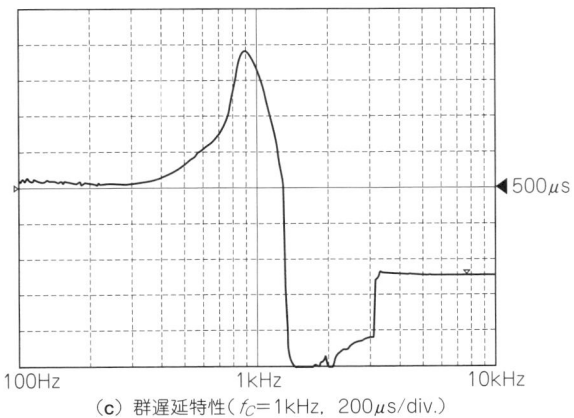

図4 MAX7418EUAの周波数特性と群遅延特性の測定結果

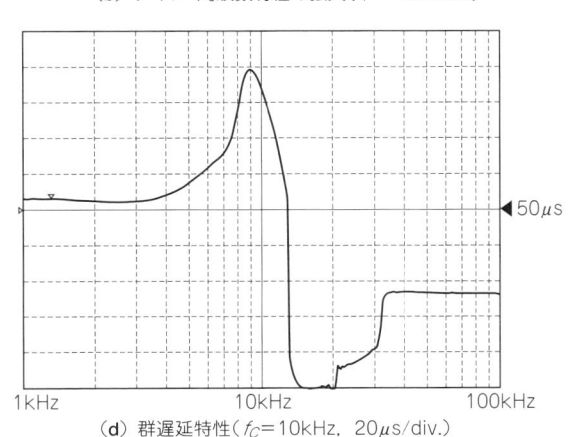

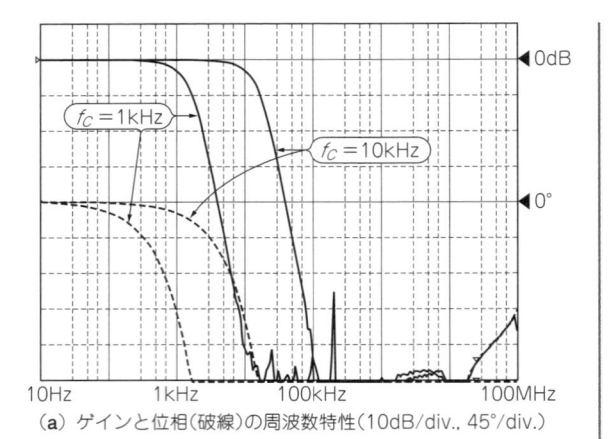

(a) ゲインと位相（破線）の周波数特性(10dB/div., 45°/div.)

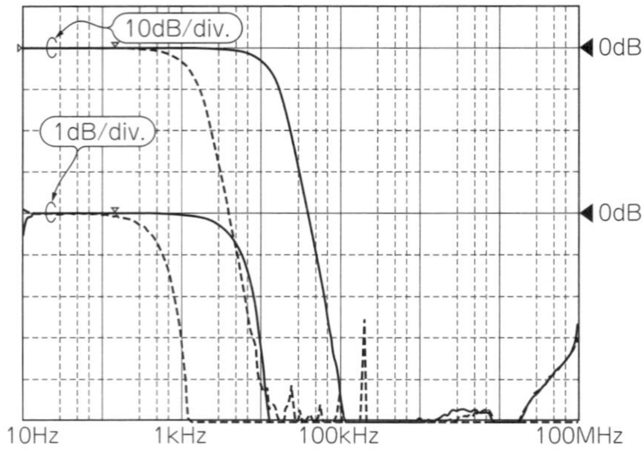

(b) ゲイン-周波数特性の拡大（下：1dB/div.）

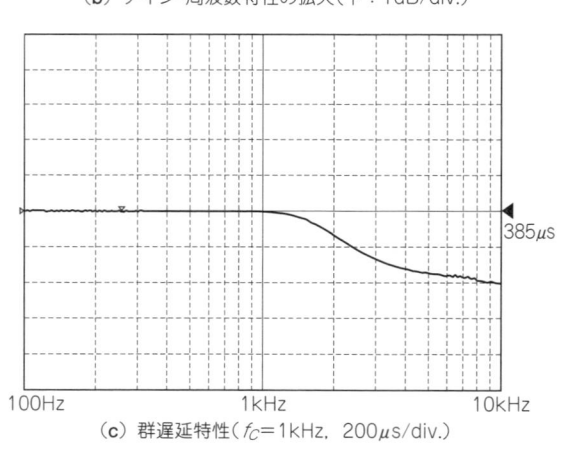

(c) 群遅延特性（f_C=1kHz, 200μs/div.）

図5 MAX7419EUAの周波数特性と群遅延特性の測定結果

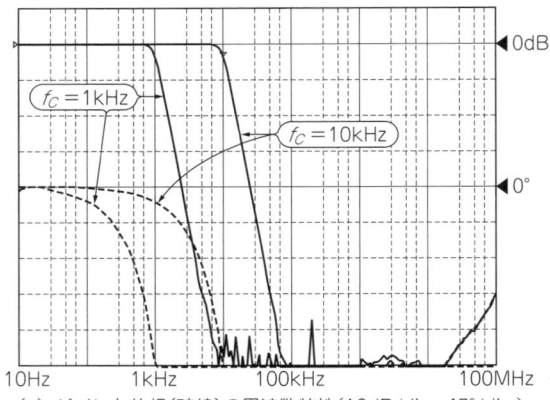

(a) ゲインと位相（破線）の周波数特性(10dB/div., 45°/div.)

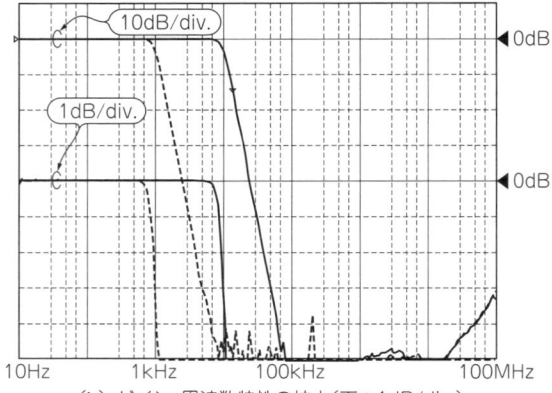

(b) ゲイン-周波数特性の拡大（下：1dB/div.）

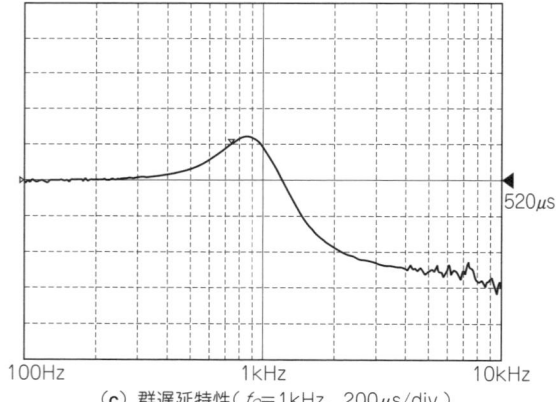

(c) 群遅延特性（f_C=1kHz, 200μs/div.）

図6 MAX7420EUAの周波数特性と群遅延特性の測定結果

ベッセル特性ですので，MAX7418のようなエリプティック特性と比べて，減衰傾度がずいぶんゆるやかなことがわかります．

● 群遅延特性が平坦

ベッセル特性で注目したいのは，先に述べたようなゲイン-周波数特性ではありません．**図5(c)**に示す群遅延特性です．この図を見ると，**遮断周波数まで群遅延特性が平坦**になっています．このように群遅延特性が平坦であれば波形ひずみは生じません．

したがって，ベッセル・フィルタでは，先のエリプティック・フィルタのように，入力するパルス波形の高調波成分を考えて波形ひずみが生じてしまうかどうかを考慮する必要はありません．

(a) ゲインと位相(破線)の周波数特性(10dB/div., 45°/div.)

(b) ゲイン-周波数特性の拡大(下：1dB/div.)

(c) 群遅延特性(f_C=1kHz, 200μs/div.)

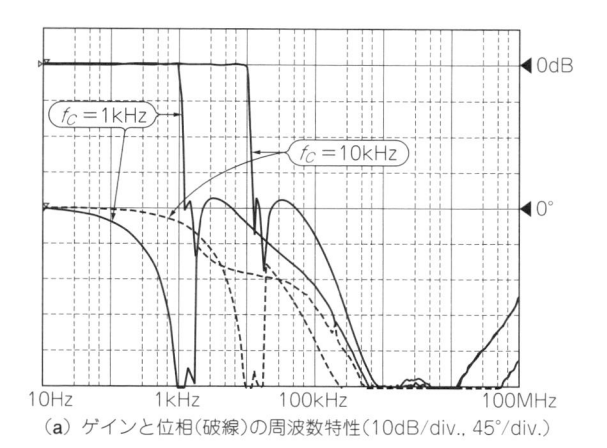

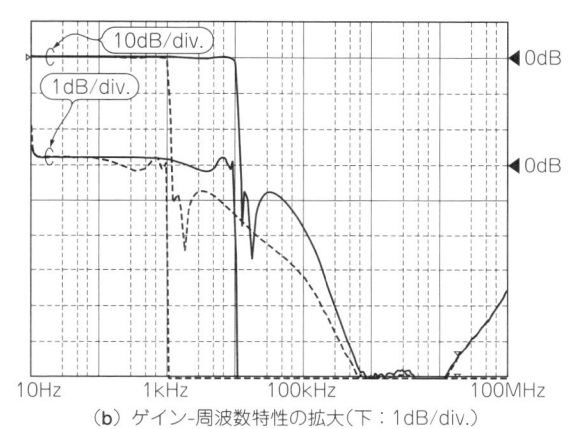

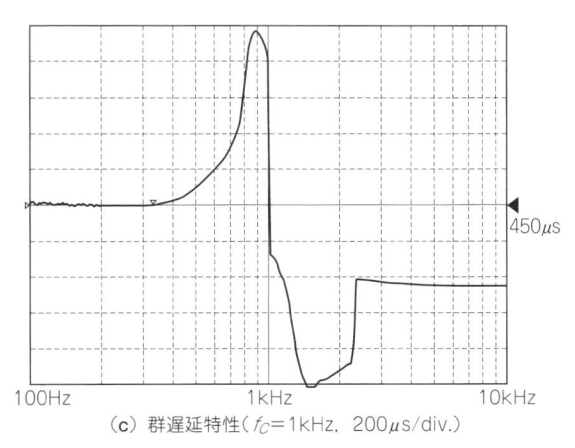

図7 MAX7421EUAの周波数特性と群遅延特性の測定結果

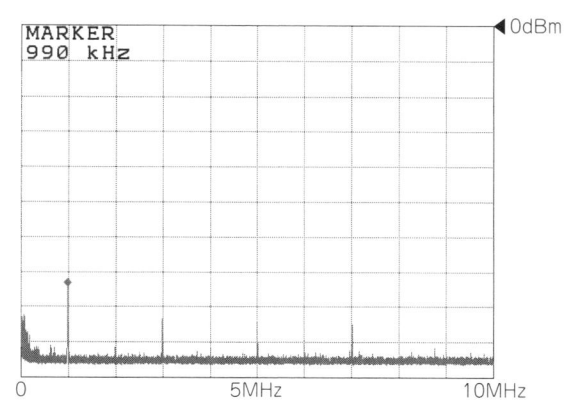

図8 MAX7418EUAの出力に含まれるクロック成分(f_{CLK} = 1 MHz, 10 dB/div.)

近までゲイン-周波数特性は平坦です．このカットオフ周波数付近までゲインが平坦というのが，バターワース・フィルタの特徴です．

● 群遅延特性は平坦ではない

バターワース特性のフィルタでは，図6(c)に示すように，カットオフ周波数付近での群遅延特性は平坦ではなくなっています．しかし，エリプティック特性と比較すると，リプル量は小さいことがわかります．したがって，ベッセルLPFほどではありませんが，波形ひずみは比較的小さくなります．

■ MAX7421

● -47 dBの減衰量が得られている

MAX7418と同じエリプティック特性のフィルタです．MAX7418との違いは，減衰域の幅(減衰傾度)です．ゲイン周波数特性と位相特性を図7(a)に，通過域を拡大したものを同図(b)に示しました．

図4と比較すると，減衰傾度が大きいことがわかると思います．そのかわり，阻止域での減衰量はMAX7418よりも小さく約-47 dBです．

● MAX7418よりも群遅延特性のリプルが大きい

群遅延特性の測定結果を図7(c)に示します．減衰傾度が大きいぶん，MAX7418よりも少し群遅延量の変動が大きいようです．

● 出力スプリアスの観測結果

MAX7418EUAの出力に含まれるクロック成分を測定した結果を図8に示します．品種によるレベルの違いは特になく，約-73 dBmの残留クロック成分を観測することができました．このクロック成分を除去するために，出力フィルタが必要になります．

出力フィルタを簡単に済ませたいのであれば，RC

■ MAX7420

● ゲイン-周波数特性が平坦なバターワース特性

図6(a)にゲインと位相の周波数特性を示します．通過域を拡大したものが同図(b)です．MAX7420はバターワース特性です．

この図を見てもわかるように，カットオフ周波数付

(a) ゲインと位相(破線)の周波数特性(10dB/div., 45°/div.)

(b) ゲイン-周波数特性の拡大(下：1dB/div.)

(c) 群遅延特性(f_C=500Hz, 1kHz, 200μs/div.)

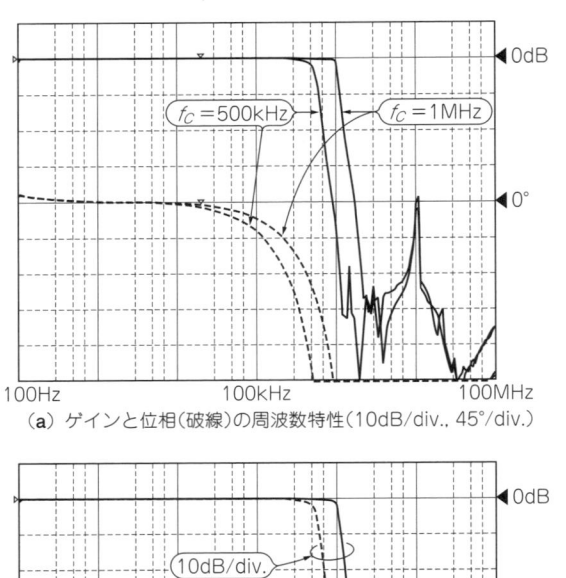

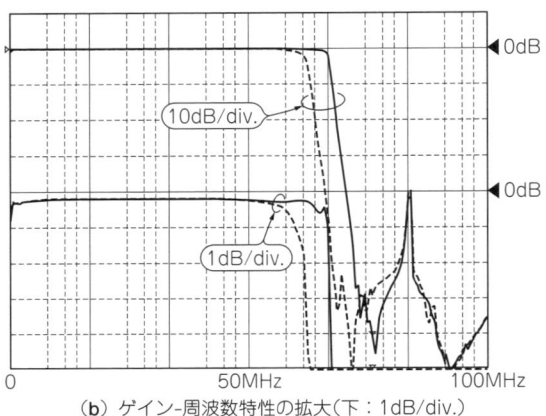

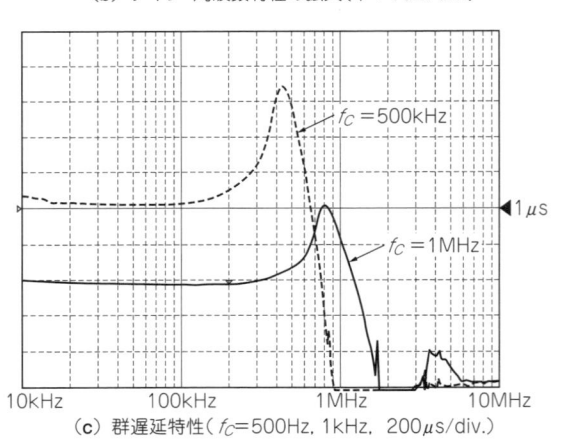

図9 LTC1560-1CS8の周波数特性と群遅延特性の測定結果

(a) ゲインと位相(破線)の周波数特性(10dB/div., 45°/div.)

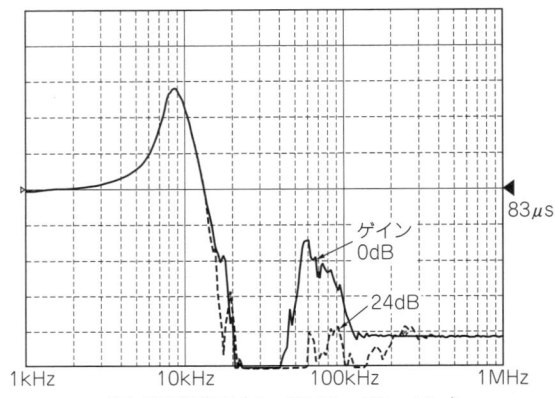

(b) 群遅延特性(f_C=10kHz, 20μs/div.)

(c) 群遅延特性(f_C=150kHz, 1μs/div.)

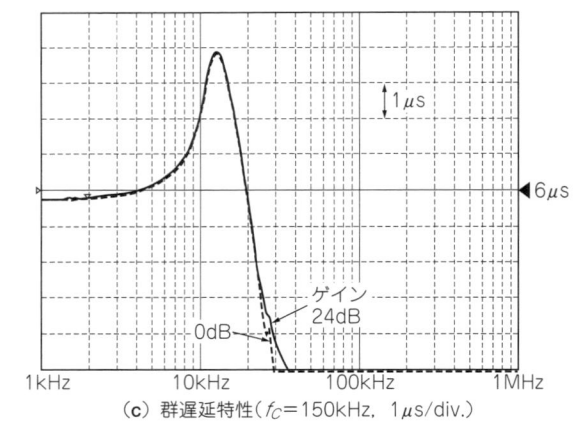

図10 LTC1564CGの周波数特性と群遅延特性の測定結果

による1次フィルタを使えばよいでしょう．MAX7418～7421のコーナ周波数$f_C(=f_{CLK}/100)$の2倍のカットオフ周波数となるRCフィルタを出力に接続しておけば，クロック成分を約－34dB減衰させることができます．この程度減衰させておけば，低雑音用途以外では特に気にならないと思います．

ただし，この方法では，SCFとRCフィルタのカッ

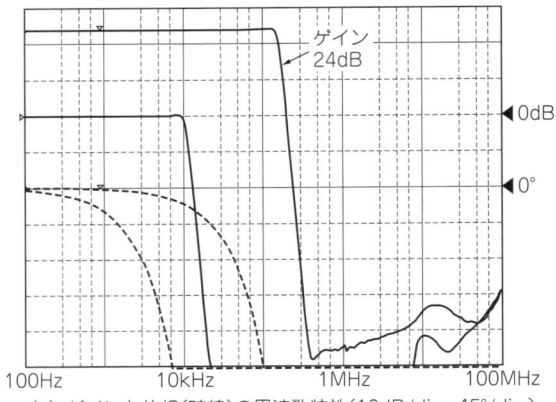

トオフ周波数が近いため，本来のフィルタ特性が崩れてしまいます．これを嫌うのであれば，出力フィルタのカットオフ周波数をSCFのカットオフ周波数の10倍として，2次バターワースLPFを使えば，SCFの特性にあまり影響を与えることなく出力のクロック成分を－40dB減衰させることができます．

ところで，出力フィルタのカットオフ周波数が固定

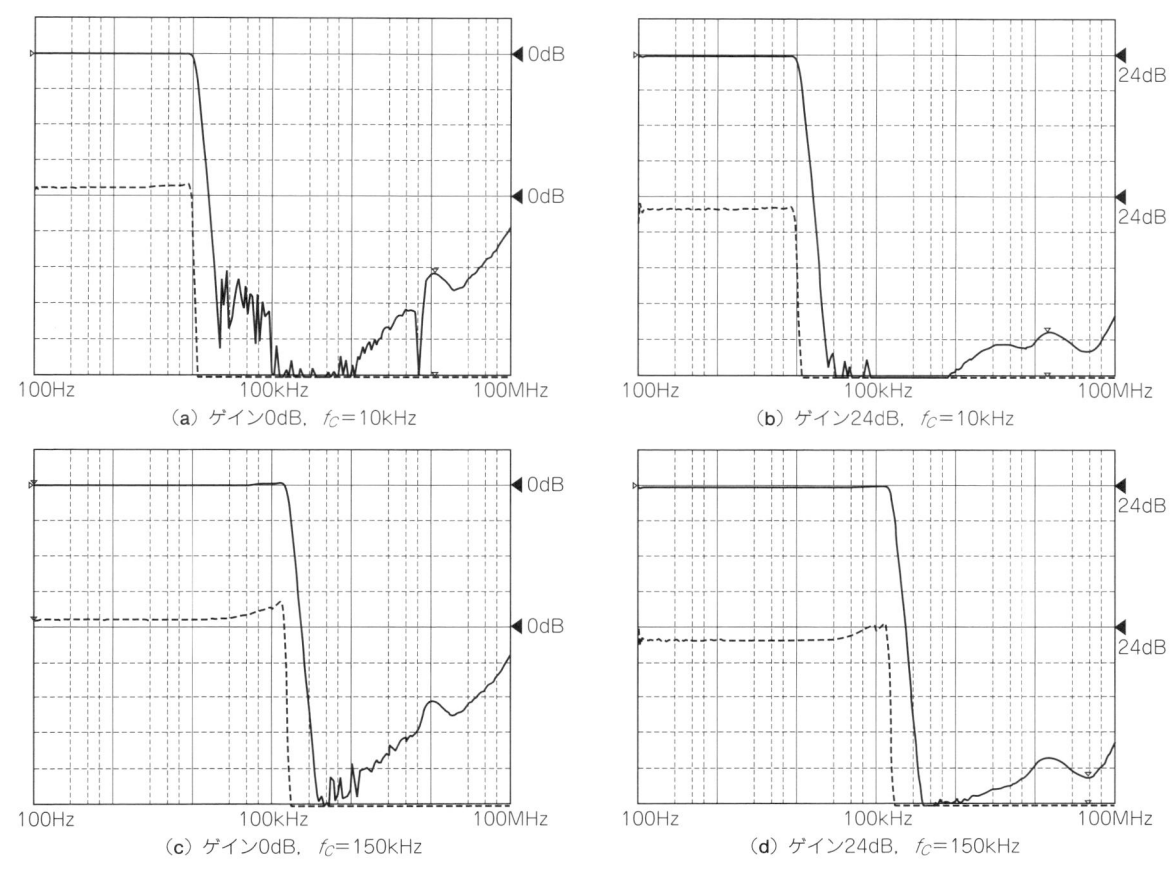

図11 LTC1564CGのゲイン-周波数特性の比較(上：10 dB/div., 下：1 dB/div.)

(a) ゲイン0dB, f_C=10kHz
(b) ゲイン24dB, f_C=10kHz
(c) ゲイン0dB, f_C=150kHz
(d) ゲイン24dB, f_C=150kHz

だと，SCFでカットオフ周波数が変更できても無意味ではないかと思いませんか．このように，SCFには外部フィルタが必要だという大きな欠点があります．その点，このあとに示すフィルタICは，出力にクロック成分を含まないため，とても使いやすいICだと思います．

■ LTC1560

● 周波数特性の評価結果

LTC1560は，f_C = 500 kHzと1 MHzの二つのコーナ周波数の切り替えが簡単にできるフィルタICです．**図9(a)**にゲインと位相の周波数特性を示しました．図を見ると，**10 MHz付近に阻止域特性が悪化するポイントがあるようです**．データシートに記載されている周波数特性は10 MHzで切れているため，実測してみないとこのような特性になることを知ることはできません．

同図(b)は，ゲイン-周波数特性の通過域を拡大したものです．フィルタ特性はエリプティック特性なので，通過帯域にリプルを含みます．

● 群遅延特性の評価結果

図9(c)に群遅延特性を示します．同じエリプティック特性であるMAX7418やMAX7421と比較すると，**群遅延特性のリプルは小さいようです**．しかし，コーナ周波数付近で群遅延特性が悪化することには変わりはありません．

● 実装面積の縮小に貢献

このフィルタICは，OPアンプ1個程度の大きさです．1 Mspsや2 MspsのA-Dコンバータの入力段に設けるアンチエイリアス・フィルタに使うと，フィルタの実装面積を小さくすることができそうです．

■ LTC1564

● 周波数特性の評価結果

このフィルタICは，コーナ周波数の可変以外に，ゲインの可変もできるICです．A-Dコンバータのフロントエンド回路に必要なレンジング・アンプとアンチエイリアス・フィルタを，1個のICで実現できることになります．

ゲインと位相の周波数特性を**図10(a)**に示します．

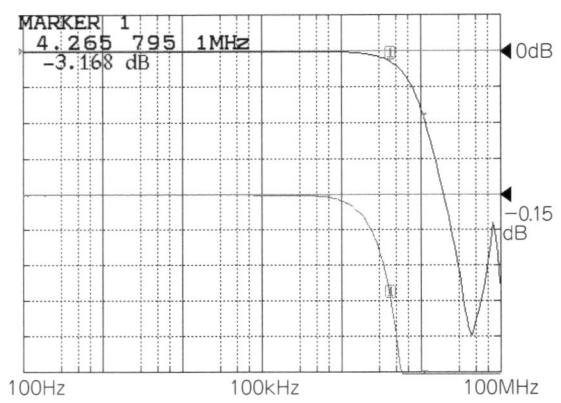

(a) ゲイン(上：10dB/div.)と位相(下：45°/div.)の周波数特性

(b) ゲイン-周波数特性の拡大(下：1dB/div.)

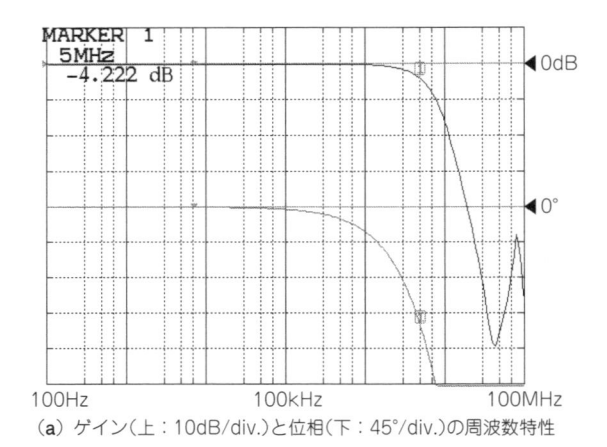

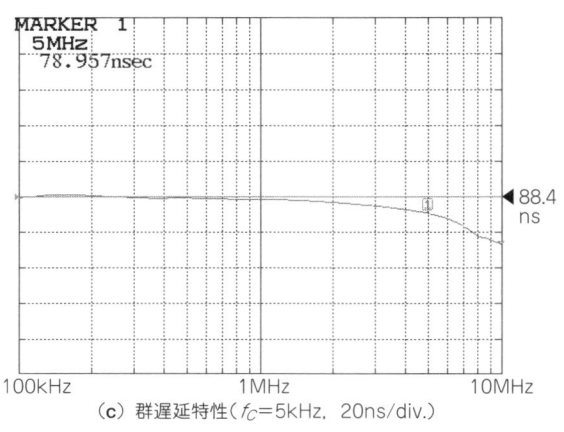

(c) 群遅延特性（f_C=5kHz，20ns/div.)

図12 LT1568CGNで作ったf_C＝5MHzベッセルLPFの周波数特性と群遅延特性の測定結果

コーナ周波数を可変したり，ゲインを可変したときに，通過帯域でのリプル量が変動したりしないかどうかを確認するため，条件を変えながら通過域特性を測定した結果を，**図11**(a)〜(d)に示します．ゲインを可変した場合は，リプル量の変動はあまりないようですが，**コーナ周波数を可変するとリプル量が変化する**ことがわかります．コーナ周波数が高くなるとリプルが大きくなるようです．

● 群遅延特性の評価結果

群遅延特性を測定した結果を**図10**(b)と(c)に示します．ゲインを変えて，群遅延特性が変化するかを確認してみました．結果を見るかぎり，大きな変化はないと考えてよいでしょう．

■ LT1568

● ベッセルLPFの場合

▶周波数特性の評価結果

LT1568を使って作ったf_C＝5MHzの5次ベッセルLPFのゲインと位相の周波数特性を**図12**(a)に示します．5MHzで約−4.2dBの減衰量となっています．設計値の−3dBからずれていますが，これは定数値をまるめた影響であると思います．同**図**(b)を見るとわかるように，−3dB遮断周波数は約4.3MHzです．

▶群遅延特性の評価結果

図12(c)に群遅延特性の測定結果を示します．群遅延量が大きく変動しているわけではありませんが，ベッセル・フィルタの割には，平坦性が少し悪いようです．5MHzで約−9.4nsの変動があります．

▶バッファ・アンプを入れないと遮断周波数がさらに狂う

図2に示したMAX4108によるバッファ・アンプを入れないで特性を測ったところ，5MHzで減衰量が約−9.6dBとなってしまいました．

フィルタの入力インピーダンスと測定系のインピーダンスの関係をよく考えて測定しないと，このようなことが起こります．このような単純な測定ミスを発見するためにも，フィルタ設計のあとで一度回路シミュレーションをしておくことにはメリットがあります．

● エリプティックLPFの場合

▶周波数特性の評価結果

図13(a)に，f_C＝5MHzの4次エリプティックLPFのゲインと位相の周波数特性を示します．同**図**(b)は通過域を拡大したものです．5MHzで約−0.9dB減衰しています．先に示した5次ベッセルLPFの実験結果と比較すると，設計誤差は小さいようです．

▶群遅延特性の評価結果

エリプティック特性ですので，群遅延特性のリプルが大きいことは，今まで見てきたとおりです．測定結果を**図13**(c)に示します．

● LT1568を使えばコンデンサ・レスでフィルタ回路を構成できる

LT1568を使うと，パスコン以外のコンデンサを使

(a) ゲイン（上：10dB/div.）と位相（下：45°/div.）の周波数特性

(b) ゲイン-周波数特性の拡大（下：1dB/div.）

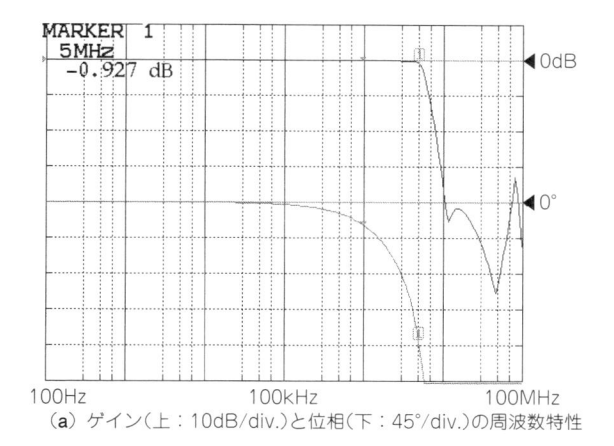

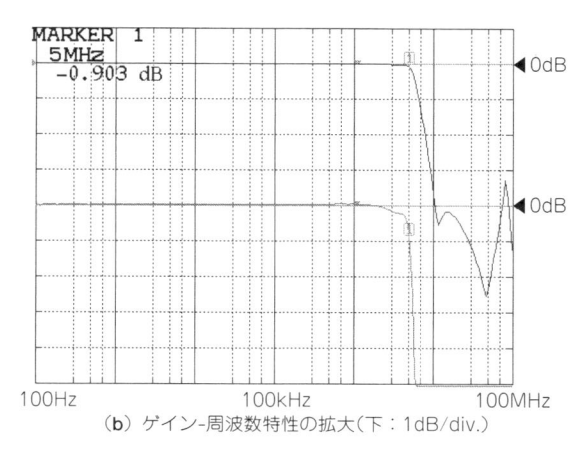

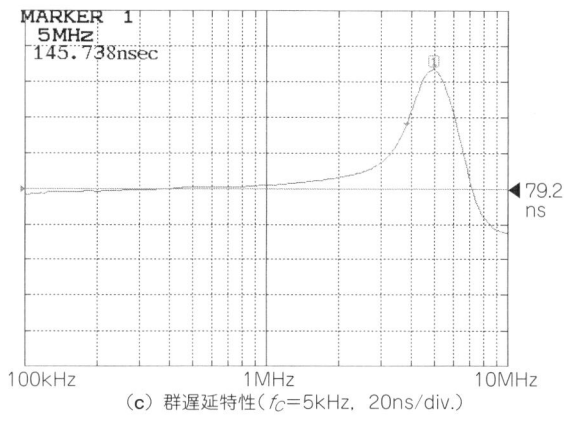

(c) 群遅延特性（f_C＝5kHz, 20ns/div.）

図13 LT1568CGNで作ったf_C＝5MHz 4次エリプティックLPFの周波数特性と群遅延特性の測定結果

わないでフィルタ回路を構成することもできます．したがって，このICを使うことでフィルタ回路の実装面積を小さくすることができます．

さらに，5MHzという，アクティブ・フィルタにとっては少し高い周波数のフィルタでも，そこそこの性能を出すことができそうです．フィルタ回路がボードに入らない…と悩んだときに検討したいICです．

◆参考・引用＊文献◆
(1) 堀 敏夫：アナログフィルタの回路設計法，総合電子出版社，1998年．
(2)＊遠坂俊昭：計測のためのフィルタ回路設計，CQ出版㈱，1998年．
(3) Rolf Schaumann, Mac E. Van Valkenburg：Design of analog filters, Oxford University Press, 2001, ISBN 0-19-511877-4.
(4) 北野 進 編，宮本政和，三重野友晴：第3章 計測のための「フィルタ」の選び方・使い方，計測トラブル110番，pp.55～75, ㈱オーム社，2003年．
(5) ベクトル・ネットワーク解析の基礎，Application Note 1287-1，Agilent Technologies.
(6)＊MAX7418 - MAX7425 Data Sheet Rev.0 2000, Maxim Integrated Products.
(7)＊LTC1560-1 Data Sheet 1997, Linear Technology Corp.
(8)＊LTC1564 Data Sheet 2001, Linear Technology Corp.
(9)＊LT1568 Data Sheet 2003, Linear Technology Corp.

（初出：「トランジスタ技術」 2005年6月号）

索 引

【数字・記号】
3端子レギュレータ 9

【アルファベット】
AC カップリング 48
A-D コンバータ 35
BEF 81
BPF 81
CCCS 51
CCVS 51
dB 38
Excel 124
FDNR 79
FilterPro 92, 120
FPGA 20
HPF 81
I_{IH} 4
I_{IL} 4
I_{OH} 4
I_{OL} 4
JFET 23
LED 19
LPF 79, 81
LT1568CGN 125, 140
LTC1560-1CS8 .... 125, 139
LTC1564CG 125, 139
MAX4108 134
MAX7418EUA 125, 136
MAX7419EUA 125, 135
MAX7420EUA 125, 137
MAX7421EUA 125, 137
MOSFET 24
OP アンプ 36, 50, 62
RMS 50
SAW 80
VCCS 51
VCVS 50
VCVS 型 LPF 87
V_{IH} 4
V_{IL} 4
V_{OH} 4
V_{OL} 4
YIG 80

【あ・ア行】
アナログ・フィルタ IC 125, 128, 134
アナログ回路 75
安定性 58
異常発振 62
位相遅延 96
位相変動 96
インピーダンス 34
エリプティック LPF 135, 137, 139, 140
エリプティック特性 128
エレクトロマイグレーション 21
オイラーの公式 41
オープン・ループ・ゲイン 50
オームの法則 10

【か・カ行】
回路解析 11
回路合成 11
カウエル特性 82
重ねの理 51
カスコード接続 13
カップリング 48
寄生容量 36
逆チェビシェフ特性 81
キルヒホッフの法則 12
群遅延特性 96, 134
ゲイン 35
高調波ひずみ特性 106
光度 19
コンデンサ 37

【さ・サ行】
サグ 48
残留クロック成分 137
次数 83
自然対数 37
遮断周波数 83
集中定数型フィルタ 79

周波数依存負性抵抗	79
周波数特性	58, 134
出力インピーダンス	36
出力スプリアス	137
出力フィルタ	137
スイッチト・キャパシタ	125
正規化表	86, 124
積分定数	40
絶縁抵抗	12
設計ツール	122
絶対最大定格	19
セトリング・レベル	49
線形回路	23
増幅	75

【た・タ行】

帯域制限	76
多重帰還型LPF	90, 108
チェビシェフ型ロー・パス・フィルタ	104
チェビシェフ特性	81
ツェナー・ダイオード	26
定電流回路	24
定電流ダイオード	28
ディレーティング	11
デシベル	38
テブナンの定理	16
デューティ比	48
電圧源	15
電圧制御電圧源	50
電圧制御電流源	51
電圧制御発振器	10
伝達関数	81
電流帰還型OPアンプ	108
電流源	15
電流制御電圧源	51
電流制御電流源	51
トップ・ダウン	119
トムソン特性	81
トランジスタ	14
トランスコンダクタンス	52

【な・ナ行】

ナレータ	14
入力インピーダンス	34
熱雑音	52
ネットワーク・アナライザ	134

ノイズ特性	106
ノートンの定理	18
ノレータ	14

【は・ハ行】

バーチャル・ショート	53
ハイ・パス・フィルタ	80
バイアス電流	63
パスコン	62
バターワースLPF	137
バターワース型ハイ・パス・フィルタ	111
バターワース特性	81, 128
バッファ・アンプ	56
反転増幅回路	53
バンド・エリミネーション・フィルタ	80
バンド・パス・フィルタ	80
バンドギャップ・リファレンスIC	22
非線形回路	23
非反転増幅回路	56
フィルタ	76, 79
フィルタ設計ツール	92
フェーザ	43
複素数	41
不定積分	37
プルアップ抵抗	4
プルダウン抵抗	4
ブレッドボード	11
分布定数型フィルタ	80
ベッセルLPF	136, 140
ベッセル型ロー・パス・フィルタ	96
ベッセル特性	81, 128
ボトム・アップ	119
ボルテージ・フォロワ	56

【や・ヤ行】

誘導雑音	63

【ら・ラ行】

リプル	10
レール・ツー・レール	32
レギュレータIC	9
レベル・シフト回路	131
連立チェビシェフ特性	82
ロー・パス・フィルタ	80
濾波器	76

【わ・ワ行】

ワグナー特性	81

執筆者紹介
川田 章弘(かわた・あきひろ)

　高専の電子工学科を卒業後,大学,大学院にて生物機能工学を専攻(専攻していただけで,半導体工学や電子回路の専門書ばかり読んでいた).社会人デビューは2000年.入社1年目のときに半導体試験装置向けのアンダーサンプリング・ユニット(T6673 Sampler2)の開発を担当(主に設計したのは,サンプリング・パルスを得るための高速パルス発生回路).その後,外資系半導体メーカのFAEとして営業っぽい外回りの仕事を経験.その経験から,自分はやっぱり開発職が好きだということに気がつき,たまたま求人していた楽器・音響機器メーカへ移る.2.4 GHz帯の無線モジュールや平面アンテナの設計を行ない,近々,無線LAN機器の開発に従事する予定.

　トランジスタ技術誌では,趣味の低周波アナログ回路関連の記事ばかりを発表している.動作するかどうかわからないような怪しげな電子回路を考えて実験することと,食事の自作が趣味(何かを作っていれば幸せ).1LDKの自宅に計測器が増えてきて,もはや実験室と化している.

- ●**本書記載の社名,製品名について** ── 本書に記載されている社名および製品名は,一般に開発メーカーの登録商標または商標です.なお,本文中では™,®,©の各表示を明記していません.
- ●**本書掲載記事の利用についてのご注意** ── 本書掲載記事は著作権法により保護され,また産業財産権が確立されている場合があります.したがって,記事として掲載された技術情報をもとに製品化をするには,著作権者および産業財産権者の許可が必要です.また,掲載された技術情報を利用することにより発生した損害などに関して,CQ出版社および著作権者ならびに産業財産権者は責任を負いかねますのでご了承ください.
- ●**本書に関するご質問について** ── 文章,数式などの記述上の不明点についてのご質問は,必ず往復はがきか返信用封筒を同封した封書でお願いいたします.勝手ながら,電話でのお問い合わせには応じかねます.ご質問は著者に回送し直接回答していただきますので,多少時間がかかります.また,本書の記載範囲を越えるご質問には応じられませんので,ご了承ください.
- ●**本書の複製等について** ── 本書のコピー,スキャン,デジタル化等の無断複製は著作権法上での例外を除き禁じられています.本書を代行業者等の第三者に依頼してスキャンやデジタル化することは,たとえ個人や家庭内の利用でも認められておりません.

〈JCOPY〉〈㈳出版者著作権管理機構委託出版物〉
本書の全部または一部を無断で複写複製(コピー)することは,著作権法上での例外を除き,禁じられています.本書からの複製を希望される場合は,㈳出版者著作権管理機構(TEL:03-3513-6969)にご連絡ください.

やりなおしのための実用アナログ回路設計

編　集	トランジスタ技術SPECIAL編集部	2013年4月1日　初版発行
発行人	寺前 裕司	2016年9月1日　第2版発行
発行所	CQ出版株式会社	©CQ出版株式会社 2013
	〒112-8619　東京都文京区千石4-29-14	(無断転載を禁じます)
		定価は裏表紙に表示してあります
電　話	編集 03(5395)2148	乱丁,落丁本はお取り替えします
	広告 03(5395)2131	編集担当者　鈴木 邦夫
	販売 03(5395)2141	DTP・印刷・製本　三晃印刷株式会社
		Printed in Japan
		ISBN978-4-7898-4922-7